普通高等教育电气工程与自动化类“十三五”规划教材

“十三五”江苏省高等学校重点教材

计算机控制技术

主　编　陈红卫

副主编　袁　伟　叶树霞　李建祯　齐　亮　李　彦

参　编　俞孟蕻　张永林　李　众

机械工业出版社

本书是“十三五”江苏省高等学校重点教材，着重介绍计算机控制系统的概念、结构与组成，理论基础，控制算法，相关技术以及系统设计与应用实例。全书共6章，主要内容以工控机、PLC为控制主机，工业锅炉、船舶可调螺距螺旋桨、大型耙吸式挖泥船等为控制对象构成计算机控制系统，讲述计算机控制理论，常用数字控制技术与先进控制技术，系统设计方法、原则与步骤以及软硬件的具体设计过程。本书内容简明扼要，深入浅出，融入了作者多年教学与工程实践的经验与体会。书中有适量的例题与习题，并对其中部分应用实例在MATLAB环境下进行了仿真。

本书可作为普通高等院校计算机控制技术课程的教材或教学参考书，也可作为从事计算机控制系统设计的工程技术人员的参考书。

本书配有免费电子课件，欢迎选用本书作教材的老师发邮件到jinacmp@163.com索取，或登录www.cmpedu.com注册下载。

图书在版编目（CIP）数据

计算机控制技术 / 陈红卫主编. —北京：机械工业出版社，2017.11

“十三五”江苏省高等学校重点教材　普通高等教育电气工程与自动化类“十三五”规划教材

ISBN 978-7-111-58229-8

Ⅰ. ①计…　Ⅱ. ①陈…　Ⅲ. ①计算机控制—高等学校—教材　Ⅳ. ①TP273

中国版本图书馆CIP数据核字（2017）第245549号

机械工业出版社（北京市百万庄大街22号　邮政编码　100037）
策划编辑：吉　玲　责任编辑：吉　玲　刘丽敏
责任校对：潘　蕊　封面设计：张　静
责任印制：常天培
涿州市京南印刷厂印刷
2018年1月第1版第1次印刷
184mm×260mm · 13.5印张 · 320千字
标准书号：ISBN 978-7-111-58229-8
定价：35.00元

凡购本书，如有缺页、倒页、脱页，由本社发行部调换

电话服务
服务咨询热线：010-88379833
读者购书热线：010-88379649

网络服务
机 工 官 网：www.cmpbook.com
机 工 官 博：weibo.com/cmp1952
教育服务网：www.cmpedu.com
金 书 网：www.golden-book.com

前　言

随着计算机控制理论与控制技术的不断发展，计算机控制系统在国民经济、社会生活的各个领域得到了广泛的应用。计算机控制技术是电气类、自动化类及仪器类等专业的一门技术基础课。本书是为普通高等院校计算机控制技术课程的学习者以及从事计算机控制系统设计的工程技术人员而编写的。

本书以工控机、PLC 为控制主机，工业锅炉、船舶可调螺距螺旋桨、大型耙吸式挖泥船等为控制对象构成计算机控制系统，从最基本的概念入手，引导读者逐步掌握计算机控制系统的理论知识，掌握 PID 控制、模糊控制以及神经网络控制等算法，掌握计算机控制系统的设计方法、原则与步骤，具备设计具体控制对象的计算机控制系统的初步能力，了解计算机控制系统中发展的新技术。

全书共 6 章，包括绪论，计算机控制系统的理论基础，PID 控制、纯滞后控制等常用数字控制技术，模糊控制、神经网络控制等先进控制技术，计算机控制系统设计与应用实例。本书特别注意阐明基本概念、方法以及设计中的注意事项；在讲清基本概念与基本方法的基础上，用典型实例说明其方法与应用，以帮助读者加深理解；内容简明扼要、深入浅出，融入了作者多年教学与工程实践的经验与体会。书中有适量的例题与习题，帮助读者巩固和应用所学到的知识。

本书由江苏科技大学陈红卫教授任主编，袁伟、叶树霞、李建祯、齐亮、李彦任副主编。参加本书编写工作的还有俞孟蕻、张永林以及李众。

本书在编写和出版过程中得到了许多领导、同行及学生的帮助，特别是上海海事大学虞旦老师的帮助。他们为本书提出了许多宝贵意见，在此一并表示衷心的感谢。

本书在编写过程中参考了有关作者的书籍，在此谨表谢意。

由于编者的水平有限，加上时间仓促，书中疏漏与不当之处在所难免，敬请读者批评指正。

编　者

于镇江

目　　录

第1章 绪　论

计算机控制技术是迅速发展的一门综合性技术。它是计算机技术、自动控制技术、微电子技术、自动检测和传感技术、通信技术等有机结合与综合发展的产物。计算机具有强大的逻辑判断、计算和信息处理能力，它使自动控制达到新的水平，能极大提高生产过程的自动化程度和系统的可靠性。

计算机控制系统是现代自动化技术的重要内容和具体形式。以计算机为基础的自动控制、辅助管理以及将它们有机集成的计算机综合控制已经成为现代企业拥有先进技术和现代化生产的标志。国务院已经发布了推进“互联网+”行动的指导意见，指出“推动互联网与制造业融合，提升制造业数字化、网络化和智能化水平，加强产业链协作，发展基于互联网的协同制造新模式。”这给计算机控制技术的发展赋予了新内容。

1.1 计算机控制系统的基本概念

1.1.1 开环控制与闭环控制

1．开环控制

开环控制是根据输入的指令信号，按照事先确定的控制规律，输出相应的控制信号，直接控制执行机构或被控对象工作。在整个控制过程中，被控对象对控制量不产生影响。开环控制系统结构框图如图 1-1 所示，其特点是结构简单，但所能实现的控制动作或控制策略相对单一，控制精度取决于所用的元件及校准的精度，性能相对较差。开环控制结构一般要求被控过程的物理特性、运行规律及其相应的控制策略均简单、明确，且系统不存在扰动或事先已知扰动，因此，开环控制不适合复杂和高精度的被控过程。

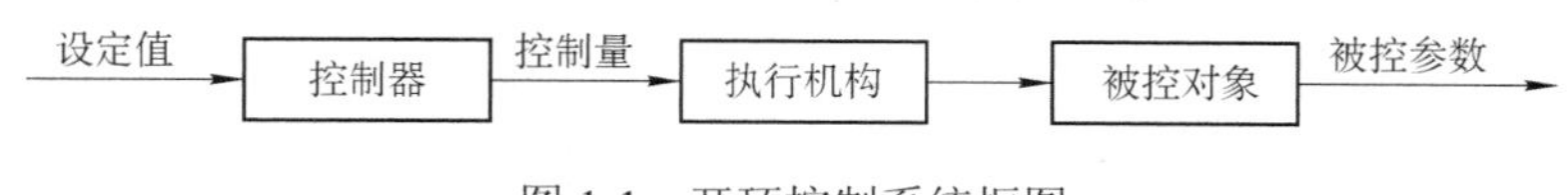

图 1-1　开环控制系统框图

2．闭环控制

与开环控制结构不同，闭环控制系统的结构框图如图 1-2 所示。图中，传感器对被控对象的被控参数（如温度、压力、流量、转速、位移等）进行测量；变送器完成对被测参数的传感器输出信号的转换工作；变送器的输出信号反馈到控制器的输入端，称为反馈信号；系

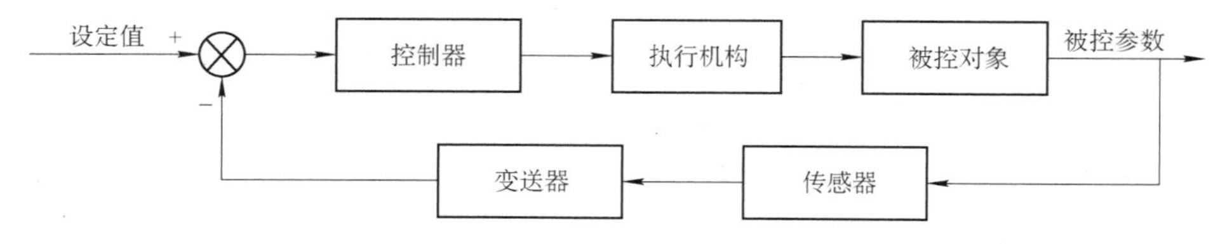

图 1-2　闭环控制系统的结构框图

统的设定值（参考输入或期望输出）与反馈信号进行比较，得到偏差值；控制器根据此偏差值及控制规律输出相应的控制信号；控制信号控制执行机构工作，调整被控参数的值，使被控参数与其设定值尽量保持一致。

3．控制系统的基本要求

1）稳定性：系统在平衡状态下，受到外部扰动而偏离平衡状态，当扰动消失后，系统又能够回到平衡状态。稳定性是保证控制系统正常工作的先决条件。

2）快速性：被控量趋近给定值的快慢程度。它反映系统的过渡过程。

3）精确性：过渡过程结束后，被控量与给定值的接近程度。即当系统过渡到新的平衡工作状态后，被控量与给定值的偏差的大小。

稳定性和快速性反映系统的动态性能，精确性反映系统的静态性能。

1.1.2　计算机控制系统的含义

计算机控制系统的传统含义就是采用计算机来实现的控制系统，即利用计算机的运算、逻辑判断和记忆等功能，取代开环控制系统中的控制器或闭环控制系统中的控制器和比较环节的自动控制系统。计算机控制系统的现代含义内容非常丰富，它是现代传感技术、网络技术、自动化技术以及人工智能的深度融合与集成，通过感知、人机交互、决策、执行和反馈，实现对被控对象的智能控制。其中的传感器、感应器可以是智能装置，这些智能装置可以嵌入到各种被控对象和环境，通过有线或无线网络加以连接，形成物联网。

与前述的开环控制、闭环控制对应，计算机控制系统也有开环控制和闭环控制之分，但绝大部分采用闭环控制。图 1-3 给出了计算机控制系统开环控制结构与闭环控制结构的两种系统框图。

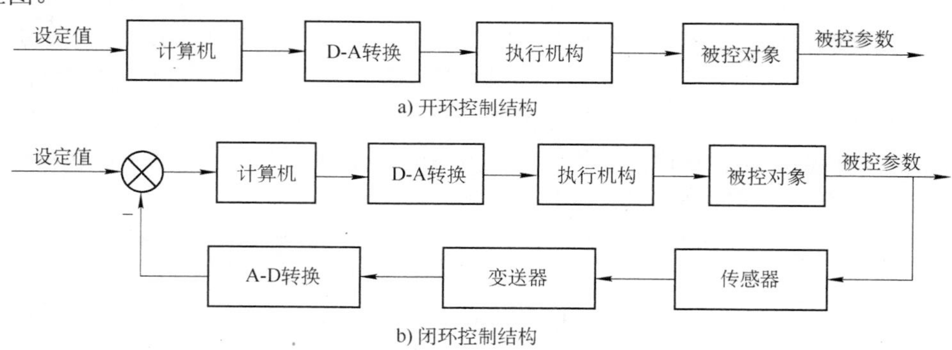

a) 开环控制结构

b) 闭环控制结构

图 1-3　计算机控制系统框图

1．“实时”

计算机控制系统中的“实时”是指信号的输入、分析与处理、输出控制都要在一定的时间范围内完成。这就要求计算机能快速完成信号的采样与处理，并在一定时间内做出反应或实施控制。实时的概念与被控过程密切相关。例如，一个高炉炼钢的炉温控制系统，在秒级时间内做出反应就被认为是实时的；而一个导弹跟踪控制系统，当目标状态发生改变时，需在毫秒级甚至更短时间内做出反应才被认为是实时的。

2．“离线”与“在线”方式

“离线”方式也称“脱机”方式，是指计算机不直接控制生产过程设备，通过中间记录介质，依靠人工进行联系并进行相应操作的方式。“离线”方式不能对被控系统进行实时控制。

“在线”方式也称“联机”方式，是指计算机依据输入/输出要求做出决策并直接控制生产过程设备的方式。一个在线系统不一定是实时系统，但一个实时系统必定是在线系统。

3．控制过程

这里谈到的控制过程是针对实时闭环计算机控制系统的。按顺序不断重复以下 3 个过程，使整个系统能够按照一定的动态品质指标进行工作，并对被控参数和设备本身出现的异常状态实时监督且实时做出处理。

1）实时数据采集：对被控参数的瞬时值进行检测并输入。

2）实时控制决策：对采集到的表征被控参数的状态量进行分析和处理，并根据已定的控制规律，决定将要采取的控制行为。

3）实时控制输出：在系统规定的时间间隔内，根据决策，适时地对执行机构发出控制信号，完成预定的控制任务。

4．计算机的作用

1）信息处理：计算机能完成复杂控制系统中输入信号、反馈信号和偏差信号的信息处理任务。

2）系统校正：计算机程序能实现对控制系统的校正以保证系统具有所要求的动态特性。

3）智能控制与计算：计算机具有快速完成复杂的工程计算的能力，可以实现对系统的最优控制、自适应控制等高级控制功能以及多功能计算调节。

4）信息交互：发送与接收信息的过程称为信息交互。信息交互是网络化、智能化控制系统必不可少的环节。

1.2 计算机控制系统的组成

一般来说，计算机控制系统由计算机系统和被控对象系统两大部分组成，主要包括计算机、操作台、外部设备、输入/输出通道、输入/输出接口、数据通信网络、检测装置、执行机构、被控对象以及相应的软件，如图 1-4 所示。

1.2.1 计算机控制系统的硬件构成

1．主机

由中央处理器、时钟电路、内存等构成的计算机主机是组成计算机控制系统的核心部件。它通过接口电路对被控对象进行巡回检测并向系统发出各种控制指令，通过操作台、通用外部设备接收各种指令与参数并输出操作人员所需的信息，通过数据通信网络与其他主机相互交换信息与命令，使控制系统有条不紊地完成数据采集与处理、逻辑判断、控制量计算、超限报警、故障诊断等任务。

2．通用外部设备

通用外部设备包括打印机、记录仪、显示器、软盘、硬盘等，主要完成数据与状态的打印、记录、显示与储存等功能。

3．I/O 接口与通道

I/O 接口包括并行接口与串行接口。I/O 通道包括模拟量、数字量以及开关量通道，其中模拟量通道含有 A-D、D-A 转换电路。I/O 接口和通道是计算机主机与被控对象系统之间连接的桥梁。

4．操作台

操作台是人机对话的联系纽带。操作人员通过操作台可向计算机输入或修改控制参数，发出各种操作指令，也可观察被控对象的状态。

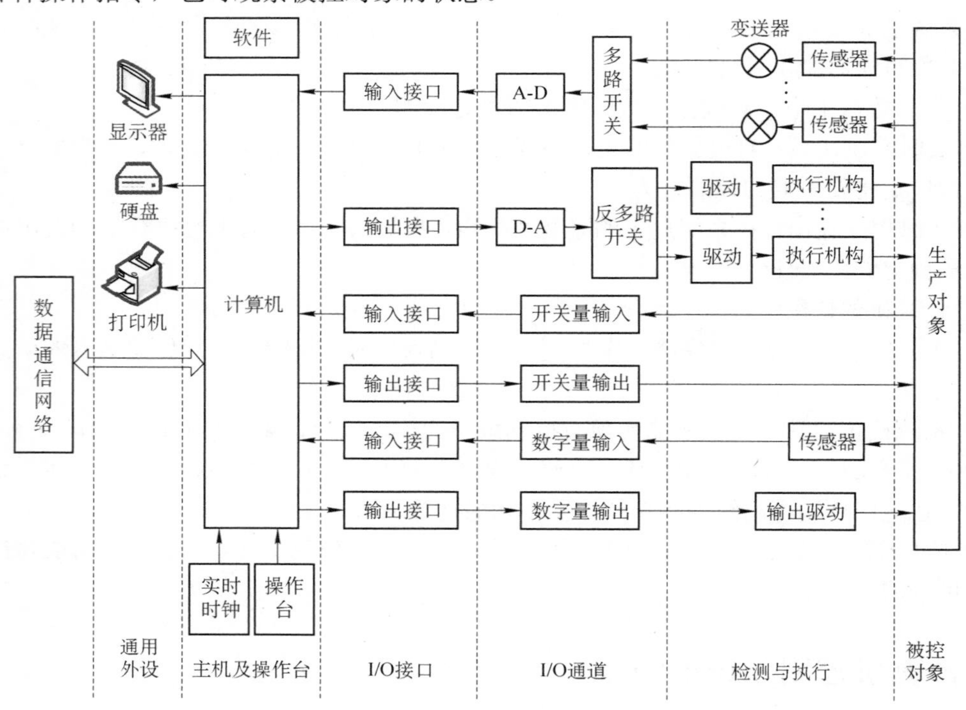

图 1-4　计算机控制系统组成框图

5．数据通信网络

现代计算机控制系统通常包含数据通信网络，如含有 RS-232、RS-485 等常规通信接口，CANBUS、PROFIBUS 等现场总线和工业以太网。

6．检测装置

为了对生产过程进行控制，必须先对各种参数（如温度、压力、液位等）进行检测。传感器的主要功能是将被检测的非电量参数转换成电量信号，如热电偶可以把温度转换成电压信号、压力传感器可以把压力转换成电信号等。变送器的作用是将传感器得到的电信号转换成统一的标准信号（0～5V 或 4～20mA）。

7．执行机构

执行机构是一种能提供直线或旋转运动的驱动装置。它有电动、气动、液压传动等几种类型。例如，在水位控制系统中，阀门就是一种执行机构，通过控制阀门就能控制进入容器的水的流量。

1.2.2　计算机控制系统的软件构成

软件是计算机控制系统中不可少的重要组成部分，包括操作、监控、管理、控制、计算、诊断等各种程序。市场竞争已经证明，没有软件或软件含量低的实体产品是低附加值的产品。整个计算机控制系统是在软件的指挥下进行协调工作的。

1．系统软件

系统软件是指由计算机制造厂商提供的用于管理计算机本身的资源以及方便用户使用计算机的软件，包括各种语言的汇编、解释和编译软件，监控管理程序，调整程序，自诊断程序，操作系统等。

2．应用软件

应用软件是指用户根据所要解决的控制问题而编写的各种程序，如 A-D、D-A 转换程序，数据采集程序，数字滤波程序，键盘处理、显示程序，控制量计算程序，生产过程监控程序等。此外，一些功能强大、使用方便的组态软件得到快速发展。组态软件能提高控制系统应用软件的开发效率，缩短研发时间，深受用户的欢迎。

计算机控制系统的应用软件设计已成为计算机科学中的一个独立分支，并逐步规范化、系统化。

1.3 计算机控制系统的典型类型

计算机控制系统的控制方案及组成与控制对象的复杂程度和控制要求密切相关。计算机控制系统可以按功能进行分类，如操作指导控制系统、直接数字控制系统、监督控制系统等；也可按控制规律进行分类，如顺序控制、PID 控制、智能控制等。本节按功能进行分类介绍。

1.3.1 操作指导控制系统

操作指导控制系统又称数据处理系统（Data Processing System），或监测系统，其经典的结构框图如图 1-5 所示。

1）原理：①根据生产对象的特性，选定构成计算机控制系统的硬件，如传感器、A-D 及其相关电路；②每隔一定的时间启动 A-D 转换电路对生产对象的参数进行采样；③计算机收集系统过程参数，并对收集的参数进行加工、分析、处理；④通过显示终端、打印机等输出设备显示或打印数据、操作信息和报警信息。计算机的输出结果不直接控制生产对象，而是作为操作人员进行必要操作的依据。

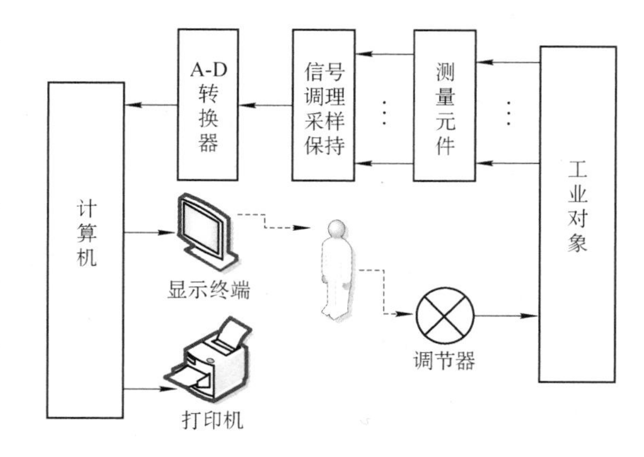

图 1-5 计算机操作指导控制系统框图

2）特点：计算机不直接参与过程控制，而由操作人员（或其他的控制装置）根据测量结果来改变设定值或者进行必要的操作。由于计算机的输出可以帮助并指导人的操作，因此把这种系统称为操作指导系统。

3）优点：结构简单，控制灵活安全，特别适用于控制规律不清楚的系统、计算机控制系统设计的初始阶段等。

目前，小范围监测区域的监测系统仍可使用这种结构实现。更多地可以在这种结构中添加无线通信模块，同时计算机采用单片机或 ARM 系统，可以构成智能传感器节点，由智能传感器节点联网实现大范围区域的远程监测与报警。图 1-6 就是一种较大范围监测区域，本地与远程监测并存系统的结构示例。监测区域内，根据需要布置多种多个智能传感器节点，由智能传感器节点采集监测区域内的各种参数，并经过路由节点将采集到的参数信息汇总至本地监测中心，或经 Internet、GPRS 将监测信息送至远程监测中心或手机及其他终端设备，实现参数的监测与报警功能。

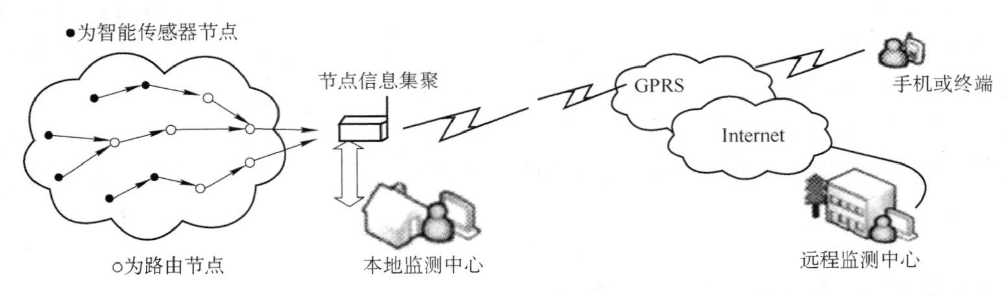

图 1-6　远程监测系统的示例

1.3.2　直接数字控制系统

直接数字控制（Direct Digital Control，DDC）系统是计算机用于工业过程控制最普遍的一种方式，其框图如图 1-7 所示。

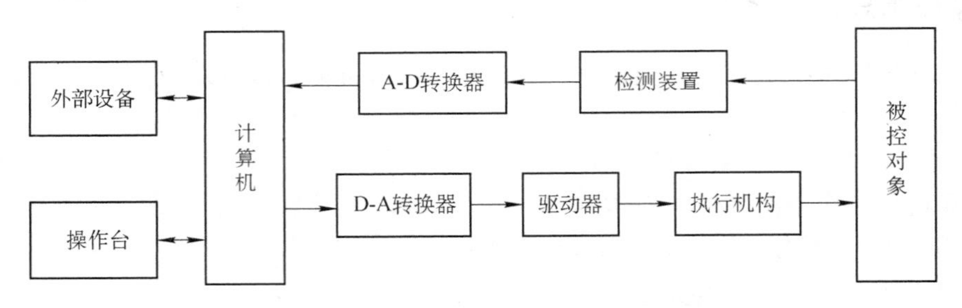

图 1-7　计算机直接数字控制系统框图

1）原理：一台计算机对被控对象的多个被控参数进行巡回检测，将检测值与设定值进行比较，按照 PID 规律或其他直接数字控制方法进行控制运算，然后输出控制量。控制输出量经过驱动电路带动执行机构，调节生产过程，使得被控参数值稳定在设定值的一定范围内。

2）特点：计算机直接参与控制，系统经计算机构成了闭环。

3）优点：利用计算机的分时能力，一台计算机能取代多个模拟调制器，实现多回路的 PID 调节。在不改变系统硬件的条件下，通过修改程序就能实现多种较复杂的控制规律，如串级控制、前馈控制、非线性控制、自适应控制、最优控制等。

1.3.3　监督控制系统

计算机监督控制（Supervisory Computer Control，SCC）系统通常有两种结构形式，其框图如图 1-8 所示。

1）原理：在SCC系统中，计算机按照描述生产过程的数学模型计算出最佳设定值后，将最佳设定值送给模拟调节器或DDC计算机。模拟调节器或DDC计算机依据最佳设定值控制生产过程，使得生产过程处于最优工作状态。

2）特点：SCC系统有SCC+模拟调节器和SCC+DDC系统两种不同的结构形式。

① SCC+模拟调节器的控制系统。这种类型的系统中，计算机对各过程参量进行巡回检测，并按一定的数学模型对生产工况进行分析、计算后得出被控对象各参数的最佳设定值，将最佳设定值送给调节器，使工况保持在最优状态。SCC+模拟调节器法适合于老旧企业技术改造，既能使原有的模拟调节器发挥作用，又能通过计算机实现最佳设定值控制。当SCC故障时，可由模拟调节器独立完成操作。

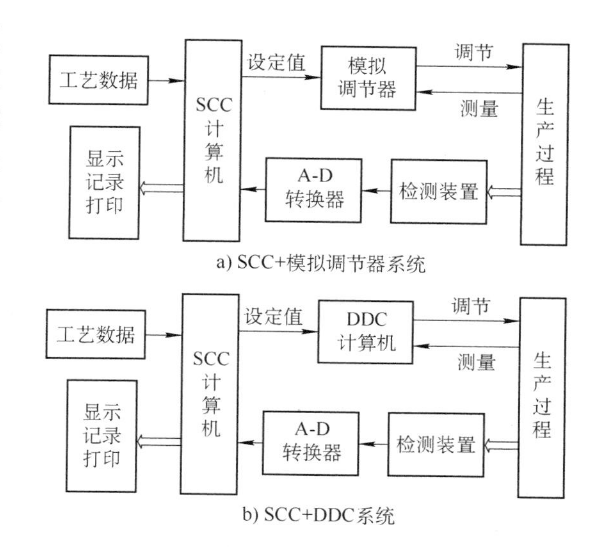

图 1-8 计算机监督控制系统的两种结构

② SCC+DDC的控制系统。这是一种二级控制系统。SCC计算机完成工段、车间等高一级的最优化分析和计算，给出最佳设定值，然后将最佳设定值送给DDC计算机，DDC计算机执行过程控制。当DDC故障时，可用SCC完成DDC的控制功能。

3）优点：此类系统结构能根据工作状态的变化来改变设定值，以实现最优控制。

1.3.4 集散控制系统

集散控制系统又称分布式控制系统（Distributed Control System，DCS），是由多台计算机分别控制生产过程的不同回路，同时又可集中获取数据和集中管理的自动控制系统。集散控制系统是控制、计算机、数据通信和屏幕显示技术的综合应用。DCS既实现了在管理、操作和显示三方面的集中，又实现了在功能、负荷和危险性三方面的分散，它在现代化生产过程控制中起着重要的作用。图1-9是DCS典型的结构形式。

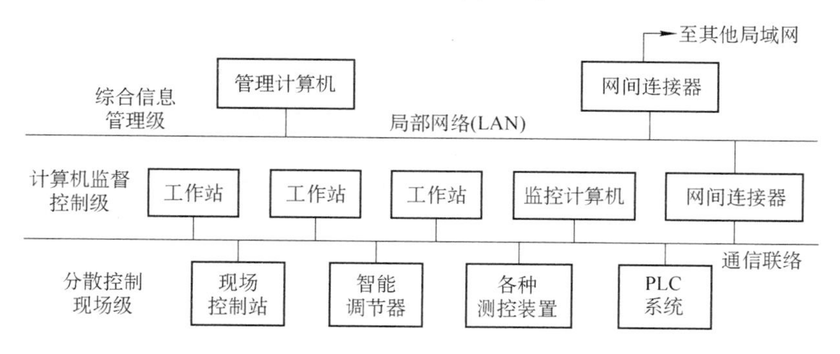

图 1-9 计算机分布式控制系统结构

1）原理：系统由若干工作站组成，每个工作站分别完成数据采集、顺序控制或某一个控制量的闭环控制等任务，通过高速数据通道把各个分散点的信息集中进行监视和操作，并接收计算机监督控制级发送的信息。管理级计算机监控整个系统，实现最优化控制。

2）特点：集散控制系统采用分散控制和集中管理的控制理念与网络化的控制结构，灵活地将控制设备、服务器、基础自动化单元等联系在一起，克服了常规仪表功能单一、控制过于分散和人机联系困难以及单台微型计算机控制系统危险性高度集中的缺点。

3）优点：通用性强、组态灵活、控制功能完善、数据处理方便、调试方便、运行安全可靠，能够适应工业生产过程的多种需要。

1.3.5 现场总线控制系统

现场总线是连接智能现场设备和自动化系统的数字式、双向传输、多分支结构的通信网络。现场总线控制始于 20 世纪 80 年代末，它将计算机网络通信与管理引入了控制领域，并广泛应用于过程自动化、制造自动化、楼宇自动化等领域。现场总线控制系统（Fieldbus Control System，FCS）是应用在生产现场、微机化测量控制设备之间实现双向串行多节点数字通信的系统，也称为开放式、数字化、多点通信的底层控制网络。

1）原理：FCS 是将现场仪表和控制室仪表连接起来的全数字化、双向、多站的互连通信的控制网络系统。它融合了智能化仪表、计算机控制网络和开放系统互连等技术。FCS 以现场总线为纽带，把挂接在总线上的网络节点组成自动化系统，实现基本控制、补偿计算、参数修改、报警、显示、综合自动化等多项功能，如图 1-10 所示。

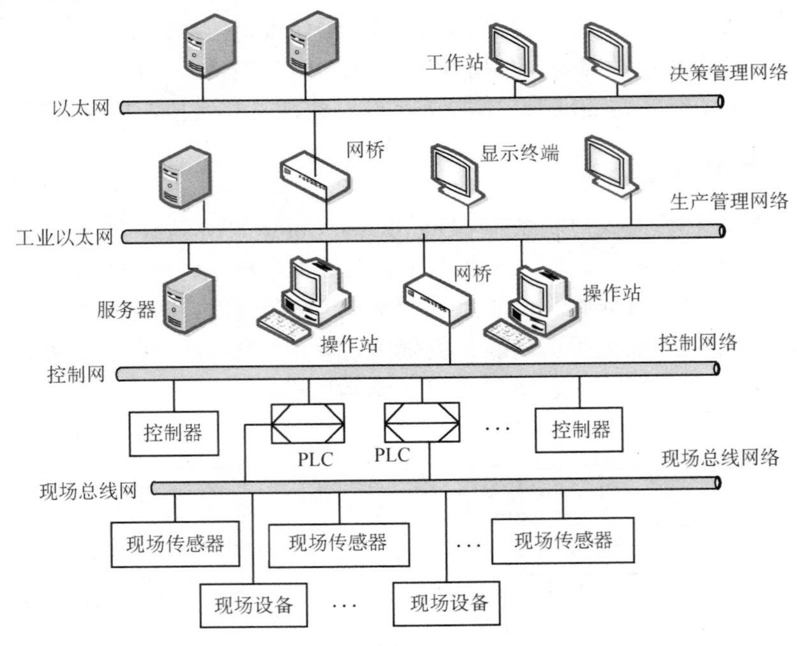

图 1-10　现场总线控制系统结构示意图

2）特点：FCS 是新一代 DCS，它采用“工作站-现场总线智能仪表”二层结构完成 DCS 中的三层结构功能，降低了系统总成本，提高了可靠性，国际标准统一后可实现真正的开放式互联系统结构。

3）优点：现场总线技术用数字信号取代模拟信号，提高了系统的可靠性、精确度和抗干扰能力，并延长了信息传输的距离。FCS 废弃了 DCS 的输入/输出单元和控制站，采用现场设备或者现场仪表取代之。现场设备具有互换性和互操作性，改变了 DCS 控制层的封闭性和专用性，不同厂家的现场设备可互连也可互换，并可以统一组态。开放式互联网络可极为方便地实现数据共享。与 DCS 相比，FCS 能充分发挥上层系统调度、优化、决策的功能，并降低系统投资成本和减少运行费用。如果系统各部分分别选用合适的总线类型，会更有效地降低成本。

1.4 计算机控制系统的发展概况与趋势

20 世纪中期计算机、可编程序控制器的应用使机器不但延伸了人的体力，还延伸了人的脑力，开创了数字控制机器的新时代，使人与机器在空间和时间的分离成为可能。

1.4.1 计算机控制系统的发展概况

回顾工业过程的计算机控制历史，在 20 世纪大致经历了 50 年代的起步期、60 年代的试验期、70 年代的推广期、80 年代和 90 年代的成熟期及进一步发展期。

世界上第一台数字计算机于 1946 年在美国诞生，起初计算机用于科学计算和数据处理，之后，人们开始尝试将计算机用于导弹和飞机的控制。20 世纪 50 年代开始，首先在化工生产中实现了计算机的自动测量和数据处理。1954 年，人们开始在工厂实现计算机的开环控制。1959 年 3 月，世界上第一套工业过程计算机控制系统应用于美国德州一家炼油厂的聚合反应装置，该系统实现了对 26 个流量、72 个温度、3 个压力和 3 个成分的检测及其控制，控制的目标是使反应器的压力最小，确定 5 个反应器进料量的最佳分配，根据催化剂的活性测量结果来控制热水流量以及确定最优循环。

1960 年，在美国的一家合成氨厂实现了计算机监督控制。1962 年，英国帝国化学工业公司利用计算机代替了原来的模拟控制，该计算机控制系统检测 224 个参数变量和控制 129 个阀门，因为计算机直接控制过程变量，完全取代了原来的模拟控制，所以称其为直接数字控制，简称 DDC。DDC 是计算机控制技术发展过程的一个重要阶段，此时的计算机已成为闭环控制回路的一个组成部分。DDC 系统在应用中呈现出的与模拟控制系统相比所具有的优点，使人们看到了 DDC 广阔的推广前景，以及它在控制系统中的重要地位，从而对计算机控制理论的研究与发展起到了推动作用。

随着大规模集成电路技术在 20 世纪 70 年代的发展，1972 年生产出了微型计算机，过程计算机控制技术随之进入了崭新的发展阶段，出现了各种类型的计算机和计算机控制系统。另外，现代工业的复杂性，生产过程的高度连续化、大型化的特点，使得局部范围的单变量控制难以提高整个系统的控制品质，必须采用先进控制结构和优化控制等来解决。这就导致了计算机控制系统的结构发生变化，从传统的集中控制为主的系统逐渐转变为集散型控制系统（DCS）。它的控制策略是分散控制、集中管理，同时配合友好、方便的人机监视界面和数据共享。集散式控制系统或计算机分布式控制系统为工业控制系统的水平提高提供了基础。DCS 成功地解决了传统集中控制系统整体可靠性低的问题，从而使计算机控制系统获得了大规模的推广应用。1975 年，世界上几个主要计算机和仪表公司几乎同时推出了计算机集散控制系统，如美国 Honeywell 公司的 TDC-2000 以及后来新一代的 TDC-3000、日本横河公司的 CENTUM 等。如今，DCS 已得到了广泛的工业应用。但是，DCS 不具备开放性、互操作性，布线复杂且费用高。

20 世纪 70 年代出现的可编程序控制器（Programmable Logical Controller，PLC）由最初仅是继电器的替代产品，逐步发展到广泛应用于过程控制和数据处理方面，将以前界线分明的强电与弱电两部分渐渐合二为一作为统一的面向过程级的计算机控制系统考虑并实施。PLC 始终处于工业自动化控制领域的主战场，新型 PLC 系统在稳定可靠及低故障率基础上，增强了计算速度、通信性能和安全冗余技术。PLC 技术的发展将能更加满足工业自动化的需要，能够为自动化控制应用提供安全可靠和比较完善的解决方案。

20 世纪 90 年代初出现了将现场控制器和智能化仪表等现场设备用现场通信总线互连构成的新型分散控制系统——现场总线控制系统（FCS）。FCS 是一个由现场总线、现场智能仪表和 PLC、IPC 组成的系统，现场智能仪表、PLC 和监控机之间通过一种全数字化、双向、多站的通信网络连接成 FCS。FCS 的可靠性更高，成本更低，设计、安装调试、使用维护更简便，是今后计算机控制系统的趋势。

DCS、PLC、FCS 之间的界限已经越来越模糊，都致力于为各种工业控制应用提供集成的、新一代控制平台。在此平台上用户只需通过模块化、系列化的软件和硬件产品组合，即可“量身定制”其控制系统。尽管随着工业控制技术的不断发展深入，最终走上融合，不同的控制系统正逐步趋于一致，但各种控制系统都有自己的应用特点和适用范围，用户都是针对不同的控制环境和技术要求而选定不同的控制系统。

1.4.2 计算机控制系统的发展趋势

计算机控制系统随着计算机科学、自动控制理论、网络技术、检测技术的发展，在工业 4.0 以及中国制造 2025 计划的推动下，其发展趋势大致如下。

1. 网络化的控制系统

随着计算机技术和网络技术的不断发展，各种层次的计算机网络在控制系统中得到了广泛应用。计算机控制系统的规模越来越大，其结构也发生了变化，经历了计算机集中控制系统、集散控制系统、现场总线控制系统，向着网络控制系统（Network Control System，NCS）发展。网络控制系统的结构示意图如图 1-11 所示。

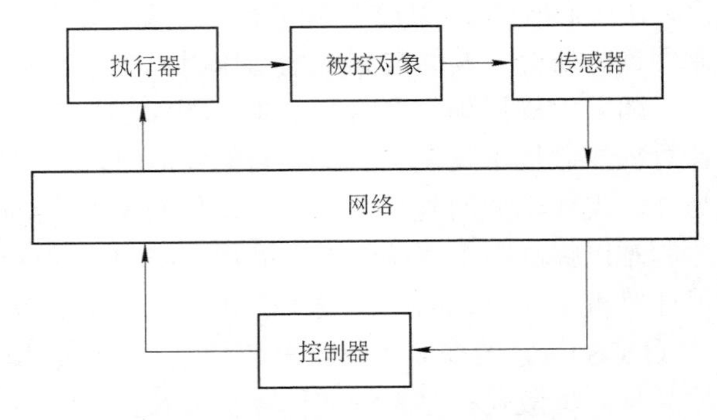

图 1-11 网络控制系统结构示意图

在工业自动化向智能化的发展进程中，通信已成为关键问题之一，但由于多种类型现场总线标准并存，不同类型的现场总线设备均配有专用的通信协议，互相之间不能兼容，无法实现互操作和协同工作，无法实现信息的无缝集成。使用者迫切需要统一的通信协议和网络。因此，基于 TCP/IP 的以太网进入工业控制领域并且得到了快速发展。比如，惠普公司应用 IEEE 1451.2 标准，生产的嵌入式以太网控制器具有 10-Base 以太网接口，运行 FTP/HTTP/TCP/UDP，应用于传感器、驱动器等现场设备。再如，FF 提出的 IEC 61158 标准中类型 e 所定义的 HSE（High Speed Ethernet）协议，用高速以太网作为 H2 的一种替代方案，选用 100Mbit/s 速率的以太网的物理层、数据链路层协议，可以使用低价位的以太网芯片、支持电路、集线器、中继器和电缆。国内浙大中控也推出了基于 EPC（Ethernet for Process Control）的分布式网络控制系统，将 Ethernet 直接应用于变送器、执行机构、现场控制器等现场设备间的通信。

网络化控制系统就是将控制系统的传感器、执行器和控制器等单元通过网络连接起来。其中的网络是一个广义的范畴，包含了局域网、现场总线网、工业以太网、无线通信网络、Internet 等。随着物联网概念的提出以及控制系统发展的需求，以无线通信模式为新特征的物联网控制系统，必将成为计算机控制系统的重要发展方向。

物联网控制系统是一种以物联网为基础的全分布式无线网络自动化系统，其基本结构如图 1-12 所示。图中虚线部分是根据实际情况可选用部分。主施控设备包括智能控制器、计算机、智能工控机等，实施完成对整个控制过程和整个控制系统的控制工作。控制设备是指智能控制器，它接收来自通信设备的控制命令或控制程序，控制终端设备的运行。监测设备是指带各种传感元件的信号采集设备，用于采集控制系统所需要的各种信息，并通过通信设备反馈给施控端。急停控制器用于保证控制系统出现故障时，被控部分能够紧急停止运行，避免故障扩大，降低因故障而引起的损失。

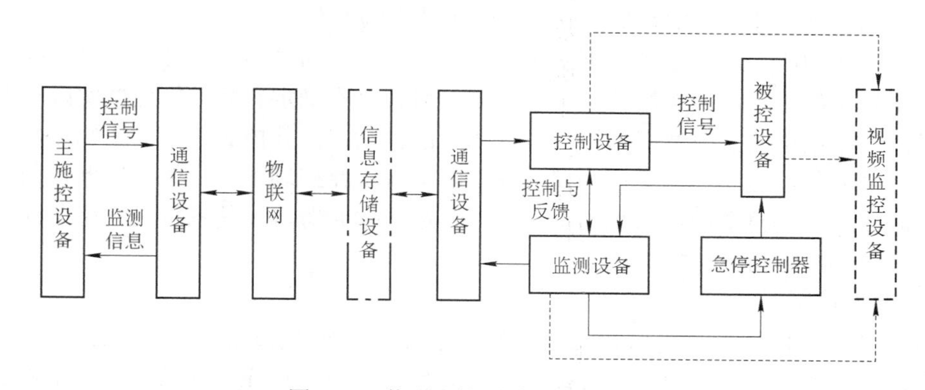

图 1-12 物联网控制系统基本结构

物联网控制系统具有开放式数字通信功能，可与各种无线通信网络互连，它将各种具有信号输入、输出、运算、控制和通信功能的无线传感器节点安装于生产现场，节点与节点之间可以自动路由组成底层无线网络。

2．智能型控制系统

随着人工智能技术的发展以及人们对控制系统自动化与智能化水平需要的提高，模糊控制技术、预测控制技术、专家控制技术、神经网络技术、最优控制技术、自适应控制技术等将在计算机控制系统中得到越来越广泛的应用。

模糊控制是一种应用模糊集合理论的控制方法。模糊集合是分析复杂系统，处理不确定性的新方法。它用语言变量代替数值变量来描述系统的行为，模拟人类推理模式，采用模糊理论对非线性系统进行辨识，方法简单，应用比较广泛的是 T-S 模型。

模型预测控制（Model Predictive Control，MPC）的研究始于 20 世纪 70 年代，它是针对有优化需求的控制问题，其理论研究经历了两个阶段：80 年代至 90 年代以分析工业预测控制算法性能为特征的预测控制定量分析理论，90 年代以来从保证系统性能出发设计预测控制器的预测控制定性综合理论。目前已经从最初在工业过程中应用的启发式控制算法发展成为一个具有丰富理论和实践内容的新的学科分支。几十年来预测控制在复杂工业过程中所取得的成功，充分显现了它处理复杂约束优化控制问题的巨大潜力。但预测控制在线求解约束优化问题计算量大，这限制了其应用范围和应用场合。针对这一问题，研究者从结构、策略、算法上开展了广泛的研究，其中结构研究包括递阶和分布式控制结构，策略研究包括离线设计/在线综合与输入参数化策略，算法研究包括各种改进或近似优化算法等。

专家控制技术以模仿人类智能为基础，将工程控制论与专家系统结合形成专家控制系统，其对象往往具有不确定性。专家系统是一个存储了大量专门知识的计算机程序系统。不同的专家系统将不同领域专家的知识，以适当的形式存放在计算机中。专家系统依据专家知识，对用户提出的问题做出判断和决策。

20 世纪 80 年代国外掀起了神经网络（Neural Network）计算机的研究和应用热潮；20 世纪 90 年代我国开始了神经网络方面的研究。神经网络具有大规模的并行处理和分布式的信息存储，良好的自适应性、自组织性，以及很强的学习功能、联想功能及容错功能等特点。正是由于神经网络的特点使它的应用越来越广泛，其中一个重要的方面就是智能控制。

最优控制是选择合适的控制规律，在控制系统的工作条件不变以及某些物理统计的限制下，使系统的某种性能指标即目标函数取得最大值和最小值。

自适应控制的研究对象是具有不确定性的系统，这里的“不确定性”是指被控系统的数学模型是不确定的。自适应控制的基本思想是针对含有不确定参数且能近似实际控制过程的系统模型，根据期望的控制性能指标，设计相应的控制律，其控制律中的未知参数采用未知参数的估计值替代，适当地修正控制律，并实时地将由此控制律决定的控制器作用于原始系统中，同时需要确保整个闭环系统的稳定性。自适应控制器可以使系统在使用条件变化的情况下，仍能使其性能指标达到最优。

3．综合型控制系统

德国推出的“工业 4.0”是以智能制造为主导的第四次工业革命，其目的是为了保持德国在全球制造装备领域的领导地位。而智能工厂是“工业 4.0”的重要组成部分，是构成未来工业体系的一个关键特征。智能工厂重点研究智能化生产系统及过程，以及网络化分布式生产设施的实现，具有实时感控、全面联网、自动处理、辅助决策和分析优化等功能。它的核心内容包括：

1）实现工厂制造和业务规划流程价值链；

2）工厂生产管理价值链即从产品设计和开发、生产规划、生产工程、生产实施到服务的五个阶段；

3）工厂自动化控制系统包含了从现场层、控制层、管理层到决策层的综合系统。

从“工业 4.0”的核心内容可以看出计算机控制的工厂自动化控制系统已不再是单一的控制系统，而是集成的多目标、多任务的综合控制系统，即把整体上相关、功能上相对独立、位置上相对分散的子系统或部件组成一个协调控制的综合计算机系统。

“中国制造 2025”计划要求：到 2025 年，中国在制造业领域不仅是世界第一大国，而且要进入世界强国行列。它在一定程度上借鉴了德国工业 4.0 规划。“中国制造 2025”提出的十大重点领域，如高档数控机床、机器人、新一代信息技术等，与德国工业 4.0 关注的五大产业，绝大部分是相对应的。中国与德国几乎在同一时间聚焦本国制造业的转型升级，实施的切入点是智能工厂。中国结合自己的国情和制造业实际，结合各个行业的市场需求和产品特点，会诞生出一大批具有中国特色的智能工厂。在“中国制造2025”计划实施进程中，综合型计算机控制系统必将发挥其重要作用，而且必将在应用中得到较大的发展。

习 题

1. 画出开环控制与闭环控制的结构框图。
2. 什么是计算机控制系统？计算机控制系统由哪几部分组成？
3. 在计算机控制系统中，计算机的主要任务是什么？
4. 简述直接数字控制系统与监督控制系统的特点。
5. 简述直接数字控制系统与监督控制系统之间的区别与联系。
6. 简述集散控制系统与现场总线控制系统的特点。
7. 查阅资料，写出1种DDC模拟调节器或控制器产品的名称，并简述其功能。
8. 查阅资料，了解“工业4.0”以及“中国制造2025”的内含。

第 2 章　计算机控制系统的理论基础

计算机控制系统的理论基础主要包括连续系统数学模型的表示方法、连续信号的离散化、Z 变换与反变换、离散系统与差分方程、离散系统的传递函数，以及计算机控制系统的性能分析等。

2.1　连续系统数学模型的表示方法

2.1.1　控制系统数学模型及其类型

数学模型是根据系统运动过程的物理、化学等规律，写出描述系统运动规律、特性、输出与输入关系的数学表达式。数学模型既要能准确地反映系统的动态本质，又要便于系统的分析和计算工作。

建立控制系统的数学模型，是分析与设计任何一个控制系统的首要任务。一个系统，无论是机械的、电气的、热力的、液压的，还是化工的，都可以用微分方程加以描述。求解这些微分方程，可以获得系统在输入作用下的响应，即系统的输出。

1．静态模型与动态模型

静态数学模型是描述系统静态特性的模型，一般用代数方程来表示，反映输入与输出之间的稳态关系，模型中的变量不依赖于时间。系统静态是指工作状态不变或变化非常缓慢。

动态数学模型是描述系统动态或瞬态特性的模型，一般用微分方程来表示，模型中的变量依赖于时间。

静态数学模型可以看成是动态数学模型的特殊情况。

2．输入/输出描述模型与内部描述模型

输入/输出描述模型是描述系统输出与输入之间关系的数学模型，可用微分方程、传递函数、频率特性等数学模型表示。

内部描述模型是描述系统内部状态和系统输入、输出之间关系的模型，即状态空间模型。内部描述模型不仅描述了系统输入与输出之间的关系，而且描述了系统内部信息传递关系。所以，内部模型比输入/输出模型更深入地揭示了系统的动态特性。

3．连续时间模型与离散时间模型

连续时间模型常用微分方程、传递函数、状态空间等表示，而离散时间模型常用差分方程、Z 传递函数、离散状态空间等表示。

4．参数模型与非参数模型

参数模型是采用数学表达式表示的数学模型，如传递函数、差分方程、状态方程等。

非参数模型是直接或间接从物理系统的实验分析中得到的响应曲线表示的数学模型，如脉冲响应、阶跃响应、频率特性曲线等。

数学模型虽然有不同的表示形式，但它们之间可以互相转换，可以由一种形式的模型转换为另一种形式的模型。

2.1.2　建立数学模型的方法

建立系统数学模型的常用方法有机理分析建模法和实验建模法。

机理分析建模法简称分析法，是一种基于对实际物体特性的了解，从系统的内在机制开始，利用一些物理和化学规律来建立系统数学模型的方法。它通过对系统内在机理的分析，运用物理、化学等定律，推导出描述系统的数学关系式。这种描述系统的数学关系式称为机理模型。机理模型展示了系统的内在结构与联系，较好地描述了系统特性。但机理建模需要清楚地了解系统的内部结构，若不是十分了解系统内部过程变化机理，则很难采用机理建模方法完成建模工作。当系统结构比较复杂时，所得到的机理模型往往也比较复杂，难以满足实时控制的要求。

实验建模法也称为系统辨识，它是一种利用系统输入与输出的实验数据或者正常运行数据，构造数学模型的建模方法。该方法建模的条件：建模对象必须已经存在并能够进行实验。对某些运动规律尚不清楚或者利用物料和能量守恒等物理和化学规律建立的方程非常复杂的系统，可以手动或者采用信号发生器施加某种测试信号，如阶跃信号，记录其输出数据，然后利用输入与输出数据进行建模。这种建模方法在对所研究对象的机理一无所知的情形下，照样能够通过给定对象的输入数据以及在测试信号下的输出数据来建立出对象的合适的数学模型。由于这种建模方法只依赖于系统的输入与输出之间的关系，因此，也称为“黑箱”建模方法。但设计能够获取大量输入/输出数据的实验工作存在一定的难度，而且利用系统辨识得到的模型只反映系统输入与输出的特性，不能反映系统的内在信息，难以描述系统的本质。

有效的建模方法是将机理分析建模法与系统辨识法相结合，在建模时，尽量利用人们对物理系统的认识，由机理分析提出模型结构，然后用观测数据估计出模型参数，这种方法常称为“灰箱”建模方法。实践证明“灰箱”建模方法非常有效。系统模型常用微分方程、传递函数等进行描述。

1．用微分方程描述

根据系统的机理分析，按以下步骤得到系统的微分方程。

1）根据对象的工作原理确定系统的输入与输出变量；

2）从输入端开始，按照信号的传递顺序，依据各变量所遵循的物理、化学等定律，列出各变量之间的动态方程，一般为微分方程组；

3）消去方程式中间变量，得到输入量与输出量相关联的方程；

4）标准化：将与输入有关的各项放在等号右边，与输出有关的各项放在等号左边，并且分别按降幂排列，最后将系数化为如时间常数等反映系统动态特性的参数。

例 2.1　如图 2-1 所示，水经过阀门 1 不断地流入水槽，又通过阀门 2 不断流出，水槽的横截面积为 A。假定水槽的液位保持一定，并且阀门 2 开度不变，则阀门 1 开度变化是引起水槽液位变化的干扰因素，请写出液位随阀门 1 开度变化的数学表示式。

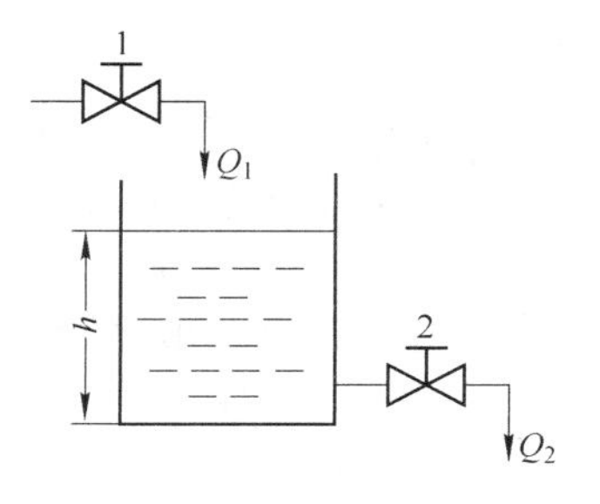

图 2-1　水位控制示意图

分析：当水箱的流入量和流出量相等时，水箱的液位保持不变；增大流入量会导致液位上升，上升后的液位会增大出水压力，使流出量增加；减小流入量会导致液位下降，下降后的液位会减小出水压力，使流出量减小。流出量随着液位的变化而变化，可以调节水箱的流入量而维持水位不变。假设系统的流入量为Q_1，流出量为Q_2，阀门1开度为V，阀门1流量比例系数为K_1，水位高度为h，压力流量比例系数为K_2，则输入量为V，输出量为h，遵循物料平衡原理。

解：在dt时间内，水位高度变化dh，流入和流出水槽的水量之差等于水槽内增加（或减少）的水量，则有$(Q_1-Q_2)\mathrm{d}t=A\mathrm{d}h$，而$Q_1=K_1V$，$Q_2=K_2h$，由此可得到$(K_1V-K_2h)\mathrm{d}t=A\mathrm{d}h$，移项并整理得$\dfrac{A}{K_2}\dfrac{\mathrm{d}h}{\mathrm{d}t}+h=\dfrac{K_1}{K_2}V$，令$T=\dfrac{A}{K_2},K=\dfrac{K_1}{K_2}$，所以，水槽对象特性的微分方程式为$T\dfrac{\mathrm{d}h}{\mathrm{d}t}+h=KV$。

控制系统的微分方程是在时域描述系统动态性能的数学模型，在给定外作用及初始条件下，求解微分方程可以得到系统输出响应的全部时间信息。这种方法直观、准确，但是如果系统的结构改变或某个参数发生变化，就需要重新列写并求解微分方程，不便于对系统进行分析和设计。

2．用传递函数描述

传递函数是在拉普拉斯变换基础上的复数域中的数学模型。传递函数不仅可以表征系统的动态特性，而且可以用于研究系统的结构或参数变化对系统性能的影响。

（1）传递函数的定义

传递函数是在零初始条件下，线性定常系统输出量的拉普拉斯变换与输入量的拉普拉斯变换之比。线性定常系统的一般微分方程如式（2-1）所示，其中$c(t)$为输出量，$r(t)$为输入量，$a_n,a_{n-1},\cdots,a_1,a_0$及$b_m,b_{m-1},\cdots,b_1,b_0$均为由系统结构、参数决定的定常系数。

$$a_n\frac{\mathrm{d}^n c(t)}{\mathrm{d}t^n}+a_{n-1}\frac{\mathrm{d}^{n-1}c(t)}{\mathrm{d}t^{n-1}}+\cdots+a_1\frac{\mathrm{d}c(t)}{\mathrm{d}t}+a_0c(t)=b_m\frac{\mathrm{d}^m r(t)}{\mathrm{d}t^m}+b_{m-1}\frac{\mathrm{d}^{m-1}r(t)}{\mathrm{d}t^{m-1}}+\cdots+b_1\frac{\mathrm{d}r(t)}{\mathrm{d}t}+b_0r(t) \tag{2-1}$$

在零初始条件下，对式（2-1）两端进行拉普拉斯变换，可得相应的代数方程式（2-2），则系统的传递函数$G(s)$如式（2-3）所示。$G(s)$反映了系统输出与输入之间的关系，描述了系统的特性。

$$(a_ns^n+a_{n-1}s^{n-1}+\cdots+a_1s+a_0)C(s)=(b_ms^m+b_{m-1}s^{m-1}+\cdots+b_1s+b_0)R(s) \tag{2-2}$$

$$G(s)=\frac{C(s)}{R(s)}=\frac{b_ms^m+b_{m-1}s^{m-1}+\cdots+b_1s+b_0}{a_ns^n+a_{n-1}s^{n-1}+\cdots+a_1s+a_0} \tag{2-3}$$

零初始条件的含义如下：

1）输入信号是在$t=0$以后才作用于系统的，因此，系统输入量及其各阶次导数值在$t\leqslant 0$时均为零；

2）输入信号作用于系统之前，系统是“相对静止”的，因此，系统输出量及其各阶次导数值在$t\leqslant 0$时也为零。

（2）传递函数的性质

传递函数具有以下性质：

1）传递函数的分母反映了由系统的结构和参数所决定的系统固有特性，分子反映了系统与外界之间的联系。实际的物理系统或元件总具有惯性，传递函数分子中 s 的阶次不大于分母中 s 的阶次。传递函数与系统的输入量无关。

2）传递函数只反映系统在零初始条件下的运动特性。传递函数只描述系统的输入、输出特性，而不能表征系统内部所有状态的特性。服从不同物理规律的系统可以有相同的传递函数，因此传递函数不能反映系统的物理结构和性质。

3）传递函数的概念只适用于线性定常系统。它的拉普拉斯反变换即为系统的脉冲响应。

（3）传递函数的表达式

1）有理分式形式。传递函数最常用的有理分式形式如式（2-3）所示。传递函数的分母多项式称为系统的特征多项式，特征多项式等于 0 的方程称为系统的特征方程，其根称为系统的特征根或极点。分母多项式的阶次 n 定义为系统的阶次。对于实际的物理系统，传递函数中所有系数为实数，且分母多项式的阶次 n 大于或等于分子多项式的阶次 m。

2）零极点形式。根据复变函数知识，凡能使复变函数为 0 的点均称为零点，凡能使复变函数趋于∞的点均称为极点。将传递函数的分子、分母多项式变为首一多项式，然后在复数范围内因式分解，得 $G(s)=\dfrac{K_1(s-z_1)(s-z_2)\cdots(s-z_m)}{(s-p_1)(s-p_2)\cdots(s-p_n)}$，其中 $z_1,z_2,\cdots,z_m$ 称为系统的零点，$p_1,p_2,\cdots,p_n$ 称为系统的极点，K_1 称为系统的根轨迹放大系数。系统零点、极点的分布决定了系统的特性。

3）时间常数形式。将传递函数的分子、分母多项式变为尾一多项式，然后在复数范围内因式分解，则传递函数可改写为 $G(s)=\dfrac{K\prod\limits_{i=1}^{m}(\tau_i s+1)}{s^v\prod\limits_{j=1}^{n'}(T_j s+1)}$，其中 $v+n'=n$。在实数范围内因式分解，则传递函数可表示为

$$G(s)=\frac{K\prod\limits_{i=1}^{m_1}(\tau_i s+1)\prod\limits_{k=1}^{m_2}(\tau_k^2 s^2+2\zeta_k\tau_k s+1)}{s^v\prod\limits_{j=1}^{n_1}(T_j s+1)\prod\limits_{l=1}^{n_2}(T_l^2 s^2+2\zeta_l T_l s+1)} \tag{2-4}$$

例 2.2　已知某系统的传递函数为 $G(s)=\dfrac{15(s+2)}{s(s+3)(s^2+s+1)}$，求系统的微分方程。

解： $G(s)=\dfrac{C(s)}{R(s)}=\dfrac{15(s+2)}{s(s+3)(s^2+s+1)}=\dfrac{15(s+2)}{s^4+4s^3+4s^2+3s}$

对 $G(s)$ 进行拉普拉斯反变换，零初始条件下可得系统的微分方程为

$$\frac{\mathrm{d}^4c(t)}{\mathrm{d}t^4}+4\frac{\mathrm{d}^3c(t)}{\mathrm{d}t^3}+4\frac{\mathrm{d}^2c(t)}{\mathrm{d}t^2}+3\frac{\mathrm{d}c(t)}{\mathrm{d}t}=15\frac{\mathrm{d}r(t)}{\mathrm{d}t}+30r(t)$$

2.1.3　控制系统中基本环节的传递函数

为简化对控制系统的分析与设计，从数学角度把控制系统分成几种不同的基本环节，有

些基本环节在实际中可以单独存在，而有些不能单独存在。例如，微分环节是不能独立存在的，能够存在的是实际微分环节。

1．稳定的基本环节

1）比例环节：传递函数为 k 。

2）积分环节：传递函数为 $\frac{1}{s}$ 。

3）微分环节：传递函数为 s ；实际微分环节的传递函数为 $\frac{\tau s}{\tau s+1}$ ，τ 为时间常数。

4）一阶微分环节：传递函数为 $\tau s+1$ ，τ 为时间常数。

5）二阶微分环节：传递函数为 $\tau^2 s^2+2\varsigma\tau s+1$ ，τ 为时间常数，ς 为阻尼比。

6）惯性环节：传递函数为 $\frac{1}{\tau s+1}$ ，τ 为时间常数。

7）振荡环节：传递函数为 $\frac{1}{\tau^2 s^2+2\varsigma\tau s+1}$ ，τ 为时间常数，ς 为阻尼比。

8）迟后环节（纯时滞环节）：传递函数为 $\mathrm{e}^{-\tau s}$ ，τ 为时间常数。

2．不稳定的基本环节

1）不稳定惯性环节：传递函数为 $\frac{1}{\tau s-1}$ ，τ 为时间常数。

2）不稳定振荡环节：传递函数为 $\frac{1}{\tau^2 s^2-2\varsigma\tau s+1}$ ，τ 为时间常数，ς 为阻尼比。

2.1.4 控制系统的结构图及其等效变换

1．结构图

系统的结构图是描述系统各组成元部件之间信号传递关系的数学图形。结构图不仅能清楚地表明系统的组成和信号的传递方向，而且能清楚地表示系统信号传递过程中的数学关系，它是一种图形化的系统数学模型，在控制理论中应用很广。结构图中包含信号线、引出点、比较点及方块 4 个要素。

信号线：带有箭头的直线。箭头表示信号传递方向，直线上面或者旁边标注所传递信号的时间函数或传递函数。

引出点（测量点）：引出或者测量信号的位置。从同一信号线上引出的信号在数值和性质上完全相同。

比较点（综合点）：对两个或者两个以上的信号进行代数运算，“+”表示相加（可以省略），“–”表示相减。

方块：对输入信号进行的数学变换。对于线性定常系统或元件，通常在方框中写入其传递函数或者频率特性。

2．结构图等效变换

（1）串联环节的等效变换

图 2-2a 是两个环节串联的结构图，图 2-2b 是图 2-2a 的等效结构图。

由图 2-2a 可知，$C(s)=G_2(s)U(s)=G_2(s)G_1(s)R(s)$ ，则可得出两个环节串联后的等效传

递函数为 $G(s)=\dfrac{C(s)}{R(s)}=G_2(s)G_1(s)$，即两个环节串联后的总传递函数 $G(s)$ 等于两个串联环节传递函数 $G_1(s)$ 与 $G_2(s)$ 的乘积。

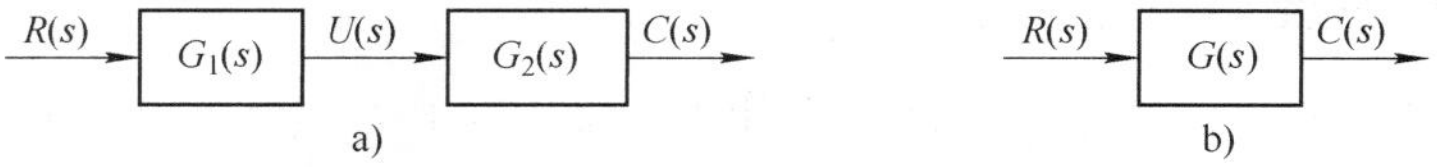

a)　　b)

图 2-2　两个环节串联的等效变换

结论： n 个环节串联后的总传递函数等于各个串联环节传递函数的乘积。

例 2.3　已知系统由 1 个比例环节、2 个惯性环节，以及 1 个纯迟后环节串联而成。其中，比例常数为 5，惯性时间常数分别为 0.1s 和 0.5s，迟后时间常数为 1s，请写出该系统的传递函数 $G(s)$。

解： 根据基本环节的传递函数有 $G_1(s)=k=5$，$G_2(s)=\dfrac{1}{\tau s+1}=\dfrac{1}{0.1s+1}$，$G_3(s)=\dfrac{1}{\tau s+1}=\dfrac{1}{0.5s+1}$，$G_4(s)=\mathrm{e}^{-\tau s}=\mathrm{e}^{-s}$，因此，$G(s)=G_1(s)G_2(s)G_3(s)G_4(s)=\dfrac{100\mathrm{e}^{-s}}{(s+10)(s+2)}$。

（2）并联环节的等效变换

图 2-3 为两个环节并联的结构，其等效结构如图 2-2b 所示。由图 2-3 可写出：

$$C(s)=G_1(s)R(s)\pm G_2(s)R(s)=[G_1(s)\pm G_2(s)]R(s)$$

所以两个环节并联后的等效传递函数表示为

$$G(s)=G_1(s)\pm G_2(s) \tag{2-5}$$

结论： n 个环节并联后的总传递函数等于各个并联环节传递函数的代数和。

例 2.4　某一系统的结构如图 2-3 所示，若 $G_1(s)=\dfrac{3}{s}$，$G_2(s)=\dfrac{1}{2s+1}$，请写出该系统的传递函数 $G(s)$。

解： 该系统的传递函数 $G(s)=G_1(s)+G_2(s)=\dfrac{3}{s}+\dfrac{1}{2s+1}=\dfrac{7s+3}{s(2s+1)}$，或 $G(s)=G_1(s)-G_2(s)=\dfrac{3}{s}-\dfrac{1}{2s+1}=\dfrac{5s+3}{s(2s+1)}$。

（3）反馈连接的等效变换

图 2-4 为反馈连接的结构，其等效结构如图 2-2b 所示。由图 2-4 可写出：

$$C(s)=G_1(s)E(s)=G_1(s)[R(s)\pm B(s)]=G_1(s)[R(s)\pm H(s)C(s)]$$

可得 $C(s)=\dfrac{G_1(s)}{1\mp G_1(s)H(s)}R(s)$，所以反馈连接后的等效（闭环）传递函数表示为

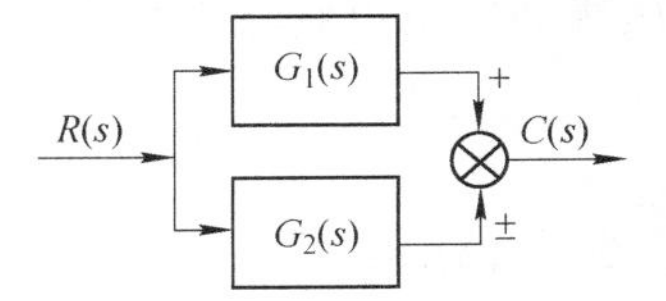

图 2-3　两个环节并联的结构

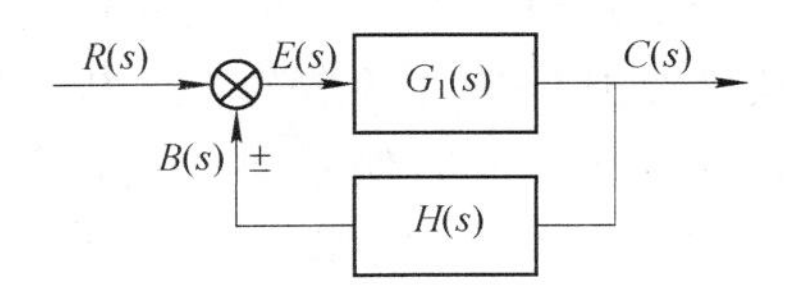

图 2-4　反馈连接的结构

$$G(s)=\frac{G_1(s)}{1\mp G_1(s)H(s)} \tag{2-6}$$

2.1.5 反馈控制系统的传递函数

实际的控制系统不仅受控制输入信号的作用，还受干扰信号的作用。图 2-5 所示为具有扰动作用的闭环系统，图中 $R(s)$ 表示控制输入信号，$N(s)$ 表示干扰信号，$C(s)$ 表示输出信号，$E(s)$ 表示误差信号。

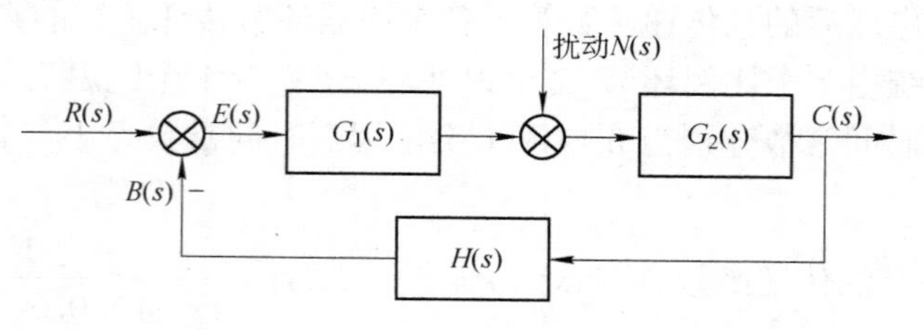

图 2-5　闭环系统结构图

1．系统的开环传递函数

在图 2-5 中，为分析系统方便起见，常常在 $H(s)$ 的输出端，亦即在反馈点处，“人为”地断开系统的主反馈通路。将前向通路传递函数与反馈通路传递函数的乘积称为系统的开环传递函数，用 $G(s)H(s)$ 表示。它等于系统的反馈信号 $B(s)$ 与偏差信号 $E(s)$ 之比，即

$$G(s)H(s)=\frac{B(s)}{E(s)}=G_1(s)G_2(s)H(s) \tag{2-7}$$

需要指出，这里的开环传递函数是针对闭环系统而言的，而不是指开环系统的传递函数。

2．系统的闭环传递函数

（1）给定输入作用下的闭环传递函数

当只研究系统控制输入作用时，令 $N(s)=0$，可求出系统输出 $C(s)$ 对输入 $R(s)$ 的闭环传递函数 $\Phi(s)$：

$$\Phi(s)=\frac{C(s)}{R(s)}=\frac{G_1(s)G_2(s)}{1+G_1(s)G_2(s)H(s)} \tag{2-8}$$

可见，系统的闭环传递函数的分子是前向通道传递函数，分母是开环传递函数与 1 之和。

（2）扰动输入作用下的闭环传递函数

当只研究系统在扰动输入作用时，令 $R(s)=0$，可求得输出对扰动作用的传递函数 $\Phi_{\mathrm{n}}(s)$：

$$\Phi_{\mathrm{n}}(s)=\frac{C(s)}{N(s)}=\frac{G_2(s)}{1+G_1(s)G_2(s)H(s)} \tag{2-9}$$

可见，系统在扰动作用下的闭环传递函数的分子是从扰动作用点到输出端之间的传递函数，分母仍然是开环传递函数与 1 之和。

（3）输入和扰动同时作用下系统的总输出

根据线性系统的叠加原理，系统在多个输入作用下，其总输出等于各输入单独作用所引起的输出分量的代数和，利用式（2-8）和式（2-9）可求得系统的总输出为

$$C(s)=\frac{G_1(s)G_2(s)R(s)}{1+G_1(s)G_2(s)H(s)}+\frac{G_2(s)N(s)}{1+G_1(s)G_2(s)H(s)} \tag{2-10}$$

2.2　连续信号的离散化

在许多工程问题上，仍然采用系统的、成熟的、实用的连续系统设计方法完成计算机控制系统的设计。但计算机只能接收、处理数字信号，因此连续信号必须进行离散化处理。

2.2.1　信号的采样与恢复

1．信号的采样过程

在计算机控制系统中，信号是以脉冲序列或数字序列的方式传递的，把连续信号变成数字序列的过程叫作采样过程，实现采样的装置叫采样开关。

采样过程的原理如图 2-6 所示，其采样开关看作是从闭合到断开或从断开到闭合的时间均为零的理想开关。图中 $f(t)$ 为被采样的连续信号，$f^*(t)$ 为经采样后的脉冲序列，采样开关的采样周期为 T。由于采样开关的接通时间无限小，则采样信号 $f^*(t)$ 就是 $f(t)$ 在开关合上瞬时的值，即脉冲序列 $f(0),f(T),f(2T),\cdots,f(kT),\cdots$。

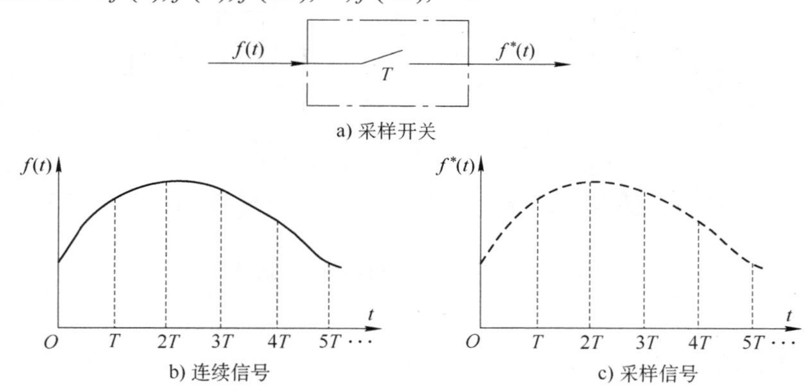

图 2-6　信号的采样过程

用理想脉冲 δ 函数将采样后的脉冲序列 $f^*(t)$ 表示成

$$\begin{aligned}f^*(t)&=f(0)\delta(t)+f(T)\delta(t-T)+f(2T)\delta(t-2T)+\cdots\\&=\sum_{k=0}^{\infty}f(kT)\delta(t-kT)\end{aligned}$$

对于实际系统，当 $t<0$ 时，$f(t)=0$，故有 $f^*(t)=\sum\limits_{k=-\infty}^{\infty}f(kT)\delta(t-kT)$。

2．采样定理

一个连续时间信号 $f(t)$，设其频带宽度是有限的，其最高角频率记为 $\omega_{\max}$，如果在等间隔点上对 $f(t)$ 进行连续采样得到离散信号 $f^*(t)$，为使 $f^*(t)$ 能包含 $f(t)$ 的全部信息量，则采样角频率 ω_s 必须满足 $\omega_s\geqslant 2\omega_{\max}$。$\omega_s$ 与采样频率 f_s、采样周期 T 的关系为 $\omega_s=2\pi f_s=\dfrac{2\pi}{T}$。

3．信息的恢复过程和零阶保持器

信号的恢复过程：将数字信号序列还原成连续信号的过程。在计算机控制系统中计算机的输出为数字信号，而不少执行机构需要连续信号，这就需要进行信号的恢复。

若某一采样点的采样值为 $f(kT)$，则其连续信号 $f(t)$ 在该点邻域展开成泰勒级数：

$$f(t)\big|_{t=kT}=f(kT)+f'(kT)(t-kT)+\frac{1}{2!}f''(kT)(t-kT)^2+\cdots \tag{2-11}$$

取式（2-11）等号右端第一项近似，则有 $f(t)\approx f(kT),kT\leqslant t<(k+1)T$，此时称为零阶保持器，表示为“ZOH”。取式（2-11）等号右端前两项之和近似，则有 $f(t)\approx f(kT)+f'(kT)(t-kT)\approx$ $\approx f(kT)+\dfrac{f(kT)-f[(k-1)T]}{T}(t-kT),kT\leqslant t<(k+1)T$，此时称为 1 阶保持器。同理，可以取式（2-11）等号右端前 n+1 项之和近似，构成 n 阶保持器。在计算机控制系统中，应用最广泛的是零阶保持器。

零阶保持器：把第 nT 时刻的采样值保持到第 $(n+1)T$ 时刻的前一瞬间，把第 $(n+1)T$ 时刻的采样值保持到第 $(n+2)T$ 时刻的前一瞬间，依次类推，如图 2-7 所示。

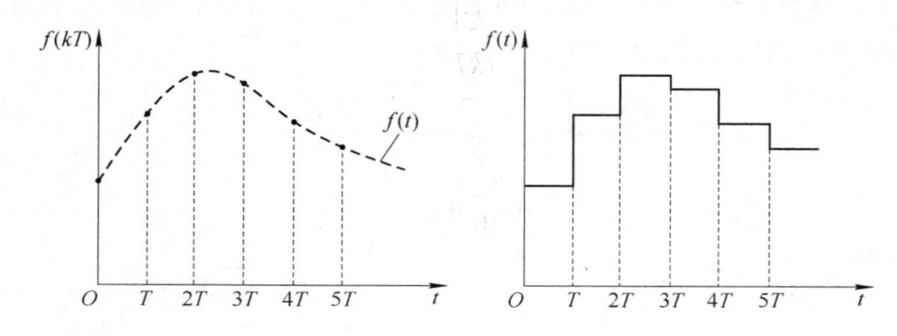

图 2-7　应用零阶保持器恢复的信号

2.2.2　采样周期的选择

采样周期 T 是数字控制系统设计的一个关键因素，必须给予充分重视。由于模拟信号 $f(t)$ 的最高角频率不易确定，采样定理只能作为控制系统确定采样周期的理论指导原则，应用中设计者应结合实际被控对象性质或参数，依据实践经验选择计算 T 的实用公式，最后由系统实际运行的实验确定。例如，温度控制系统的热惯性大，反应慢，调节不宜过于频繁，采样周期 T 选得大些；而交、直流可逆调速系统和随动系统，要求动态响应速度快，抗干扰能力强，采样周期 T 选得小些。

采样周期取值越小，采样信号的信息损失越小，复现精度就越高。当 $T\to 0$ 时，计算机控制系统就变成连续控制系统。但 T 过小会使控制系统调节过于频繁，使执行机构不能及时响应而加快磨损，还会增加计算机运算负担。采样周期过大，使采样信号不能及时反映连续信号的基本变化规律，计算机控制系统受到的干扰就得不到及时克服而带来较大误差，使系统动态品质恶化，甚至导致计算机控制系统不稳定。

在工程应用的实践中，通常以采样定理为理论指导，并结合系统被控对象的惯性大小和加在该对象的预期干扰程度及性质来选择采样周期。

2.3　Z 变换与反变换

2.3.1　Z 变换的定义

Z 变换（Z-transformation）是对离散序列进行的一种数学变换，常用以求解线性时不变差分方程。Z 变换已成为分析线性时不变离散时间系统问题的重要工具，在计算机控制系统中有广泛的应用。Z 变换分析法可以方便地分析线性离散系统的稳定性、稳态特性和动态特性，还可以用来设计线性离散系统。

连续函数 $f(t)$ 经采样周期 T 采样后的脉冲采样函数 $f^*(t)$ 为

$$f^*(t)=\sum_{k=0}^{\infty}f(kT)\delta(t-kT) \tag{2-12}$$

对式（2-12）进行拉普拉斯变换，则

$$F^*(s)=L[f^*(t)]=\int_{-\infty}^{+\infty}f^*(t)\mathrm{e}^{-st}\mathrm{d}t=\int_{-\infty}^{+\infty}[\sum_{k=0}^{\infty}f(kT)\delta(t-kT)]\mathrm{e}^{-st}\mathrm{d}t$$
$$=\sum_{k=0}^{\infty}f(kT)[\int_{-\infty}^{+\infty}\delta(t-kT)\mathrm{e}^{-st}\mathrm{d}t]$$

根据广义脉冲函数 $\delta(t)$ 的性质 $\int_{-\infty}^{+\infty}\delta(t-kT)\mathrm{e}^{-st}\mathrm{d}t=\mathrm{e}^{-skT}=L[\delta(t-kT)]$，可得

$$F^*(s)=\sum_{k=0}^{\infty}f(kT)\mathrm{e}^{-skT}$$

引入新变量 z，令 $z=\mathrm{e}^{Ts}$，并记 $F^*(s)$ 为 $F(z)$，则可得脉冲采样函数 $f^*(t)$ 的 Z 变换为

$$F(z)=\sum_{k=0}^{\infty}f(kT)z^{-k} \tag{2-13}$$

$F(z)$ 是 z 的无穷幂级数之和，其中 $f(kT)$ 表示时间序列的强度，z^{-k} 表示时间序列出现的时刻，因此，$F(z)$ 既包含了信号幅值的信息，又包含了时间信息。在 Z 变换过程中，由于仅考虑采样时刻的值，因此 $F(z)$ 只能表征连续时间函数 $f(t)$ 在采样时刻上的特性，而不能反映两个采样时刻之间的特性。习惯上称 $F(z)$ 是 $f(t)$ 的 Z 变换，事实上是指 $f(t)$ 经采样后 $f^*(t)$ 的 Z 变换，即 $Z[f(t)]=Z[f^*(t)]=F(z)=\sum_{k=0}^{\infty}f(kT)z^{-k}$。由此可见，$f^*(t)$ 与 $F(z)$ 是一一对应关系，$F(s)$ 与 $f(t)$ 是一一对应关系，$F(z)$ 与 $f(t)$ 不是一一对应关系，一个 $F(z)$ 可以有无穷多个 $f(t)$ 与之对应。

2.3.2　Z 变换方法

Z 变换的方法有多种，每种方法的适用性与特点各不相同，下面介绍几种常用方法。

1．级数求和法

级数求和法是将 $F(z)=\sum_{k=0}^{\infty}f(kT)z^{-k}$ 直接展开而求得，下面用例子加以说明。

例 2.5 求单位阶跃函数$1(t)$的Z变换。

解：单位阶跃函数$1(t)$在任何采样时刻的值均为 1，即$f(kT)=1(kT)=1, k=0,1,2,\cdots$，因此，$F(z)=\sum_{k=0}^{\infty}f(kT)z^{-k}=z^{0}+z^{-1}+z^{-2}+\cdots+z^{-k}+\cdots$，两边乘以$z^{-1}$，得$z^{-1}F(z)=z^{-1}+z^{-2}+z^{-3}+\cdots+z^{-k}+\cdots$，两式相减得$F(z)-z^{-1}F(z)=1$，所以，$F(z)=\dfrac{1}{1-z^{-1}}=\dfrac{z}{z-1}$。

例 2.6 求函数$f(t)=3^{\frac{t}{T}}$的Z变换。

解：令$t=kT$，则$f(kT)=3^{k}$，因此，$F(z)=\sum_{k=0}^{\infty}f(kT)z^{-k}=3^{0}z^{0}+3^{1}z^{-1}+3^{2}z^{-2}+\cdots+3^{k}z^{-k}+\cdots$，将此式的两边乘以$3z^{-1}$，有$3z^{-1}F(z)=3^{1}z^{-1}+3^{2}z^{-2}+\cdots+3^{k}z^{-k}+\cdots$，两式相减得$F(z)-3z^{-1}F(z)=1$，所以，$F(z)=\dfrac{1}{1-3z^{-1}}=\dfrac{z}{z-3}$，$|z|>3$。

已知一个连续时间函数，利用Z变换定义式可很容易地写出Z变换的级数展开式。但由于无穷级数是开放的，在运算中不方便，因此，希望求出其闭合形式。

2．部分分式法

若已知连续时间函数$f(t)$的拉普拉斯变换$F(s)$为有理函数，能够将$F(s)$展开成部分分式的形式：$F(s)=\sum_{i=1}^{n}\dfrac{a_i}{s+s_i}$，则连续函数$f(t)$的$Z$变换可以由有理函数$F(z)=\sum_{i=1}^{n}\dfrac{a_i z}{z-\mathrm{e}^{-s_i T}}$求出。一般来说，部分分式法适用于单极点的情况。

例 2.7 求$F(s)=\dfrac{10s^2+16s+2}{s(s+1)(s+2)}$的$Z$变换。

解：将$F(s)$写成部分分式之和的形式，即$F(s)=\dfrac{1}{s}+\dfrac{4}{s+1}+\dfrac{5}{s+2}$，对比部分分式法可知，$a_1=1, a_2=4, a_3=5, s_1=0, s_2=1, s_3=2$，因此，$F(z)=\dfrac{z}{z-1}+\dfrac{4z}{z-\mathrm{e}^{-T}}+\dfrac{5z}{z-\mathrm{e}^{-2T}}$，整理后为

$$F(z)=\frac{10z^3-(9+6\mathrm{e}^{-T}+5\mathrm{e}^{-2T})z^2+(5\mathrm{e}^{-T}+4\mathrm{e}^{-2T}+\mathrm{e}^{-3T})z}{z^3-(1+\mathrm{e}^{-T}+\mathrm{e}^{-2T})z^2+(\mathrm{e}^{-T}+\mathrm{e}^{-2T}+\mathrm{e}^{-3T})z-\mathrm{e}^{-3T}}。$$

3．留数计算法

若已知连续时间函数$f(t)$的拉普拉斯变换$F(s)$及全部极点$s_i(i=1,2,3\cdots,m)$，则$f(t)$的Z变换可由$F(z)=\sum_{i=1}^{m}\mathrm{Res}\left[F(s_i)\dfrac{z}{z-\mathrm{e}^{s_i T}}\right]$求得。其中$\mathrm{Res}\left[F(s_i)\dfrac{z}{z-\mathrm{e}^{s_i T}}\right]$表示$s=s_i$处的留数，分两种情况求取。

1）单极点情况：$\mathrm{Res}\left[F(s_i)\dfrac{z}{z-\mathrm{e}^{s_i T}}\right]=\left[(s-s_i)F(s)\dfrac{z}{z-\mathrm{e}^{sT}}\right]_{s=s_i}$。

2）n阶重极点情况：$\mathrm{Res}\left[F(s_i)\dfrac{z}{z-\mathrm{e}^{s_i T}}\right]=\dfrac{1}{(n-1)!}\dfrac{\mathrm{d}^{n-1}}{\mathrm{d}s^{n-1}}\left[(s-s_i)^n F(s)\dfrac{z}{z-\mathrm{e}^{sT}}\right]_{s=s_i}$。

例 2.8 求$F(s)=\dfrac{s+4}{(s+1)^2(s+3)}$的$Z$变换。

解： $F(s)$ 的极点 $s_{1,2}=-1, s_3=-3, m=3, n=2$，包含了单极点与 2 阶重极点的情况，则

$$F(z)=\frac{1}{(2-1)!}\frac{\mathrm{d}}{\mathrm{d}s}\left[(s+1)^2\frac{s+4}{(s+1)^2(s+3)}\frac{z}{z-\mathrm{e}^{sT}}\right]_{s=-1}+\left[(s+3)\frac{s+4}{(s+1)^2(s+3)}\frac{z}{z-\mathrm{e}^{sT}}\right]_{s=-3}$$

$$=\frac{\mathrm{d}}{\mathrm{d}s}\left[\frac{s+4}{s+3}\frac{z}{z-\mathrm{e}^{sT}}\right]_{s=-1}+\frac{z}{4(z-\mathrm{e}^{-3T})}=\frac{(6T+1)\mathrm{e}^{-T}z-z^2}{4(z-\mathrm{e}^{-T})^2}+\frac{z}{4(z-\mathrm{e}^{-3T})}$$

2.3.3　Z 变换的基本定理

依据 Z 变换的定义，可以推导一些重要的定理，这些定理在计算机控制系统中有非常重要的应用。

1．线性定理

设 a、a_1、a_2 为任意常数，连续时间函数 $f(t)$、$f_1(t)$、$f_2(t)$ 的 Z 变换分别为 $F(z)$、$F_1(z)$、$F_2(z)$，则有 $Z[af(t)]=aF(z)$，$Z[a_1f_1(t)+a_2f_2(t)]=a_1F_1(z)+a_2F_2(z)$。

2．滞后定理

若连续时间函数 $f(t)$ 在 $t<0$ 时，$f(t)=0$，且 $f(t)$ 的 Z 变换为 $F(z)$，则有 $Z[f(t-kT)]=z^{-k}F(z)$。

证明：

$$Z[f(t-kT)]=\sum_{n=0}^{\infty}f(nT-kT)z^{-n}=f(0)z^{-k}+f(T)z^{-(k+1)}+f(2T)z^{-(k+2)}+\cdots$$

$$=z^{-k}[f(0)+f(T)z^{-1}+f(2T)z^{-2}+\cdots]=z^{-k}F(z)$$

3．超前定理

若连续时间函数 $f(t)$ 的 Z 变换为 $F(z)$，则有

$$Z[f(t+kT)]=z^kF(z)-\sum_{m=0}^{k-1}f(mT)z^{k-m}$$

证明：

$$Z[f(t+kT)]=\sum_{n=0}^{\infty}f(nT+kT)z^{-n}=f(kT)+f[(k+1)T]z^{-1}+f[(k+2)T]z^{-2}+\cdots$$

$$=z^k\left\{f(kT)z^{-k}+f[(k+1)T]z^{-(k+1)}+f[(k+2)T]z^{-(k+2)}+\cdots\right\}$$

$$=z^k\sum_{m=k}^{\infty}f(mT)z^{-m}=z^k\left[\sum_{m=0}^{\infty}f(mT)z^{-m}-\sum_{m=0}^{k-1}f(mT)z^{-m}\right]$$

$$=z^kF(z)-\sum_{m=0}^{k-1}f(mT)z^{k-m}$$

若 $f(mT)=0$，$m=0,1,2,\cdots,k-1$，则有 $Z[f(t+kT)]=z^kF(z)$。

4．初值定理

若连续时间函数 $f(t)$ 的 Z 变换为 $F(z)$，则有 $f(0)=\lim\limits_{z\to\infty}F(z)$。

证明：$F(z)=\sum\limits_{k=0}^{\infty}f(kT)z^{-k}=f(0)+f(T)z^{-1}+f(2T)z^{-2}+\cdots$，所以 $f(0)=\lim\limits_{z\to\infty}F(z)$。

5．终值定理

若连续时间函数 $f(t)$ 的 Z 变换为 $F(z)$，则有 $f(\infty)=\lim\limits_{z\to 1}(1-z^{-1})F(z)=\lim\limits_{z\to 1}(z-1)F(z)$。

证明：

$$\begin{aligned}\lim_{z\to 1}(1-z^{-1})F(z)&=\lim_{z\to 1}[F(z)-z^{-1}F(z)]\\&=\lim_{z\to 1}\left[\sum_{k=0}^{\infty}f(kT)z^{-k}-\sum_{k=0}^{\infty}f(kT-T)z^{-k}\right]\\&=\sum_{k=0}^{\infty}f(kT)-\sum_{k=0}^{\infty}f(kT-T)\\&=\sum_{k=0}^{\infty}[f(kT)-f(kT-T)]\\&=f(0)-f(-T)+f(T)-f(0)+f(2T)-f(T)+\cdots\\&=f(\infty)\end{aligned}$$

6．卷积定理

若连续时间函数 $f(t)$ 和 $g(t)$ 的 Z 变换分别为 $F(z)$ 和 $G(z)$，当 $t<0$ 时，$f(k)=g(k)=0$，$t\geqslant 0$ 的卷积记为 $f(k)*g(k)$，其定义为 $f(k)*g(k)=\sum\limits_{i=0}^{k}f(k-i)g(i)=\sum\limits_{i=0}^{\infty}f(k-i)g(i)$，或 $f(k)*g(k)=\sum\limits_{i=0}^{k}g(k-i)f(i)=\sum\limits_{i=0}^{\infty}g(k-i)f(i)$，则 $Z[f(k)*g(k)]=F(z)G(z)$。

证明：$Z[f(k)*g(k)]=Z\left[\sum\limits_{i=0}^{\infty}f(k-i)g(i)\right]=\sum\limits_{k=0}^{\infty}\left[\sum\limits_{i=0}^{\infty}f(k-i)g(i)\right]z^{-k}$，令 $m=k-i$，则 $k=m+i$，因而

$$Z[f(k)*g(k)]=\sum_{m=-i}^{\infty}\left[\sum_{i=0}^{\infty}f(m)g(i)\right]z^{-m}z^{-i}=\sum_{m=-i}^{\infty}f(m)z^{-m}\sum_{i=0}^{\infty}g(i)z^{-i}$$

因为 $m<0$ 时 $f(m)=0$，所以

$$Z[f(k)*g(k)]=\sum_{m=0}^{\infty}f(m)z^{-m}\sum_{i=0}^{\infty}g(i)z^{-i}=F(z)G(z)$$

7．求和定理

若连续时间函数 $f(t)$ 和 $g(t)$ 的 Z 变换分别为 $F(z)$ 和 $G(z)$，若有 $g(kT)=\sum\limits_{i=0}^{k}f(iT)$，$k=0,1,2,\cdots$，则 $G(z)=\dfrac{F(z)}{1-z^{-1}}$。

证明：由 $g(kT)=\sum\limits_{i=0}^{k}f(iT)$，可知 $g(kT-T)=\sum\limits_{j=0}^{k-1}f(jT)$，则 $g(kT)-g(kT-T)=f(kT)$，$G(z)-z^{-1}G(z)=F(z)$，所以 $G(z)=\dfrac{F(z)}{1-z^{-1}}$。

8．位移定理

设 a 为任意常数，连续时间函数 $f(t)$ 的 Z 变换为 $F(z)$，则有 $Z[f(t)\mathrm{e}^{-at}]=F(z\mathrm{e}^{aT})$。

证明：$Z[f(t)\mathrm{e}^{-at}]=\sum\limits_{k=0}^{\infty}f(kT)\mathrm{e}^{-akT}z^{-k}$

$=\sum\limits_{k=0}^{\infty}f(kT)(\mathrm{e}^{aT}z)^{-k}$

$=F(z\mathrm{e}^{aT})$

9．微分定理

若连续时间函数 $f(t)$ 的 Z 变换为 $F(z)$，则有 $Z[tf(t)]=-Tz\dfrac{\mathrm{d}[F(z)]}{\mathrm{d}z}$ 。

证明：由 Z 变换定义得 $F(z)=\sum\limits_{k=0}^{\infty}f(kT)z^{-k}$ ，两边进行求导得

$$\frac{\mathrm{d}[F(z)]}{\mathrm{d}z}=\sum_{k=0}^{\infty}f(kT)\frac{\mathrm{d}z^{-k}}{\mathrm{d}z}=\sum_{k=0}^{\infty}-kf(kT)z^{-k-1}-Tz\frac{\mathrm{d}[F(z)]}{\mathrm{d}z}=\sum_{k=0}^{\infty}kTf(kT)z^{-k}=Z[tf(t)]$$

2.3.4　*Z* 反变换

Z 反变换是已知 Z 变换为 $F(z)$，求对应离散序列 $f(kT)$ 或 $f^*(t)$ 的过程，表示为 $f(kT)=Z^{-1}[F(z)]$。Z 反变换的方法有多种，这里主要介绍长除法、部分分式法和留数计算法。

1．长除法

设 $F(z)=\dfrac{b_0z^m+b_1z^{m-1}+\cdots+b_m}{a_0z^n+a_1z^{n-1}+\cdots+a_n}$，用长除法展开得 $F(z)=c_0+c_1z^{-1}+\cdots+c_kz^{-k}+\cdots$，由 Z 变换定义得 $F(z)=f(0)+f(T)z^{-1}+\cdots+f(kT)z^{-k}+\cdots$，比较可得 $f(0)=c_0, f(T)=c_1,\cdots,f(kT)=c_k,\cdots$， 则 $f^*(t)=c_0+c_1\delta(t-T)+c_2\delta(t-2T)+\cdots+c_k\delta(t-kT)+\cdots$ 。

例 2.9　已知 $F(z)=\dfrac{6z}{(z-1)(z-3)}$，求 $f^*(t)$。

解：$F(z)=\dfrac{6z}{(z-1)(z-3)}=0\times z^0+6\times z^{-1}+24\times z^{-2}+78\times z^{-3}+240\times z^{-4}+\cdots$， 即 $f(0)=0,$ $f(T)=6, f(2T)=24, f(3T)=78, f(4T)=240,\cdots$，所以，$f^*(t)=6\delta(t-T)+24\delta(t-2T)+78\delta(t-3T)+240\delta(t-4T)+\cdots$ 。

由上面例子可见，长除法的缺点是计算繁琐，不容易求出 $f(nT)$ 一般项的表达式。

2．部分分式法

部分分式法又称查表法。假设已知 Z 变换函数 $F(z)$ 无重极点，则先求出 $F(z)$ 的极点，然后将 $F(z)$ 展开成 $F(z)=\sum\limits_{i=1}^{n}\dfrac{a_iz}{z-z_i}$ 形式，最后逐项查 Z 变换表，得 $f_i(kT)=Z^{-1}\left[\dfrac{a_iz}{z-z_i}\right]$，$i=1,2,\cdots,n$， 所以 $f^*(t)=\sum\limits_{k=0}^{\infty}\sum\limits_{i=1}^{n}f_i(kT)\delta(t-kT)$ 。

例 2.10　已知 $F(z)=\dfrac{6z}{(z-1)(z-3)}$，用部分分式法求 $f^*(t)$。

解：$F(z)=\dfrac{6z}{(z-1)(z-3)}=\dfrac{3z}{z-3}-\dfrac{3z}{z-1}$，因为 $Z^{-1}\left[\dfrac{z}{z-1}\right]=1$，$Z^{-1}\left[\dfrac{z}{z-3}\right]=3^k$，所以 $f(kT)=3(3^k-1)$，则 $f^*(t)=\sum\limits_{k=0}^{\infty}3(3^k-1)\delta(t-T)=6\delta(t-T)+24\delta(t-2T)+78\delta(t-3T)+240\delta(t-4T)+\cdots$

部分分式法的优点是可以得出 $f(nT)$ 的一般表达式。

3．留数计算法

假设 Z 变换函数为 $F(z)$，则 $F(z)$ 的反变换 $f(kT)$ 为

$$f(kT)=Z^{-1}[F(z)]=\sum_{i=1}^{m}\mathrm{Res}\left[F(z)z^{k-1}\right]_{z=z_i} \tag{2-14}$$

式中，m 为全部极点数，z_i 表示 $F(z)$ 的第 i 个极点，$\mathrm{Res}[F(z)z^{k-1}]_{z=z_i}$ 表示在 $z=z_i$ 处的留数。

1）单极点情况：$\mathrm{Res}[F(z)z^{k-1}]_{z=z_i}=[(z-z_i)F(z)z^{k-1}]_{z=z_i}$。

2）n 阶重极点情况：$\mathrm{Res}[F(z)z^{k-1}]_{z=z_i}=\dfrac{1}{(n-1)!}\dfrac{\mathrm{d}^{n-1}}{\mathrm{d}z^{n-1}}[(z-z_i)^n F(z)z^{k-1}]_{z=z_i}$。

例 2.11　求 $F(z)=\dfrac{z}{(z-3)(z-1)^2}$ 的 Z 反变换。

解：$F(z)$ 中有 1 个单极点和 2 个重极点，即 $z_1=3,z_{2,3}=1,m=3,n=2$，先分别求出极点的留数：

$$\mathrm{Res}[F(z)z^{k-1}]_{z=z_1}=\left[(z-3)\frac{z}{(z-3)(z-2)^2}z^{k-1}\right]_{z=3}=3^k$$

$$\begin{aligned}\mathrm{Res}[F(z)z^{k-1}]_{z=z_{2,3}}&=\frac{1}{(2-1)!}\frac{\mathrm{d}}{\mathrm{d}z}\left[(z-1)^2\frac{z}{(z-3)(z-2)^2}z^{k-1}\right]_{z=1}\\&=\frac{\mathrm{d}}{\mathrm{d}z}\left[\frac{z^k}{(z-3)}\right]_{z=1}=\left[\frac{kz^{k-1}(z-3)-z^k}{(z-3)^2}\right]_{z=1}=\frac{-2k-1}{4}\end{aligned}$$

所以，$f(kT)=3^k-\dfrac{2k+1}{4}$，$f^*(t)=\sum\limits_{k=0}^{\infty}\left(3^k-\dfrac{2k+1}{4}\right)\delta(t-kT)$。

2.4　离散系统与差分方程

2.4.1　离散系统

离散时间系统简称离散系统，就是其输入和输出信号均为离散信号的物理系统。

线性离散系统：如果离散系统的输入信号到输出信号的变换关系满足比例叠加原理，那么该系统就称为线性离散系统。若不满足比例叠加原理，就是非线性离散系统。

时不变离散系统：输入信号到输出信号之间的变换关系不随时间变化而变化的离散系统。时不变离散系统又称定常离散系统。

线性时不变离散系统：输入信号到输出信号之间的变换关系既满足比例叠加原理，同时又不随时间变化而变化的离散系统。工程中大多数计算机控制系统可以近似为线性时不变离散系统来处理。

2.4.2　差分方程

线性时不变连续系统的数学描述是常系数线性微分方程，线性时不变离散系统的数学描述是常系数线性差分方程。差分方程是离散系统时域分析的基础，而计算机控制系统的本质是离散系统。差分方程有前向差分与后向差分之分。

n 阶非齐次后向差分方程的标准形式为

$$y(k)+a_1y(k-1)+\cdots+a_ny(k-n)=b_0u(k)+b_1u(k-1)+\cdots+b_mu(k-m) \tag{2-15}$$

式中，系数 $a_1, \cdots, a_n$、$b_1, \cdots, b_m$ 均为实常数，由系统结构参数决定；n 为方程阶次；$y(k)$和$u(k)$分别为系统在 kT 时刻的输出和输入量。若方程右边输入量 $u(k)=0$，就是齐次方程。

类似，n 阶非齐次前向差分方程的标准形式为

$$y(k+n)+a_1y(k+n-1)+\cdots+a_ny(k)=b_0u(k+m)+b_1u(k+m-1)+\cdots+b_mu(k) \tag{2-16}$$

式中，系数 $a_1, \cdots, a_n$、$b_1, \cdots, b_m$ 均为实常数，由系统结构参数决定。

工程上都是采用标准形式差分方程，前向差分方程和后向差分方程并无本质区别，前向差分方程多用于描述非零初始值的离散系统，而后向差分方程多用于描述全零初始值的离散系统。若不考虑系统初始值，两者完全等价，可以相互转换。

2.4.3　差分方程求解

差分方程求解，就是在系统初始值和输入序列已知的条件下，求解方程描述的系统在任何时刻的输出序列值。差分方程的解分为通解和特解。通解是与方程初始状态有关的解。特解与外部输入有关，它描述系统在外部输入作用下的强迫运动。差分方程解的形式与微分方程解相似。差分方程求解方法工程上常用的有递推法和 Z 变换法。

1．递推法

高阶差分方程不论前向差分方程还是后向差分方程，都是一种递推算式。任何差分方程都可以用递推算法求解。下面对一般 n 阶前向差分方程递推求解予以说明。

首先，将 n 阶前向差分方程式（2-16）改写为

$$\begin{aligned}y(k+n)&=-a_1y(k+n-1)-a_2y(k+n-2)-\cdots-a_ny(k)+b_0u(k+m)+\cdots+b_mu(k)\\&=-\sum_{i=1}^{n}a_iy(k+n-i)+\sum_{j=0}^{m}b_ju(k+m-j)\end{aligned} \tag{2-17}$$

以上方程表明，只要已知输出序列初始值 $y(0)$，$y(1)$，…，$y(n-1)$和任何时刻的输入序列值 $u(i)$，$i=1$，2，…，系统任何时刻的输出序列值 $y(k)$，$k\geqslant n$，都可以由方程式（2-17）递推计算出来。

后向差分方程递推求解算法与前向差分方程完全相同，这里略去。差分方程递推求解算法可以编成计算程序用计算机实现。

例 2.12　二阶差分方程为

$$y(k+2)-1.3y(k+1)+0.42y(k)=1.3u(k+1) \tag{2-18}$$

已知输出初始值 $y(0)=1, y(1)=2.6$，输入序列 $u(k)$为单位阶跃序列，试用递推方法求解该差分方程。

解：令 k=0，由方程式（2-18）得

$$y(2)=1.3y(1)-0.42y(0)+1.3u(1)=3.38-0.42+1.3=4.26$$

$$k=1, y(3)=1.3y(2)-0.42y(1)+1.3u(2)=5.538-1.092+1.3=5.746$$

$$k=2, y(4)=1.3y(3)-0.42y(2)+1.3u(3)=7.4698-1.7892+1.3=6.9806$$

继续令 k=3，4，…，就可以计算出任何时刻的输出序列值。

差分方程递推算法，计算简明，但它只能计算出有限个序列值，在一般情况下，得不到方程解的解析表示式。当进行系统分析时，解的解析表示式可以判断方程所描述的离散系统输出序列变化的动态和稳态特征，因此，还必须掌握求差分方程解析解的方法。Z 变换求解法就是常用的求解析解的有效方法。

2．*Z* 变换法

用 Z 变换方法解差分方程步骤如下：

1）利用 Z 变换线性性质和位移定理对差分方程两边各项分别进行 Z 变换，将差分方程变换为以 z 为变量的代数方程；

2）代入系统初始值，通过同类项合并、整理，得到输出 Z 变换 $Y(z)$的表达式；

3）对已知的输入序列进行 Z 变换，并将其 Z 变换代入输出 Z 变换 $Y(z)$的表达式中，使 $Y(z)$成为确定的 z 的函数；

4）对输出 Z 变换 $Y(z)$进行 Z 反变换，求得相应的输出序列 $Y(k)$的表达式。

例 2.13　二阶差分方程为

$$y(k+2)-1.3y(k+1)+0.42y(k)=1.3u(k+1)$$

已知输出初始值 $y(0)=1$，$y(1)=2.6$，输入序列 $u(k)$为单位阶跃序列，试用 Z 变换法求解该差分方程。

解：对题中差分方程的等号两边各项进行 Z 变换，得

$$z^2Y(z)-z^2y(0)-zy(1)-1.3zY(z)+1.3zy(0)+0.42Y(z)=1.3zU(z)-1.3zu(0)$$

整理得

$$(z^2-1.3z+0.42)Y(z)=1.3zU(z)+(z^2-1.3z)y(0)+zy(1)-1.3zu(0)$$

进而得

$$Y(z)=\frac{1.3z}{z^2-1.3z+0.42}U(z)+\frac{(z^2-1.3z)y(0)+zy(1)-1.3zu(0)}{z^2-1.3z+0.42}$$

上式等号右边第一项为差分方程的特解 Z 变换，表示系统在外界输入作用下的强迫运动；等号右边第二项为差分方程的通解 Z 变换，表示系统由初始值引起的自由运动。

将初始值代入可得

$$Y(z)=\frac{1.3z}{z^2-1.3z+0.42}U(z)+\frac{z^2}{z^2-1.3z+0.42}$$

对输入 $u(k)=1(k)$ 进行 Z 变换得

$$U(z)=Z[1(k)]=\frac{z}{z-1}$$

将 $U(z)$ 代入 $Y(z)$ 表达式，便得到待求的输出序列 $y(k)$ 的 Z 变换表达式：

$$\begin{aligned}Y(z)&=\frac{1.3z^2}{(z^2-1.3z+0.42)(z-1)}+\frac{z^2}{z^2-1.3z+0.42}\\&=\frac{z^3+0.3z^2}{(z-0.6)(z-0.7)(z-1)}\end{aligned}$$

对 $Y(z)$ 进行 Z 反变换。$Y(z)$ 有 3 个单极点，分别为 0.6、0.7、1。应用留数法（或者部分分式展开法）求 $Y(z)$的 Z 反变换：

$$\begin{aligned}y(k)&=\sum_{i=1}^{3}\text{Res}[Y(z)z^{k-1}]_{z=p_i}\\&=\left.\frac{(z^2+0.3z)z^k}{(z-0.7)(z-1)}\right|_{z=0.6}+\left.\frac{(z^2+0.3z)z^k}{(z-0.6)(z-1)}\right|_{z=0.7}+\left.\frac{(z^2+0.3z)z^k}{(z-0.6)(z-0.7)}\right|_{z=1}\\&=\frac{27}{2}\times0.6^k-\frac{70}{3}\times0.7^k+\frac{65}{6}\times1^k,\quad k\geqslant0\end{aligned}$$

这就是差分方程解的通项表达式，可以验证，与前面递推法求得的结果是一致的。

2.5　离散系统的传递函数

2.5.1　*Z* 传递函数的定义

设 n 阶定常离散系统的差分方程为

$$y(k)+a_1y(k-1)+\cdots+a_ny(k-n)=b_0u(k)+b_1u(k-1)+\cdots+b_mu(k-m)$$

应用滞后定理，在零初始条件下，取 Z 变换得

$$(1+a_1z^{-1}+\cdots+a_nz^{-n})Y(z)=(b_0+b_1z^{-1}+\cdots+b_mz^{-m})U(z)$$

则线性定常离散系统的 Z 传递函数 $G(z)$ 如式（2-19）所示，即在零初始条件下离散系统的输出与输入序列的 Z 变换之比。

$$G(z)=\frac{Y(z)}{U(z)}=\frac{b_0+b_1z^{-1}+\cdots+b_mz^{-m}}{1+a_1z^{-1}+\cdots+a_nz^{-n}}=\frac{\sum\limits_{i=0}^{m}b_iz^{-i}}{1+\sum\limits_{i=0}^{n}a_iz^{-i}} \tag{2-19}$$

例 2.14　求差分方程 $y(k)-3y(k-1)+5y(k-3)=2u(k)+u(k-1)$ 的 Z 传递函数 $G(z)$。

解：根据式（2-19）得 $G(z)=\dfrac{2+z^{-1}}{1-3z^{-1}+5z^{-3}}$。

2.5.2　*Z* 传递函数的求法

1）已知脉冲响应 $g(t)$，求 Z 传递函数，步骤如下：

① 将 $g(t)$ 按采样周期 T 离散化，得 $g(kT)$；

② 按定义求出 Z 传递函数，即 $G(z)=\sum_{k=0}^{\infty}g(kT)z^{-k}$ 。

2）已知差分方程，求 Z 传递函数。此方法就是本节介绍的 Z 传递函数定义法，参考式（2-19）。

3）已知系统的传递函数 $G(s)$，求 Z 传递函数。此方法就是部分分式法，即 $G(z)=Z[G(s)]$。

例 2.15 已知 $G(s)=\dfrac{1}{s(0.5s+1)}$，求 $G(z)$。

解： $G(z)=Z[G(s)]=Z\left[\dfrac{1}{s(0.5s+1)}\right]=Z\left[\dfrac{1}{s}-\dfrac{1}{s+2}\right]=\dfrac{z}{z-1}-\dfrac{z}{z-\mathrm{e}^{-2T}}$。

例 2.16 已知 $G(s)=\dfrac{1-\mathrm{e}^{-Ts}}{s}\dfrac{K}{s(\tau s+1)}$，求 $G(z)$。

解： 将 $G(s)$ 进行变换，得 $G(s)=K(1-\mathrm{e}^{-Ts})\left[\dfrac{1}{s^2}-\dfrac{\tau}{s}+\dfrac{\tau}{s+\dfrac{1}{\tau}}\right]$，式中 e^{-Ts} 相当于将采样延迟了 T 时间。根据 Z 变换的线性定理和滞后定理，再通过查表，可得对应的脉冲传递函数为

$$G(z)=K(1-z^{-1})\left[\frac{Tz^{-1}}{(1-z^{-1})^2}-\frac{\tau}{1-z^{-1}}+\frac{\tau}{1-\mathrm{e}^{-\frac{T}{\tau}}z^{-1}}\right]$$

$$=\frac{Kz^{-1}\left[\left(T-\tau+\tau\mathrm{e}^{-\frac{T}{\tau}}\right)+\left(\tau-\tau\mathrm{e}^{-\frac{T}{\tau}}-T\mathrm{e}^{-\frac{T}{\tau}}\right)z^{-1}\right]}{(1-z^{-1})\left(1-\mathrm{e}^{-\frac{T}{\tau}}z^{-1}\right)}$$

$G(z)$ 不能由 $G(s)$ 简单地令 $s=z$ 代换得到。$G(s)$ 是 $g(t)$ 的拉普拉斯变换，$G(z)$ 是 $g(t)$ 的 Z 变换。$G(s)$ 只与连续环节本身有关，$G(z)$ 除与连续环节本身有关外，还要包括采样开关的作用。

2.5.3 开环 Z 传递函数

1. 串联环节的 Z 传递函数

（1）串联环节间无采样开关

图 2-8 表示了两个串联环节间无采样开关的情况。输出 $Y(z)$ 与输入 $U(z)$ 之间总的 Z 传递函数并不等于两个环节 Z 传递函数之积。图 2-8 中 $Y(s)=G_1(s)G_2(s)U(s)=G(s)U(s)$，则对应的 Z 传递函数为 $G(z)=Z[G_1(s)G_2(s)]=G_1G_2(z)$，它表示先将串联环节传递函数 $G_1(s)$ 与 $G_2(s)$ 相乘后，再求 Z 变换。

（2）串联环节间有采样开关

图 2-9 表示了两个串联环节间有采样开关的情况。两个串联环节之间有同步采样开关隔

开的 Z 传递函数，等于每个环节 Z 传递函数的乘积。图 2-9 中 $G_1(z)=\dfrac{Y_1(z)}{U(z)},G_2(z)=\dfrac{Y(z)}{Y_1(z)}$，串联环节总的 Z 传递函数为 $G(z)=\dfrac{Y(z)}{U(z)}=\dfrac{Y_1(z)}{U(z)}\dfrac{Y(z)}{Y_1(z)}=G_1(z)G_2(z)$。

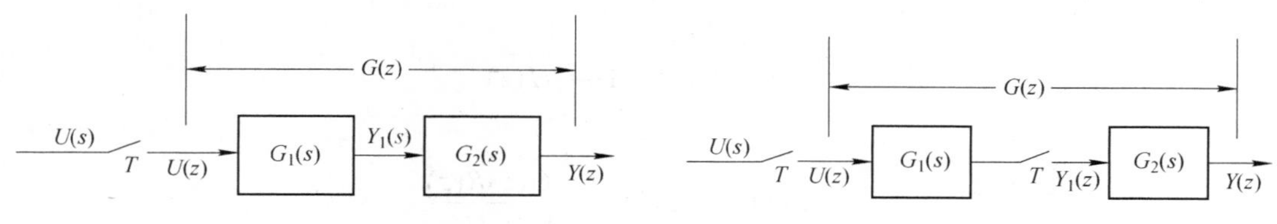

图 2-8　串联环节间无采样开关　　　　图 2-9　串联环节间有采样开关

一般情况，$G_1G_2(z)\neq G_1(z)G_2(z)$，所以 n 个环节串联构成的系统，若各串联环节间有同步采样开关，总的 Z 传递函数等于各个串联环节 Z 传递函数之积，即 $G(z)=G_1(z)G_2(z)\cdots G_n(z)$；若在串联环节间没有采样开关，需要将这些串联环节看成一个整体，先求出其传递函数 $G(s)$，然后再根据 $G(s)$ 求 $G(z)$，一般表示成 $G(z)=Z[G_1(s)G_2(s)\cdots G_n(s)]=G_1G_2\cdots G_n(z)$。

2．并联环节的 Z 传递函数

两个环节并联的离散系统结构如图 2-10 所示。

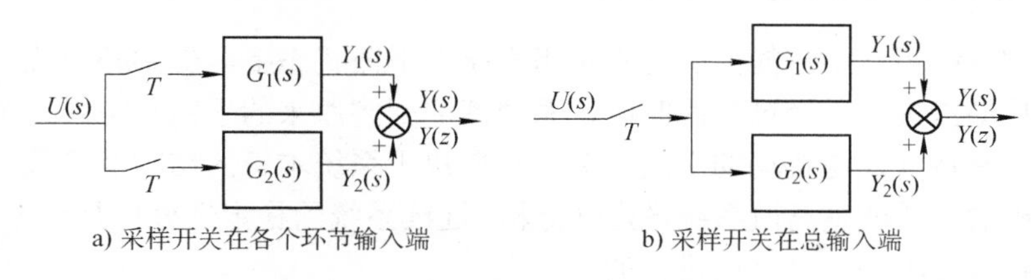

a) 采样开关在各个环节输入端　　　　b) 采样开关在总输入端

图 2-10　并联环节

根据图 2-10 可知，总的 Z 传递函数等于两个环节 Z 传递函数之和，即

$$G(z)=\frac{Y(z)}{U(z)}=Z\left[G_1(s)+G_2(s)\right]=G_1(z)+G_2(z)$$

一般情况 n 个环节并联时，在总的输入端或在支路分设采样开关，其总的 Z 传递函数等于各环节 Z 传递函数之和，即 $G(z)=G_1(z)+G_2(z)+\cdots+G_n(z)$。

2.5.4　闭环 Z 传递函数

设闭环系统输出信号的 Z 变换为 $Y(z)$，输入信号的 Z 变换为 $R(z)$，误差信号的 Z 变换为 $E(z)$，则闭环 Z 传递函数 $W(z)=\dfrac{Y(z)}{R(z)}$，闭环误差 Z 传递函数 $W_e(z)=\dfrac{E(z)}{R(z)}$。

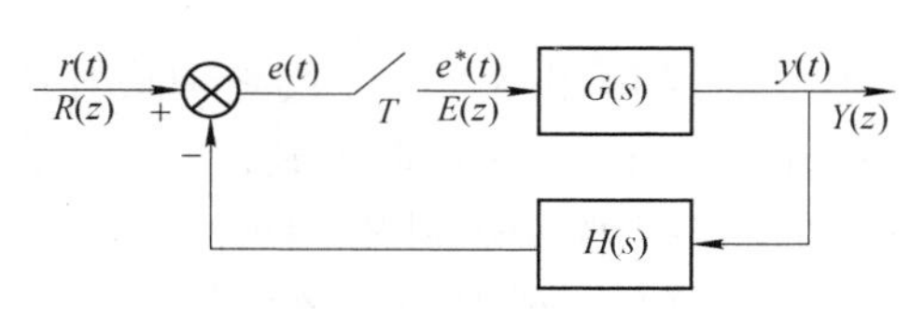

图 2-11　例 2.17 线性离散系统

例 2.17　设离散系统如图 2-11 所示，求该系统的闭环误差 Z 传递函数及闭环 Z 传递函数。

解： $G(s)$ 与 $H(s)$ 为串联环节并且它们之间没有采样开关，则有

$$E(z)=R(z)-GH(z)E(z)$$

$$E(z)=\frac{R(z)}{1+GH(z)}$$

闭环误差 Z 传递函数为

$$W_e(z)=\frac{E(z)}{R(z)}=\frac{1}{1+GH(z)}$$

又由

$$Y(z)=G(z)E(z)=\frac{G(z)R(z)}{1+GH(z)}$$

则闭环 Z 传递函数为

$$W(z)=\frac{Y(z)}{R(z)}=\frac{G(z)}{1+GH(z)}$$

2.6 计算机控制系统的性能分析

2.6.1 计算机控制系统的稳定性分析

稳定是控制系统正常工作的前提，它是指系统在平衡状态下，受到外部扰动作用而偏离平衡状态，当扰动消失后，经过一段时间，系统能够回到原来的平衡状态。一个线性系统的稳定性是系统固有特性，与扰动的形式无关，只取决于系统本身的结构及参数。计算机控制系统稳定性分析的实质就是离散系统稳定性分析。连续系统的稳定性分析是在 S 平面进行的，离散系统的稳定性分析是在 Z 平面进行的。

1．S 平面与 Z 平面的关系

S 平面与 Z 平面的映射关系，可由 $z=\mathrm{e}^{Ts}$ 确定。

设 $s=\delta+\mathrm{j}\omega$，则有

$$\begin{cases} z=\mathrm{e}^{\delta T}\mathrm{e}^{\mathrm{j}\omega T} \\ |z|=\mathrm{e}^{\delta T} \\ \angle z=\omega T \end{cases}$$

在 Z 平面上，当 δ 为某个定值时，$z=\mathrm{e}^{Ts}$ 随 ω 由 $-\infty$ 变到 ∞ 的轨迹是一个圆，圆心位于原点，半径为 $z=\mathrm{e}^{Ts}$，而圆心角是随 ω 线性增大的。S 平面与 Z 平面的映射关系如图 2-12 所示。

由图 2-12 可知，S 平面上的虚轴映射到 Z 平面上的是以原点为圆心的单位圆。当 $\delta<0$ 时，$|z|<1$，即 S 平面的左半面映射到 Z 平面上的是以原点为圆心单位圆的内部。当 $\delta>0$ 时，$|z|>1$，即 S 平面的右半面映射到 Z 平面上的是以原点为圆心单位圆的外部。

1）S 平面的虚轴对应于 Z 平面的单位圆的圆周。当 $\delta=0$ 时，$|z|=1$。在 S 平面上，ω 每变化一个 ω_s 时，则对应在 Z 平面上重复画出一个单位圆。在 S 平面中 $-\omega_s/2$ ～ $\omega_s/2$ 的频率范围内称为主频区，其余为辅频区（有无限多个）。S 平面的主频区和辅频区映射到 Z 平面的重

迭称为频率混迭现象，由于实际系统正常工作时的频率较低，因此，实际系统的工作频率都在主频区内。

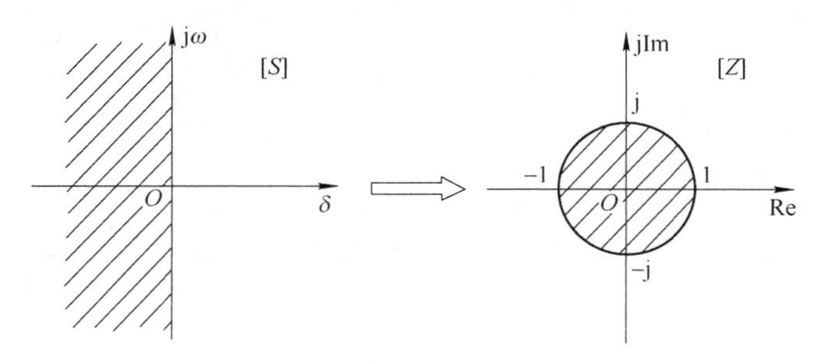

图 2-12　S 平面与 Z 平面的映射关系

2）S 平面的左半面对应于 Z 平面的单位圆内部。当 $\delta<0$ 时，$|z|<1$。

3）S 平面的负实轴对应于 Z 平面的单位圆内正实轴。

4）S 平面左半面负实轴的无穷远处对应于 Z 平面单位圆的圆心。

5）S 平面的右半面对应于 Z 平面单位圆的外部。

6）S 平面的原点对应于 Z 平面正实轴上 $z=1$ 的点。

在连续系统中，如果其闭环传递函数的极点都在 S 平面的左半部分，或者说它的闭环特征方程的根的实部小于零，则该系统是稳定的。由此可见，离散系统的闭环 Z 传递函数的全部极点（特征方程的根）必须在 Z 平面中的单位圆内时，系统是稳定的。

2．离散系统输出响应的一般关系式

假设离散系统的输出为 $Y(z)$，输入为 $R(z)$，则其闭环 Z 传递函数为

$$W(z)=\frac{Y(z)}{R(z)}=\frac{b_0z^m+b_1z^{m-1}+\cdots+b_m}{z^n+a_1z^{n-1}+\cdots+a_n}=\frac{B(z)}{A(z)} \tag{2-20}$$

假如此系统有 n 个互异的闭环极点 z_i，且 $m<n$，当输入为单位阶跃函数时，式（2-20）可写成式（2-21），其中 $C_0=w(1)$，$C_i=\dfrac{B(z_i)}{(z_i-1)A(z_i)}, i=1,2,3,\cdots,n$。

$$\frac{Y(z)}{z}=\frac{C_0}{z-1}+\sum_{i=1}^{n}\frac{C_i}{z-z_i} \tag{2-21}$$

对式（2-21）取 Z 反变换得

$$y(k)=w(1)1(k)+\sum_{i=1}^{n}C_iz_i^k, k=1,2,3,\cdots \tag{2-22}$$

式（2-22）为采样系统在单位阶跃函数作用下输出响应序列的一般关系式，等号右边第一项为稳态分量，第二项为暂态分量。

根据稳定性定义，当时间 $k\to\infty$ 时，输出响应的暂态分量应趋于 0，即 $\lim\limits_{k\to\infty}\sum\limits_{i=1}^{n}C_iz_i^k=0$，这就要求 $|z_i|<1$。

因此，离散系统稳定的充分必要条件是闭环 Z 传递函数的全部极点应位于 Z 平面的单位

圆内。

例 2.18 假设某离散系统的闭环 Z 传递函数为 $W(z)=\dfrac{0.6z^{-1}}{1+1.7z^{-1}+0.4z^{-2}}$，试分析该系统的稳定性。

解：根据已知的 Z 传递函数，可求得其极点为 $z_1=-0.2821$，$z_2=-1.4179$，因为 $|z_2|=1.4179>1$，故该系统是不稳定的。

例 2.19 假设某离散系统的闭环 Z 传递函数为 $W(z)=\dfrac{0.6z^{-1}}{1+1.3z^{-1}+0.4z^{-2}}$，试分析该系统的稳定性。

解：根据已知的 Z 传递函数，可求得其极点为 $z_1=-0.5$，$z_2=-0.8$，因为 $|z_1|<1$ 且 $|z_2|<1$，故该系统是稳定的。

3. Routh 稳定性准则在离散系统的应用

连续系统的 Routh 稳定性准则不能直接应用到离散系统中，这是因为 Routh 稳定性准则只能用来判断复变量代数方程的根是否位于 S 平面的左半面。如果把 Z 平面再映射到 S 平面，则采样系统的特征方程又将变成 s 的超越方程。可使用双线性变换，将 Z 平面变换到 W 平面，使得 Z 平面的单位圆内映射到 W 平面的左半面。

设 $z=\dfrac{w+1}{w-1}$（或 $z=\dfrac{1+w}{1-w}$），则 $w=\dfrac{z+1}{z-1}$（或 $w=\dfrac{z-1}{z+1}$），其中 z、w 均为复变量，即构成 W 变换，如图 2-13 所示。

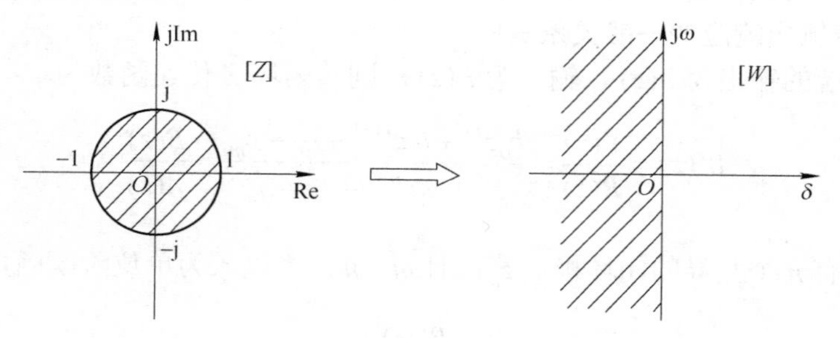

图 2-13　Z 平面与 W 平面的映射关系

这种变换称为 W 变换，它将 Z 特征方程变成 W 特征方程，这样就可以用 Routh 准则来判断 W 特征方程的根是否在 W 平面的左半面，即系统是否稳定。

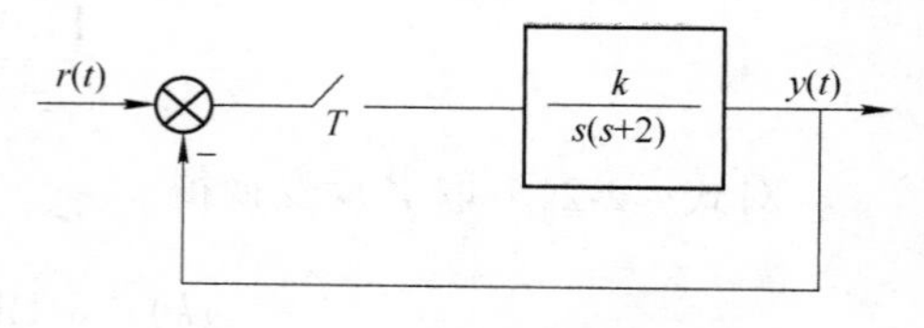

图 2-14　例 2.20 离散系统

例 2.20 某离散系统如图 2-14 所示，试用 Routh 准则确定使该系统稳定的 k 值范围，设 $T=0.5\text{s}$。

解：该系统的开环 Z 传递函数为

$$G(z)=Z\left[\frac{k}{s(s+2)}\right]=Z\left[\frac{k}{2}\left(\frac{1}{s}-\frac{1}{s+2}\right)\right]=\frac{k}{2}\left(\frac{z}{z-1}-\frac{z}{z-\mathrm{e}^{-2T}}\right)=\frac{0.316kz}{(z-1)(z-0.368)}$$

该系统的闭环 Z 传递函数为

$$W(z)=\frac{G(z)}{1+G(z)}=\frac{0.316kz}{(z-1)(z-0.368)+0.316kz}$$

该系统的闭环 Z 特征方程为

$$(z-1)(z-0.368)+0.316kz=0$$

对应的 W 特征方程为

$$0.316kw^2+1.264w+(2.736-0.316k)=0$$

Routh 表为

w^2	$0.316k$	$(2.736-0.316k)$
w^1	1.264	0
w^0	$(2.736-0.316k)$	0

解得使系统稳定的 k 值范围为 $0<k<8.65$。

显然，当 $k>8.65$ 时，该系统是不稳定的，但对于二阶连续系统，k 为任何值时都是稳定的。这就说明 k 对离散系统的稳定性是有影响的。

一般来说，采样周期 T 也对系统的稳定性有影响。缩短采样周期，会改善系统的稳定性。对于本例，若 $T=0.25\text{s}$，可以得到 k 值的范围为 $0<k<16.5$。

2.6.2　计算机控制系统的稳态误差分析

系统的稳态误差描述了系统的静态特性，依据稳态误差分析的结果，可以改善控制器的结构，从而得到更好的稳态特性。连续系统稳态误差可用拉普拉斯变换中的终值定理求得，离散系统也采用类似方法分析。利用 Z 变换的终值定理，求取误差采样的离散系统在采样瞬时的终值误差。

假设单位负反馈离散系统如图 2-15 所示，图中 $G(s)$ 为连续部分的传递函数，$e(t)$ 为系统连续误差信号，$e^*(t)$ 为系统采样误差信号，其闭环误差 Z 传递函数为

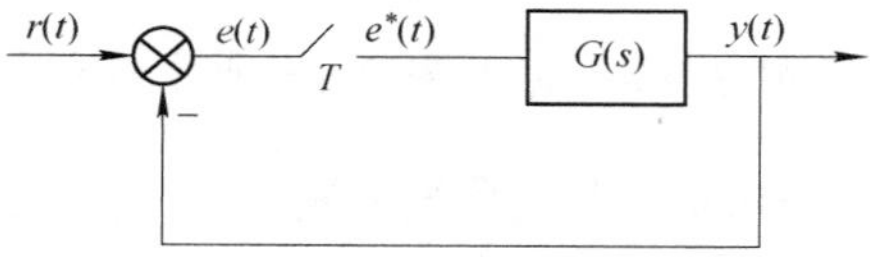

图 2-15　单位负反馈离散系统

$$W_e(z)=\frac{E(z)}{R(z)}=\frac{1}{1+G(z)}$$

如果 $W_e(z)$ 的极点（闭环极点）全部严格位于 Z 平面的单位圆内，即若离散系统是稳定的，则可用 Z 变换的终值定理求出采样瞬时的终值误差为

$$e(\infty)=\lim_{t\to\infty}e^*(t)=\lim_{z\to 1}\left(1-z^{-1}\right)E(z)=\lim_{z\to 1}\frac{\left(1-z^{-1}\right)R(z)}{1+G(z)} \tag{2-23}$$

式（2-23）表明，线性定常离散系统的稳态误差，不但与系统本身的结构和参数有关，而且与输入序列的形式及幅值有关。此外，离散系统的稳态误差与采样周期的选取也有关。

在离散系统中，也可以把开环脉冲传递函数 $G(z)$ 具有 $z=1$ 的极点数 v 作为划分离散系统型别的标准，把 $G(z)$ 中 $v=0,1,2,\cdots$ 的系统，分别称为 0 型、Ⅰ型和Ⅱ型系统等。

以下讨论三种典型输入信号作用下的稳态误差。

1．单位阶跃输入下的稳态误差

对于单位阶跃输入 $r(t)=1(t)$，$E(z)=\dfrac{1}{1+G(z)}\dfrac{z}{z-1}$，$e_p(\infty)=\lim\limits_{z\to 1}\dfrac{z-1}{z}E(z)=\lim\limits_{z\to 1}\dfrac{1}{1+G(z)}=$

$\frac{1}{1+G(1)}=\frac{1}{K_p}$，则 $K_p=\lim\limits_{z\to 1}[1+G(z)]$ 称为位置放大系数。

在单位阶跃函数作用下，0 型离散系统在采样瞬时存在位置误差；Ⅰ型或Ⅰ型以上的离散系统，在采样瞬时没有位置误差。

2．单位速度输入下的稳态误差

对于单位速度输入 $r(t)=t$，$E(z)=\frac{1}{1+G(z)}\frac{Tz}{(z-1)^2}$，$e_v(\infty)=\lim\limits_{z\to 1}\frac{z-1}{z}E(z)=\frac{T}{\lim\limits_{z\to 1}(z-1)G(z)}$，则 $K_v=\lim\limits_{z\to 1}(z-1)G(z)$ 称为速度放大系数。

在单位速度函数作用下，0 型离散系统在采样瞬时稳态误差为无穷大；Ⅰ型离散系统在采样瞬时存在速度误差；Ⅱ型或Ⅱ型以上的离散系统，在采样瞬时不存在稳态误差。

3．单位加速度输入下的稳态误差

对于单位加速度输入 $r(t)=\frac{1}{2}t^2$，$E(z)=\frac{1}{1+G(z)}\frac{T^2z(z+1)}{2(z-1)^3}$，$e_a(\infty)=\lim\limits_{z\to\infty}\frac{z-1}{z}E(z)=\frac{T^2}{\lim\limits_{z\to 1}(z-1)^2G(z)}$，则 $K_a=\lim\limits_{z\to 1}(z-1)^2G(z)$ 称为加速度放大系数。

0 型及Ⅰ型系统 $K_a=0$，Ⅱ型系统的 K_a 为常值，Ⅲ型及Ⅲ型以上系统 $K_a=\infty$。因而，0 型和Ⅰ型离散系统不能承受单位加速度函数作用，Ⅱ型离散系统在单位加速度信号作用下存在加速度误差，只有Ⅲ型或Ⅲ型以上的离散系统，在采样瞬时不存在稳态误差。

例 2.21 对于图 2-15 所示的单位负反馈离散系统，设 $G(z)=\frac{0.948z}{(z-1)(z-0.368)}$，采样周期 $T=0.5\text{s}$，求该系统分别在单位阶跃、单位速度及单位加速度三种典型信号作用下的稳态误差。

解： 1）单位阶跃函数输入时，$K_p=\lim\limits_{z\to 1}[1+G(z)]=\lim\limits_{z\to 1}\left[1+\frac{0.948z}{(z-1)(z-0.368)}\right]=\infty$，所以，其稳态误差 $e_p(\infty)=\frac{1}{K_p}=0$。

2）单位速度函数输入时，$K_v=\lim\limits_{z\to 1}(z-1)\frac{0.948z}{(z-1)(z-0.368)}=1.5$，所以，其稳态误差 $e_v(\infty)=\frac{T}{K_v}\approx 0.33$。

3）单位加速度函数输入时，$K_a=\lim\limits_{z\to 1}(z-1)^2\frac{0.948z}{(z-1)(z-0.368)}=0$，所以，其稳态误差 $e_a(\infty)=\frac{T^2}{K_a}=\infty$。

2.6.3 计算机控制系统的响应特性分析

一个控制系统在外信号作用下从原有稳定状态变化到新的稳定状态的整个动态过程称为

控制系统的过渡过程。一般认为被控变量进入新稳态值附近 ± 5%或 ± 3%的范围内就可以表明过渡过程已经结束。

通常，线性离散系统的动态特征是系统在单位阶跃信号输入下的过渡过程特性（或者说系统的动态响应特性）。如果已知线性离散系统在阶跃输入下输出的 Z 变换 $Y(z)$，那么，对 $Y(z)$ 进行 Z 反变换，就可获得动态响应 $y^*(t)$。将 $y^*(t)$ 连成光滑曲线，就可得到系统的动态性能指标（超调量 $\sigma\%$ 与过渡过程时间 t_s），如图 2-16 所示。

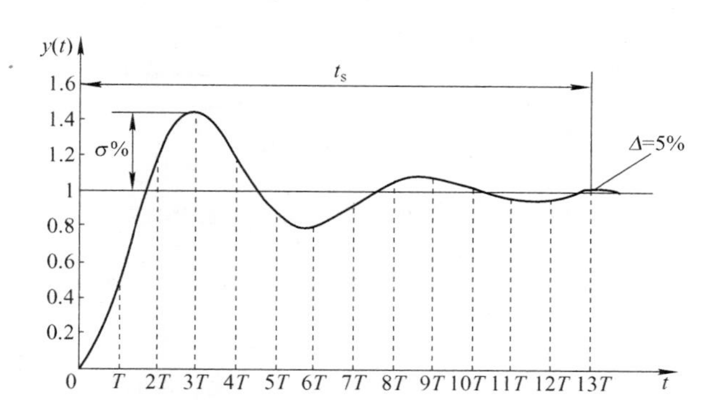

图 2-16　线性离散系统的单位阶跃响应

超调量：超调量是控制系统动态性能指标之一，是线性控制系统在阶跃信号输入下的响应过程曲线分析动态性能的一个指标值。

过渡过程时间：系统受干扰作用后从一个平衡状态到达新的平衡状态所经历的时间，即过渡过程的持续。过渡过程时间也是过渡过程品质指标之一。

对于闭环传递函数为 $W(z)=\dfrac{Y(z)}{R(z)}=\dfrac{K\prod\limits_{i=1}^{m}(z-z_i)}{\prod\limits_{j=1}^{n}(z-z_j)}$，$n>m$ 的离散系统，其中 z_i 与 z_j 分别表示闭环零点和极点，利用部分分式法，可将 $W(z)$ 展开成

$$W(z)=\frac{A_1 z}{z-z_1}+\frac{A_2 z}{z-z_2}+\cdots+\frac{A_n z}{z-z_n} \tag{2-24}$$

由式（2-24）可见，离散系统的时间响应是它各个极点时间响应的线性叠加。

图 2-17 给出了单极点 z_j 系统，在单位脉冲作用下，z_j 位于 Z 平面不同位置时，所对应的脉冲响应序列。

1）极点在单位圆外的正实轴上，对应的暂态响应 $y(kT)$ 单调发散。

2）极点在单位圆与正实轴的交点，对应的暂态响应 $y(kT)$ 是等幅脉冲序列。

3）极点在单位圆内的正实轴上，对应的暂态响应 $y(kT)$ 单调衰减。

4）极点在单位圆内的负实轴上，对应的暂态响应 $y(kT)$ 是以 $2T$ 为周期正负交替的衰减脉冲序列。

5）极点在单位圆与负实轴的交点，对应的暂态响应 $y(kT)$ 是以 $2T$ 为周期正负交替的等幅脉冲序列。

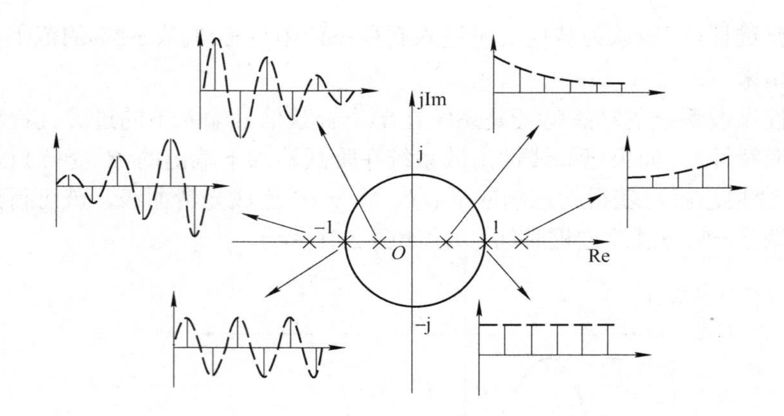

图 2-17　不同位置的实极点与脉冲响应的关系

6）极点在单位圆外的负实轴上，对应的暂态响应 $y(kT)$ 是以 $2T$ 为周期正负交替的发散脉冲序列。

例 2.22　1）对于图 2-15 所示的单位负反馈离散系统，设 $G(s)=\dfrac{1}{s-2}$，采样周期 $T=1\text{s}$，分析该系统的单位脉冲响应。

解：由已知条件可得 $G(z)=\dfrac{z}{z-2.46}$，则闭环传递函数 $W(z)=\dfrac{G(z)}{1+G(z)}=\dfrac{0.5z}{z-1.23}$，

$Y(z)=W(z)\,R(z)\;=\dfrac{0.5z}{z-1.23}=0.5+0.62z^{-1}+0.76z^{-2}+0.93z^{-3}+1.15z^{-4}+1.41z^{-5}+1.73z^{-6}+2.13z^{-7}+2.62z^{-8}+3.22z^{-9}+3.97z^{-10}+\cdots$。由此例数据可以看到，极点在单位圆外的正实轴上，对应的暂态响应 $y(kT)$ 单调发散。

2）若将 1）中 $G(s)$ 改为 $G(s)=\dfrac{2}{s+1}$，采样周期 $T=1\text{s}$，分析该系统的单位脉冲响应。

解：由已知条件可得 $G(z)=\dfrac{2z}{z-0.368}$，则闭环传递函数 $W(z)=\dfrac{G(z)}{1+G(z)}=\dfrac{0.667z}{z-0.368}$，

$Y(z)=W(z)R(z)=\dfrac{0.667z}{z-0.213}=0.67+0.25z^{-1}+0.09z^{-2}+0.03z^{-3}+0.01z^{-4}+\cdots$。由此例数据可以看到，极点在单位圆内的正实轴上，对应的暂态响应 $y(kT)$ 单调衰减。

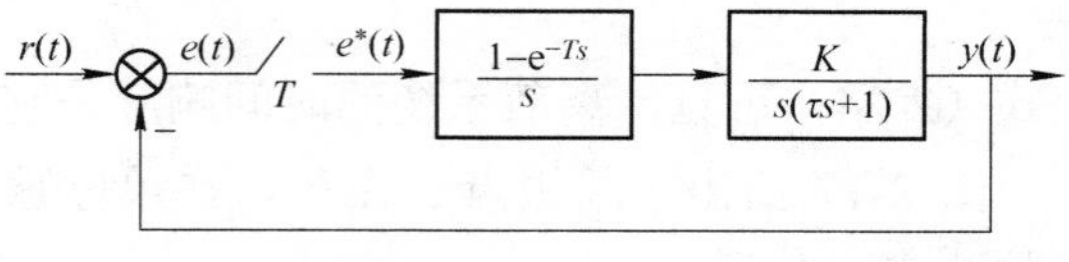

例 2.23　某离散系统如图 2-18 所示，分析该系统的过渡过程。假设系统输入为单位阶跃函数。

r(t)　e(t)　T　e*(t)　$\frac{1-e^{-Ts}}{s}$　$\frac{K}{s(\tau s+1)}$　y(t)

图 2-18　例 2.23 离散系统

解：（1）设 $K=1$，$T=\tau=1$，则

$$G(z)=\frac{0.368z^{-1}(1+0.717z^{-1})}{(1-z^{-1})(1-0.368z^{-1})}$$

$$W(z)=\frac{G(z)}{1+G(z)}=\frac{0.368z^{-1}+0.264z^{-2}}{1-z^{-1}+0.632z^{-2}}$$

$$\begin{aligned}Y(z)&=W(z)R(z)\\&=\frac{0.368z^{-1}+0.264z^{-2}}{1-2z^{-1}+1.632z^{-2}-0.632z^{-3}}\\&=0.368z^{-1}+z^{-2}+1.4z^{-3}+1.4z^{-4}+1.147z^{-5}+0.895z^{-6}+0.802z^{-7}+\\&\quad 0.868z^{-8}+0.993z^{-9}+1.077z^{-10}+1.081z^{-11}+1.032z^{-12}+0.981z^{-13}+\\&\quad 0.961z^{-14}+0.973z^{-15}+0.997z^{-16}+\cdots\end{aligned}$$

从上述数据可以看出，系统在单位阶跃函数作用下的过渡过程具有衰减振荡的形式，故系统是稳定的。其超调量约为 40%，且峰值出现在第 3、4 拍之间，约经 12 个采样周期过渡过程结束，如图 2-19 中曲线 a 所示。

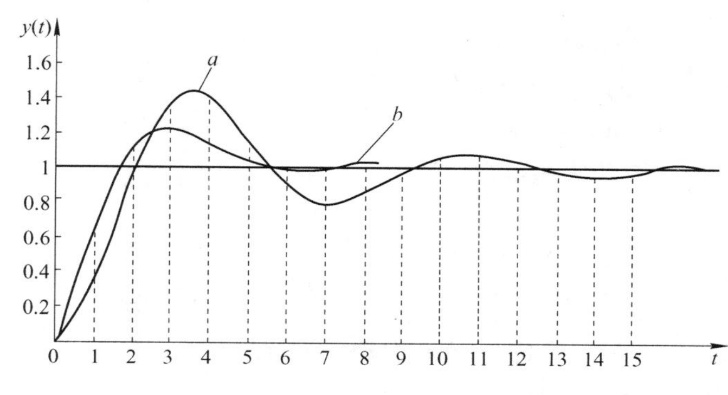

图 2-19　离散系统的响应曲线

（2）现将图 2-18 中的保持器去掉，$K=1$，$T=\tau=1$，则

$$G(z)=\frac{0.632z^{-1}}{(1-z^{-1})(1-0.368z^{-1})}$$

$$W(z)=\frac{G(z)}{1+G(z)}=\frac{0.632z^{-1}}{1-0.736z^{-1}+0.368z^{-2}}$$

$$\begin{aligned}Y(z)=W(z)R(z)&=\frac{0.632z^{-1}}{1-1.736z^{-1}+1.104z^{-2}-0.368z^{-3}}\\&=0.632z^{-1}+1.1z^{-2}+1.21z^{-3}+1.12z^{-4}+1.02z^{-5}+0.97z^{-6}+0.98z^{-7}+\cdots\end{aligned}$$

由以上数据可知，该 2 阶离散系统仍是稳定的，超调量约为 21%，峰值产生在第 3 拍，调整时间为 5 拍，如图 2-19 中曲线 b 所示。可见，无保持器比有保持器的系统的动态性能好。这是因为保持器的滞后作用所致。

习　　题

1．写出用微分方程描述系统数学模型的一般步骤。

2．假设在一个体积为 V m^3 的车间中，其空气 CO_2 浓度为 a%，新鲜空气 CO_2 的浓度为 x%，通过流进新鲜空气以改善车间空气质量，流进与流出的空气量为 b m^3/min，请写出车间中 CO_2 的浓度 y 与流入新鲜空气 CO_2 浓度间的数学表达式。提示：车间中 CO_2 增量=流进量−

排出量，流进（或排出）量=流进（或排出）速度×浓度×时间。

3. 已知某一系统由 3 个基本环节串联而成，其中 1 个是比例环节，比例系数为 K，另 2 个为惯性环节，时间常数分别为 τ_1 和 τ_2，请写出此系统的传递函数。

4. 求下列函数的 Z 变换。

（1）$f(t)=1-\mathrm{e}^{-at}$　　（2）$F(s)=\dfrac{6}{s(s+1)}$

5. 求下列函数的 Z 反变换。

（1）$F(z)=\dfrac{z}{z-1}$　　（2）$F(z)=\dfrac{z^2}{(z-1)(z-0.5)}$

6. 求下列各差分方程相应的 Z 传递函数。

（1）$y(k)-2y(k-1)+3y(k-4)=u(k)+u(k-1)$

（2）$y(k)+3y(k-3)=u(k)-u(k-2)$

7. 求下列 $G(s)$ 相应的 Z 传递函数。

（1）$G(s)=\dfrac{3}{s(2s+1)}$　　（2）$G(s)=\dfrac{3(1-\mathrm{e}^{-Ts})}{s(2s+1)}$

8. 已知某一采样控制系统结构如图 2-20 所示，试求：

（1）系统的闭环脉冲传递函数。

（2）系统对阶跃输入的稳态误差。

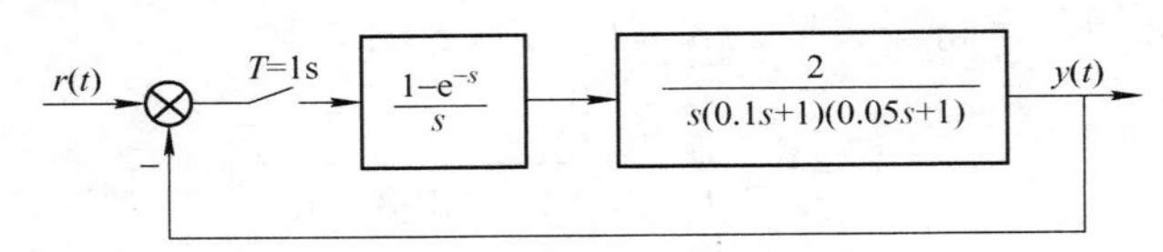

图 2-20　采样控制系统结构图

第 3 章　常用数字控制技术

在计算机控制系统中，需要根据给定系统性能指标，设计出控制器的控制规律和相应的数字控制算法。本章主要介绍常用的最少拍控制、PID 控制、纯滞后控制、串级控制、前馈-反馈控制以及解耦控制。

3.1　最少拍数字控制

3.1.1　最少拍数字控制系统的设计

最少拍系统是一类计算机快速跟踪系统或快速响应系统，指系统在典型输入（单位阶跃、单位速度、单位加速度输入等）作用下，在最少个采样周期内达到在采样时刻输入/输出无误差的系统，也称为最少调整系统或最快响应系统。最少拍控制系统结构框图如图 3-1 所示。图中 $\Phi(z)$ 为闭环脉冲传递函数，$G(z)$ 为包含零阶保持器在内的广义对象的脉冲传递函数，$Y(z)$ 为输出信号的 Z 变换，$R(z)$ 为输入信号的 Z 变换，设 $D(z)$ 为数字控制器。

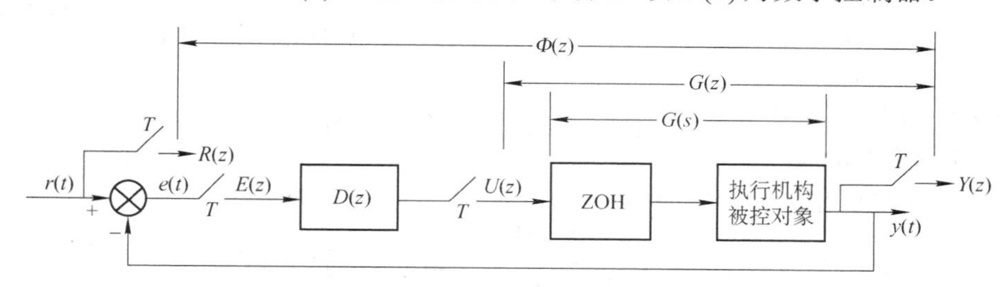

图 3-1　最少拍控制系统结构图

根据离散控制系统理论，其闭环脉冲传递函数 $\Phi(z)=\dfrac{D(z)G(z)}{1+D(z)G(z)}$，误差脉冲传递函数 $W_e(z)=\dfrac{E(z)}{R(z)}=1-\Phi(z)$，由此可以得出数字控制器 $D(z)$ 如式（3-1）所示。典型输入的最少拍数字控制器 $D(z)$ 见表 3-1。

表 3-1　三种典型输入的最少拍系统

输入函数 $r(kT)$	误差脉冲传递函数 $W_e(z)$	闭环脉冲传递函数 $\Phi(z)$	最少拍数字控制器 $D(z)$	调节时间 t
单位阶跃 $1(kT)$	$1-z^{-1}$	z^{-1}	$\dfrac{z^{-1}}{(1-z^{-1})G(z)}$	T
单位速度 kT	$(1-z^{-1})^2$	$2z^{-1}-z^{-2}$	$\dfrac{2z^{-1}-z^{-2}}{(1-z^{-1})^2G(z)}$	$2T$
单位加速度 $\dfrac{(kT)^2}{2}$	$(1-z^{-1})^3$	$3z^{-1}-3z^{-2}+z^{-3}$	$\dfrac{3z^{-1}-3z^{-2}+z^{-3}}{(1-z^{-1})^3G(z)}$	$3T$

$$D(z)=\frac{\Phi(z)}{G(z)[1-\Phi(z)]}=\frac{\Phi(z)}{G(z)W_e(z)}=\frac{1-W_e(z)}{G(z)W_e(z)} \tag{3-1}$$

根据零静态误差的要求，由终值定理可得到系统在典型输入下的调节时间，见表 3-1。

例 3.1 假设最少拍计算机控制系统如图 3-1 所示，被控对象的传递函数为 $\dfrac{2}{s(1+0.5s)}$，采样周期 $T=0.5\text{s}$，采用零阶保持器，请设计在单位速度输入时的最少拍数字控制器。

解： 该系统的广义对象脉冲传递函数为

$$\begin{aligned}G(z)&=Z\left[\frac{1-\mathrm{e}^{-Ts}}{s}\frac{2}{s(1+0.5s)}\right]=Z\left[\frac{2(1-\mathrm{e}^{-Ts})}{s^2(1+0.5s)}\right]\\&=Z\left[\frac{4}{s^2(s+2)}\right]-Z\left[\frac{4\mathrm{e}^{-Ts}}{s^2(s+2)}\right]=Z\left[\frac{2}{s^2}-\frac{1}{s}+\frac{1}{s+2}\right]-Z\left[\mathrm{e}^{-Ts}\left(\frac{2}{s^2}-\frac{1}{s}+\frac{1}{s+2}\right)\right]\\&=\left[\frac{2Tz^{-1}}{(1-z^{-1})^2}-\frac{1}{1-z^{-1}}+\frac{1}{1-\mathrm{e}^{-2T}z^{-1}}\right]-z^{-1}\left[\frac{2Tz^{-1}}{(1-z^{-1})^2}-\frac{1}{1-z^{-1}}+\frac{1}{1-\mathrm{e}^{-2T}z^{-1}}\right]\\&=(1-z^{-1})\left[\frac{2Tz^{-1}}{(1-z^{-1})^2}-\frac{1}{1-z^{-1}}+\frac{1}{1-\mathrm{e}^{-2T}z^{-1}}\right]\\&=\frac{0.368z^{-1}(1+0.718z^{-1})}{(1-z^{-1})(1-0.368z^{-1})}\end{aligned}$$

查表 3-1 可知，在单位速度输入时控制器的脉冲传递函数 $D(z)=\dfrac{2z^{-1}-z^{-2}}{(1-z^{-1})^2G(z)}=\dfrac{5.435(1-0.5z^{-1})(1-0.368z^{-1})}{(1-z^{-1})(1+0.718z^{-1})}$。该系统闭环脉冲传递函数 $\Phi(z)=2z^{-1}-z^{-2}$，则在单位速度信号输入时，系统输出序列的 Z 变换为

$$Y(z)=\Phi(z)R(z)=(2z^{-1}-z^{-2})\frac{Tz^{-1}}{(1-z^{-1})^2}=2Tz^{-2}+3Tz^{-3}+4Tz^{-4}+5Tz^{-5}+\cdots \tag{3-2}$$

式（3-2）中各项系数值就是各个采样时刻的数值，即 $y(0)=0$，$y(T)=0$，$y(2T)=2T$，$y(3T)=3T$，$y(4T)=4T$，…。其输出响应曲线如图 3-2 所示。

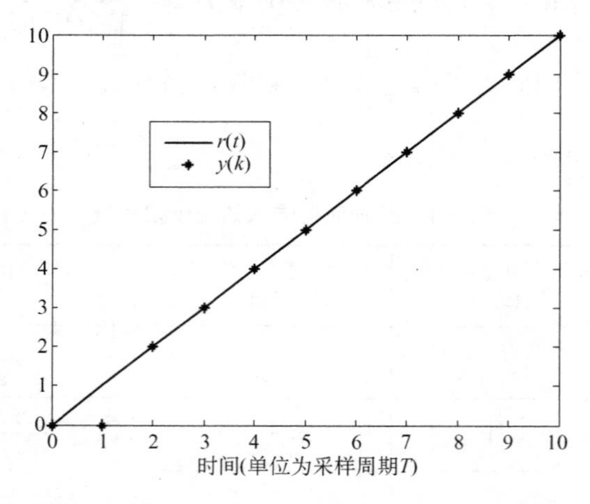

图 3-2 例 3.1 在单位速度输入时输出响应曲线

由此可以看出，系统在单位速度输入情况下，经过 2 拍以后，输出量完全等于输入采样值，所求控制器满足设计指标要求。

对本题设计完成的控制器，将其输入信号改为单位阶跃信号、单位加速度信号，观察其输出情况。当输入为单位阶跃信号时，输出 $Y(z)=(2z^{-1}-z^{-2})\dfrac{1}{1-z^{-1}}=2z^{-1}+z^{-2}+z^{-3}+z^{-4}+\cdots$，即 $y(0)=0$，$y(T)=2$，$y(2T)=1$，$y(3T)=1$，$y(4T)=1$，…。由此可看到，经过 2 个采样周期输出跟随输入。而当输入为单位加速度信号时，输出 $Y(z)=(2z^{-1}-z^{-2})\dfrac{T^2z^{-1}(1+z^{-1})}{2(1-z^{-1})^3}=T^2z^{-2}+3.5T^2z^{-3}+7T^2z^{-4}+11.5T^2z^{-5}+\cdots$，即 $y(0)=0$，$y(T)=0$，$y(2T)=T^2$，$y(3T)=3.5T^2$，$y(4T)=7T^2$，…。由此可见，输出信号 $y(kT)$ 与输入采样值 $R(0)=0$，$R(T)=0.5T^2$，$R(2T)=2T^2$，$R(3T)=4.5T^2$，$R(4T)=8T^2$，…之间总是存在偏差。也就是说，按单位速度信号设计的最少拍系统，当输入信号改为单位加速度时系统不能满足要求。由此可见，最少拍系统对输入信号的变化适应性较差。

例 3.2　假设最少拍计算机控制系统如图 3-1 所示，被控对象的传递函数为 $\dfrac{10}{s(1+s)}$，采样周期 $T=1\text{s}$，采用零阶保持器，请设计在单位阶跃信号输入时的最少拍数字控制器。

解： 该系统的广义对象脉冲传递函数为

$$
\begin{aligned}
G(z)&=Z\left[\frac{1-\mathrm{e}^{-Ts}}{s}\frac{10}{s(1+s)}\right]=Z\left[\frac{10(1-\mathrm{e}^{-Ts})}{s^2(1+s)}\right]\\
&=Z\left[\frac{10}{s^2(s+1)}\right]-Z\left[\frac{10\mathrm{e}^{-Ts}}{s^2(s+1)}\right]=Z\left[\frac{10}{s^2}-\frac{10}{s}+\frac{10}{s+1}\right]-Z\left[\mathrm{e}^{-Ts}\left(\frac{10}{s^2}-\frac{10}{s}+\frac{1}{s+1}\right)\right]\\
&=\left[\frac{10Tz^{-1}}{(1-z^{-1})^2}-\frac{10}{1-z^{-1}}+\frac{10}{1-\mathrm{e}^{-T}z^{-1}}\right]-z^{-1}\left[\frac{10Tz^{-1}}{(1-z^{-1})^2}-\frac{10}{1-z^{-1}}+\frac{10}{1-\mathrm{e}^{-T}z^{-1}}\right]\\
&=10(1-z^{-1})\left[\frac{Tz^{-1}}{(1-z^{-1})^2}-\frac{1}{1-z^{-1}}+\frac{1}{1-\mathrm{e}^{-T}z^{-1}}\right]\\
&=\frac{3.68z^{-1}(1+0.718z^{-1})}{(1-z^{-1})(1-0.368z^{-1})}
\end{aligned}
$$

查表 3-1 可知，在单位阶跃输入时控制器的脉冲传递函数 $D(z)=\dfrac{z^{-1}}{(1-z^{-1})G(z)}=\dfrac{z^{-1}(1-z^{-1})(1-0.368z^{-1})}{3.68z^{-1}(1-z^{-1})(1+0.718z^{-1})}=\dfrac{0.272-0.1z^{-1}}{1+0.718z^{-1}}$。该系统闭环脉冲传递函数 $\Phi(z)=z^{-1}$，则在单位阶跃信号输入时，系统输出序列的 Z 变换 $Y(z)=\Phi(z)R(z)=z^{-1}\dfrac{1}{1-z^{-1}}=z^{-1}+z^{-2}+z^{-3}+z^{-4}+\cdots$。

图 3-3 给出了设计完成的控制器在单位阶跃信号输入下，系统在采样点的输出（图中用“*”表示）以及采样周期间的输出响应曲线。由图可见经过 1 拍以后，输出量完全等于输入采样值，所求控制器满足设计指标要求。但各采样点之间存在一定的偏差，即存在一定的纹波。

3.1.2 最少拍无纹波控制系统的设计

按最少拍控制系统设计的闭环系统，在有限拍后可进入稳态。这时闭环系统输出在采样时刻能精确跟踪输入信号。但在两个采样时刻之间，系统的输出存在纹波或振荡，这样的系统属于有纹波的系统。产生纹波的原因在于数字控制器的输出序列$u(k)$经过若干拍后，不为常值或零，而是振荡收敛的。它作用在保持器的输入端，保持器的输出也必然波动，使系统输出在采样点之间产生纹波。$u(k)$值不稳定是因为控制量$U(z)$含有左半平面单位圆内非零极点。

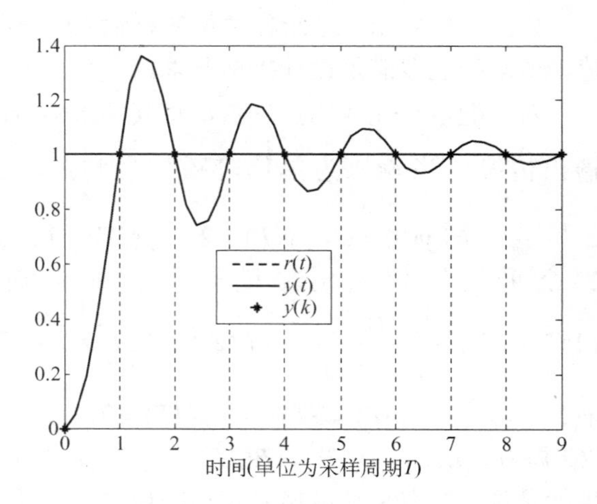

图 3-3 例 3.2 在单位阶跃输入时输出响应曲线

消除纹波的附加条件：在最少拍有纹波控制器的基础上将被控对象$G(z)$在单位圆内的零点包括在闭环脉冲传递函数$\Phi(z)$中，即$\Phi(z)$必须包含广义对象$G(z)$的所有零点。这样在控制量的Z变换中消除引起振荡的所有极点。无纹波系统的调整时间比有纹波系统的调整时间增加若干拍，增加的拍数等于$G(z)$在单位圆内的零点数目。

例 3.3 假设最少拍计算机控制系统如图 3-1 所示，被控对象的传递函数为$\dfrac{10}{s(1+s)}$，采样周期$T=1\text{s}$，采用零阶保持器，请设计在单位阶跃信号输入时的最少拍无纹波数字控制器。

解：第 1 步，按最少拍有纹波设计控制器。参考例 3.2 有$G(z)=\dfrac{3.68z^{-1}(1+0.718z^{-1})}{(1-z^{-1})(1-0.368z^{-1})}$，闭环脉冲传递函数$\Phi(z)=z^{-1}$，误差脉冲传递函数$W_e(z)=1-z^{-1}$，控制器的脉冲传递函数$D(z)=\dfrac{z^{-1}}{(1-z^{-1})G(z)}=\dfrac{0.272-0.1z^{-1}}{1+0.718z^{-1}}$。

第 2 步，按照无纹波附加条件确定闭环脉冲传递函数$\Phi(z)$。根据消除纹波的条件，$\Phi(z)$应包含z^{-1}的因子和$G(z)$的全部非零点，$W_e(z)$应由$G(z)$的不稳定极点和$\Phi(z)$的阶次决定。因此可得$\Phi(z)=1-W_e(z)=az^{-1}(1+0.718z^{-1})$及$W_e(z)=(1-z^{-1})(1+bz^{-1})$，其中$a$、$b$为待定系数。整理$\Phi(z)$、$W_e(z)$两式可得$az^{-1}+0.718az^{-2}=(1-b)z^{-1}+bz^{-2}$，比较等式两边的系数并求解得$a=0.5821$，$b=0.4179$，$\Phi(z)=0.5821z^{-1}(1+0.718z^{-1})$。

第 3 步，确定无纹波控制器$D(z)$。由第 2 步得到的闭环脉冲传递函数，求出数字控制器的脉冲传递函数$D(z)=\dfrac{\Phi(z)}{(1-\Phi(z))G(z)}=\dfrac{0.1582(1-0.368z^{-1})}{1+0.4179z^{-1}}$。

图 3-4 给出了设计完成的无纹波控制器在单位阶跃信号输入下，系统在采样点的输出（图中用“*”表示）以及采样周期间的输出。由图 3-4 可以看出，系统达到稳定后，采样点及采样点之间的输出与输入没有偏差，即不存在纹波，控制器设计满足要求。再与图 3-3 比较可见，系统达到稳定状态的时间延迟了 1 个采样周期，稳定后无纹波与有纹波之间的输出曲线非常容易辨别。

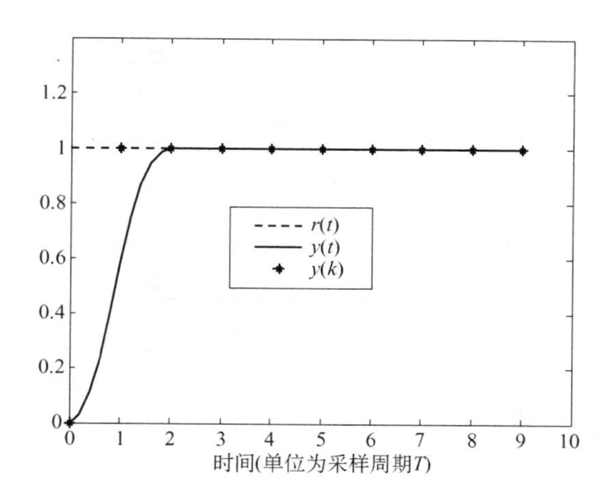

图 3-4　例 3.3 在单位阶跃输入时输出响应曲线

3.2　模拟化设计方法

3.2.1　模拟设计的步骤

模拟化设计方法是先将图 3-5 所示的计算机控制系统看作图 3-6 所示的模拟系统，针对该模拟系统采用连续系统设计方法设计模拟控制器，然后将其离散化成数字控制器，转换成图 3-5 所示的计算机控制系统。

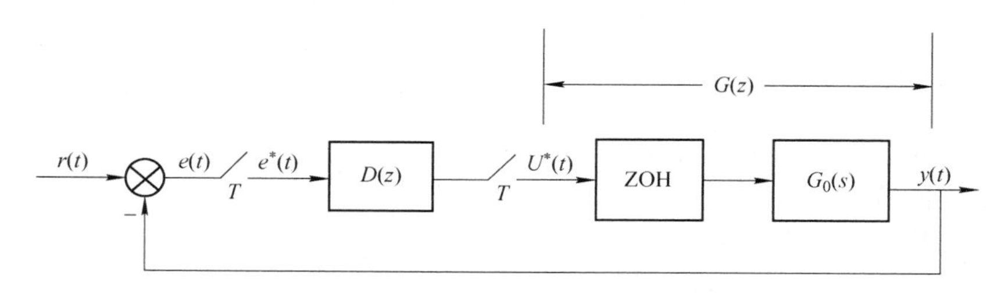

图 3-5　离散闭环控制系统

模拟化设计方法的一般步骤：

1）根据性能指标要求和给定对象的 $G_0(s)$，用连续控制理论的设计方法，设计 $D(s)$。

2）确定离散系统的采样周期 T。

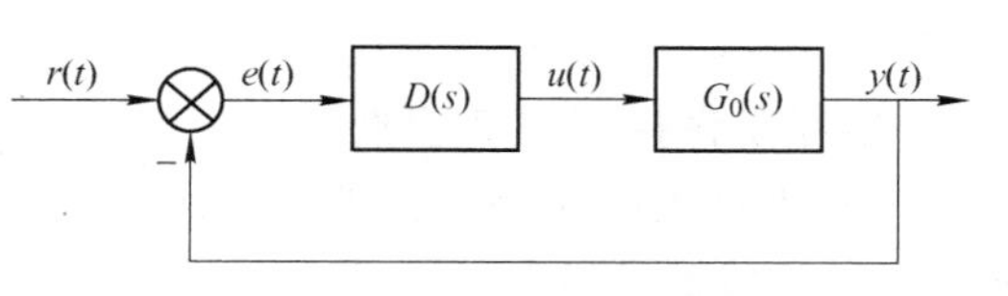

图 3-6　模拟闭环控制系统

3）在设计完成的连续系统中加入零阶保持器 ZOH。零阶保持器如图 3-7 所示，其中模拟信号为 $u_0(t)$，零阶保持器的输入为 $u_0^*(t)$，输出为 $u(t)$。检查零阶保持器的滞后作用对原设计完成的连续系统性能的影响程度，决定是否修改 $D(s)$。为简便起见，零阶保持器的传递函数可近似为

$$\frac{1-\mathrm{e}^{-Ts}}{s}=\frac{1-\mathrm{e}^{-Ts/2}\mathrm{e}^{-Ts/2}}{s}\approx\frac{2}{s+2/T}$$

4）用适当的方法将 $D(s)$ 离散化成 $D(z)$。

5）将 $D(z)$ 化成差分方程。

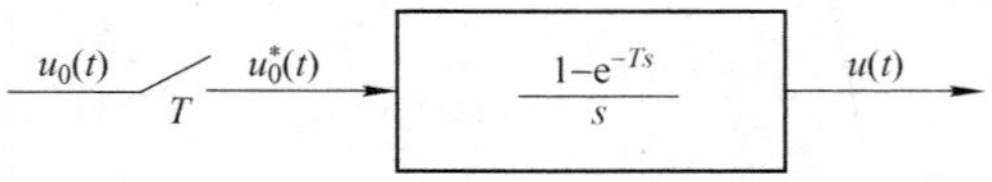

图 3-7　零阶保持器的信息传递

3.2.2　D(s)离散化成 D(z)的方法

1．冲激响应不变法

冲激响应不变法的基本思想：数字滤波器产生的脉冲响应序列近似等于模拟滤波器的脉冲响应函数的采样值。

设模拟控制器的传递函数为 $D(s)=\dfrac{U(s)}{E(s)}=\sum\limits_{i=1}^{n}\dfrac{A_i}{s+a_i}$，在单位脉冲作用下输出响应为 $u(t)=L^{-1}\left[D(s)\right]=\sum\limits_{i=1}^{n}A_i\mathrm{e}^{-a_it}$，其采样值为 $u(kT)=\sum\limits_{i=1}^{n}A_i\mathrm{e}^{-a_ikT}$，即数字控制器的脉冲响应序列，因此得到 $D(z)=Z\left[u(kT)\right]=\sum\limits_{i=1}^{n}\dfrac{A_i}{1-\mathrm{e}^{-a_iT}z^{-1}}=Z\left[D(s)\right]$。

例 3.4　已知模拟控制器 $D(s)=\dfrac{5}{s+5}$，求数字控制器 $D(z)$。

解：$D(z)=Z\left[D(s)\right]=\dfrac{5}{1-\mathrm{e}^{-5T}z^{-1}}$

控制算法为 $u(k)=5e(k)+\mathrm{e}^{-5T}u(k-1)$。

冲激不变法的特点：

1） $D(z)$ 与 $D(s)$ 的脉冲响应相同。

2）若 $D(s)$ 稳定，则 $D(z)$ 也稳定。

3） $D(z)$ 不能保持 $D(s)$ 的频率响应。

4） $D(z)$ 将 ω_s 的整数倍频率变换到 Z 平面上的同一个点的频率，因而出现了混叠现象。

冲激不变法应用范围：连续控制器 $D(s)$ 应具有部分分式结构或能较容易地分解为并联结构，$D(s)$ 具有陡衰减特性，且为有限带宽信号的场合。

2．加零阶保持器的 Z 变换法

加零阶保持器的 Z 变换法的基本思想：先用零阶保持器与模拟控制器串联，然后再进行 Z 变换离散化成数字控制器，即

$$D(z)=Z\left[\frac{1-\mathrm{e}^{-Ts}}{s}D(s)\right]$$

加零阶保持器 Z 变换法的特点：

1）若 $D(s)$ 稳定，则 $D(z)$ 也稳定。

2）$D(z)$ 不能保持 $D(s)$ 的脉冲响应和频率响应。

3．差分变换法

（1）后向差分变换法

对于给定 $D(s)=\dfrac{U(s)}{E(s)}=\dfrac{1}{s}$，其微分方程为 $\dfrac{\mathrm{d}u(t)}{\mathrm{d}t}=e(t)$，用差分代替微分，则 $\dfrac{\mathrm{d}u(t)}{\mathrm{d}t}\approx\dfrac{u(k)-u(k-1)}{T}=e(k)$，两边取 Z 变换得 $(1-z^{-1})U(z)=TE(z)$，所以 $D(z)=\dfrac{U(z)}{E(z)}=\dfrac{1}{\dfrac{1-z^{-1}}{T}}$。

由 $D(z)$ 与 $D(s)$ 的形式可以得到 $s=\dfrac{1-z^{-1}}{T}$，因此，$D(z)$ 可表示成

$$D(z)=D(s)\Big|_{s=\frac{1-z^{-1}}{T}}$$

后向差分变换法的特点：

1）稳定的 $D(s)$ 变换成稳定的 $D(z)$。

2）$D(z)$ 不能保持 $D(s)$ 的脉冲响应和频率响应。

（2）前向差分变换法

对于给定 $D(s)=\dfrac{U(s)}{E(s)}=\dfrac{1}{s}$，将微分用差分表示成 $\dfrac{\mathrm{d}u(t)}{\mathrm{d}t}\approx\dfrac{u(k+1)-u(k)}{T}=e(k)$，两边取 Z 变换得 $(z-1)U(z)=TE(z)$，所以 $D(z)=\dfrac{U(z)}{E(z)}=\dfrac{1}{\dfrac{z-1}{T}}$。

由 $D(z)$ 与 $D(s)$ 的形式可以得到 $s=\dfrac{z-1}{T}$，因此，有

$$D(z)=D(s)\Big|_{s=\frac{z-1}{T}}$$

前向差分变换法的特点：

1）稳定的 $D(s)$ 不能保证变换成稳定的 $D(z)$。

2）$D(z)$ 不能保持 $D(s)$ 的脉冲响应和频率响应。

4．双线性变换法

双线性变换法又称塔斯廷（Tustin）变换法，它是 s 与 z 关系的另一种近似式。由 Z 变换的定义和级数展开式可得 $z=\mathrm{e}^{Ts}=\dfrac{\mathrm{e}^{\frac{Ts}{2}}}{\mathrm{e}^{-\frac{Ts}{2}}}$，取 $\mathrm{e}^{\frac{Ts}{2}}\approx1+\dfrac{Ts}{2}$，$\mathrm{e}^{-\frac{Ts}{2}}\approx1-\dfrac{Ts}{2}$，则 $z\approx\dfrac{1+\dfrac{Ts}{2}}{1-\dfrac{Ts}{2}}$，由此推出 $s=\dfrac{2}{T}\dfrac{1-z^{-1}}{1+z^{-1}}$，所以 $D(z)=D(s)\Big|_{s=\frac{2(1-z^{-1})}{T(1+z^{-1})}}$。

双线性变换法的特点：

1）将整个 S 平面的左半面变换到 Z 平面的单位圆内，因而没有混叠效应。

2）稳定的 $D(s)$ 变换成稳定的 $D(z)$。

3） $D(z)$ 不能保持 $D(s)$ 的脉冲响应和频率响应。

5．频率预畸变双线性变换法

双线性变换法从根本上避免了冲激响应不变法中的频率混叠现象，但它只适合分段常数特性的滤波器设计，而且会在各个分段边缘的临界频点上产生畸变。因为模拟频率 Ω 和离散频率 ω 之间的关系为 $\Omega=\dfrac{2}{T}\tan\dfrac{\omega T}{2}$，当 ωT 取值 0～π 时，Ω 的值为 0～∞，即模拟滤波器的全部频率响应特性被压缩到离散滤波器的 $0<\omega T<\pi$ 的频率范围之内。这种畸变可用预畸变的办法来补偿。

补偿的基本思想：在 $D(s)$ 变成 $D(z)$ 之前，将 $D(s)$ 的断点频率预先加以修正（预畸变），使得预修正后的 $D(s)$ 变换成 $D(z)$ 时正好达到所要求的断点频率。

预畸变双线性变换法设计的步骤：

1）将 $D(s)$ 的零点或极点 $(s+a)$ 以 a' 代替 a，做预畸变 $(s+a)\rightarrow(s+a')\Big|_{a'=\frac{2}{T}\tan\frac{aT}{2}}$ 得到 $D(s,a')$。

2）将 $D(s,a')$ 变换为 $D(z)$，$D(z)=kD(s,a')\Big|_{s=\frac{2(1-z^{-1})}{T(1+z^{-1})}}$，$k$ 为放大系数，利用 $\lim\limits_{z\rightarrow1}D(z)=1$ 求出。

例 3.5 已知模拟控制器 $D(s)=\dfrac{a}{s+a}$，求数字控制器 $D(z)$。

解：做预畸变 $a'=\dfrac{2}{T}\tan\dfrac{aT}{2}$，则 $D(s,a')=\dfrac{a}{s+\dfrac{2}{T}\tan\dfrac{aT}{2}}$，所以 $D(z)=k\dfrac{a}{\dfrac{2}{T}\dfrac{1-z^{-1}}{1+z^{-1}}+\dfrac{2}{T}\tan\dfrac{aT}{2}}$。

由 $\lim\limits_{z\rightarrow1}k\dfrac{a}{\dfrac{2}{T}\dfrac{1-z^{-1}}{1+z^{-1}}+\dfrac{2}{T}\tan\dfrac{aT}{2}}=1$，得 $k=\dfrac{\dfrac{2}{T}\tan\dfrac{aT}{2}}{a}$，则

$$D(z)=\frac{1+z^{-1}}{1+\cot\dfrac{aT}{2}+(1-\cot\dfrac{aT}{2})z^{-1}}$$

预畸变双线性变换法的特点：

1）将 S 平面左半面映射到 Z 平面单位圆内。

2）稳定的 $D(s)$ 变换成稳定的 $D(z)$。

3）没有混叠现象。

4） $D(z)$ 不能保持 $D(s)$ 的脉冲响应和频率响应。

5）所得的离散频率响应不产生畸变。

6．零极点匹配法

S 域中零极点的分布直接决定了系统的特性，Z 域中亦然。因此，当 S 域转换到 Z 域时，应当保证零极点具有一一对应的映射关系。根据 S 域与 Z 域的转换关系 $z=\mathrm{e}^{Ts}$，可将 S 平面的零极点直接一一对应地映射到 Z 平面上，使 $D(z)$的零极点与连续系统 $D(s)$的零极点完全相匹配，这种等效离散化方法称为“零极点匹配法”或“根匹配法”。

零极点匹配变换的步骤：

1）将 $D(s)$ 变换成如下形式：

$$D(s)=\frac{k_s(s+z_1)(s+z_2)\cdots(s+z_m)}{(s+p_1)(s+p_2)\cdots(s+p_n)}$$

2）将 $D(s)$的零点或极点映射到 Z 平面的变换关系如下：

实数的零点或极点：$(s+a)\rightarrow(1-\mathrm{e}^{-aT}z^{-1})$；

共轭复数的零点或极点：$(s+a+\mathrm{j}b)(s+a-\mathrm{j}b)\rightarrow(1-2\mathrm{e}^{-aT}z^{-1}\cos bT+\mathrm{e}^{-2aT}z^{-2})$，得到控制器 $D_1(z)$。

3）在 $z=1$ 处加上足够的零点，使 $D(z)$零极点个数相同。

4）在某个特征频率处，使 $D(z)$的增益与 $D(s)$的增益相匹配。即设 $D(z)=k_zD_1(z)$，k_z 为增益系数，由 $D(s)\big|_{s=0}=D(z)\big|_{z=1}$ 确定。

$D(s)$ 离散化成 $D(z)$ 的方法小结：

1）从上述各方法的原理看，除了前向差分法外，只要原有的连续系统是稳定的，则变换以后得到的离散系统也是稳定的。

2）采样频率对设计结果有影响，当采样频率远远高于系统的截止频率（100 倍以上）时，用任何一种设计方法所构成的系统特性与连续系统相差不大。随着采样频率的降低，各种方法就有差别了。按设计结果的优劣进行排序，以双线性变换法为最好，即使在采样频率较低时，所得的结果还是稳定的，其次是零极点匹配法和后向差分法，再次是冲激响应不变法。

3）各种设计方法都有自己的特点，冲激响应不变法可以保证离散系统的响应与连续系统相同，零极点匹配法能保证变换前后直流增益相同，双线性变换法可以保证变换前后特征频率不变。这些设计方法在实际工程中都有应用，可根据需要进行选择。

4）对连续传递函数 $D(s)=D_1(s)D_2(s)\cdots D_n(s)$，可分别对 $D_1(s)$、$D_2(s)$、…、$D_n(s)$ 等效离散得到 $D_1(z)$、$D_2(z)$、…、$D_n(z)$，则 $D(z)=D_1(z)D_2(z)\cdots D_n(z)$。

3.3　PID 控制

在工业过程控制中，控制规律按照偏差的比例（P）、积分（I）和微分（D）进行的控制称为 PID 控制。PID 控制是目前应用最广、最为广大技术人员所熟悉的控制算法之一。它不仅适用于数学模型已知的控制系统，而且也可应用于数学模型难以确定的工业过程，在众多工业过程控制中取得了满意的应用效果。实现 PID 控制的调节器称为 PID 控制器。PID 控制器自 20 世纪 30 年代末出现以来，已在工业控制领域得到了广泛的应用，并在长期应用中积累了丰富的经验。在计算机控制系统中，数字 PID 以其控制算法简单、技术成熟、灵活性好、适应性强和可靠性高等优点，得到了广泛的应用。

3.3.1 模拟 PID 控制

模拟 PID 控制的算法如式（3-3）所示，其控制结构如图 3-8 所示，其中 $r(t)$ 为参考输入或称为设定值，$y(t)$ 为系统输出，$e(t)=r(t)-y(t)$ 为偏差，$u(t)$ 为 PID 控制器的输出，K_P 为比例系数，T_I 为积分时间常数，T_D 为微分时间常数，$G_0(s)$ 为被控对象传递函数。

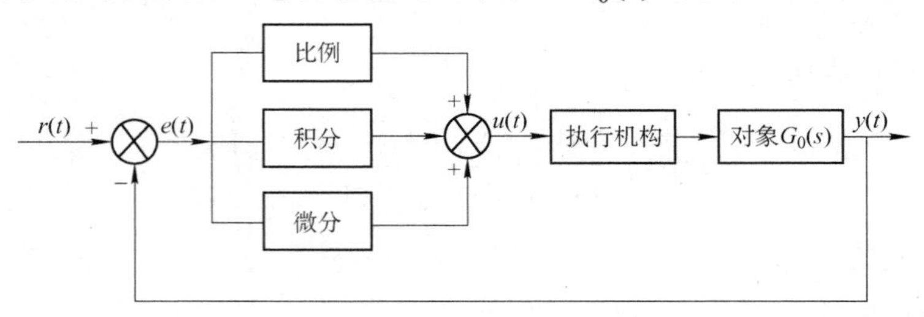

图 3-8　模拟 PID 控制结构

$$u(t)=K_P[e(t)+\frac{1}{T_I}\int_0^t e(t)\mathrm{d}t+T_D\frac{\mathrm{d}e(t)}{\mathrm{d}t}] \tag{3-3}$$

式（3-3）等号两边取拉普拉斯变换，整理后得 PID 控制器的传递函数 $D(s)$ 为

$$D(s)=\frac{U(s)}{E(s)}=K_P(1+\frac{1}{T_I s}+T_D s)=K_P+\frac{K_I}{s}+K_D s \tag{3-4}$$

式中，$K_I=\frac{K_P}{T_I}$ 称为积分系数，$K_D=K_P T_D$ 称为微分系数。

由图 3-8 可得，模拟 PID 控制系统的开环传递函数 $D'(s)=D(s)G_0(s)$，闭环传递函数 $\Phi(s)=\frac{D'(s)}{1+D'(s)}=\frac{D(s)G_0(s)}{1+D(s)G_0(s)}$。

PID 控制器的控制作用：

1）比例调节器：这是对偏差进行控制，偏差一旦出现，调节器立即产生控制作用，使输出量朝着减小偏差的方向变化。控制作用的强弱取决于比例系数 K_P，K_P 越小偏差调节速度越慢，K_P 越大偏差调节速度越快，但 K_P 过大容易引起振荡，特别是在迟滞环节比较大的情况下可能导致闭环系统不稳定。比例调节器的作用在于加快系统的响应速度，提高系统的调节精度，但它不能消除静差。

2）积分调节器：这是对偏差累积进行控制，直至偏差为零。其控制效果不仅与偏差大小有关，而且还与偏差持续的时间有关。积分时间常数 T_I 值大，积分作用弱；T_I 值小，积分作用强。增大 T_I 将减慢消除稳态误差的过程，但可减小超调，提高稳定性。积分调节器的作用在于消除系统的静态误差，但代价是降低系统的快速性。

3）微分调节器：这是按偏差变化的趋向进行控制，希望在误差出现之前进行修正，从而提高输出响应的快速性，减小超调。微分调节器的作用在于影响系统偏差的变化率，改善系统的动态特性。

3.3.2 数字 PID 控制

将连续 PID 算式（3-3）离散化，得到对应的离散系统的数字 PID 算法。当采样周期 T 足

够小时，令

$$\begin{cases} u(t)\approx u(k) \\ e(t)\approx e(k) \\ \int_0^t e(t)\mathrm{d}t \approx \sum_{j=0}^{k} e(j)T \\ \dfrac{\mathrm{d}e(t)}{\mathrm{d}t}\approx \dfrac{e(k)-e(k-1)}{T} \end{cases}$$

则整理后可得

$$u(k)=K_{\mathrm{P}}\left[e(k)+\frac{T}{T_{\mathrm{I}}}\sum_{j=0}^{k}e(j)+T_{\mathrm{D}}\frac{e(k)-e(k-1)}{T}\right] \tag{3-5}$$

两边取Z变换，整理后得PID控制器的Z传递函数为

$$D(z)=\frac{U(z)}{E(z)}=\frac{K_{\mathrm{P}}(1-z^{-1})+K_{\mathrm{I}}+K_{\mathrm{D}}(1-z^{-1})^2}{1-z^{-1}}$$

其中：

$$\begin{cases} K_{\mathrm{I}}=K_{\mathrm{P}}\dfrac{T}{T_{\mathrm{I}}} \\ K_{\mathrm{D}}=K_{\mathrm{P}}\dfrac{T_{\mathrm{D}}}{T} \end{cases}$$

离散PID控制系统结构如图3-9所示。

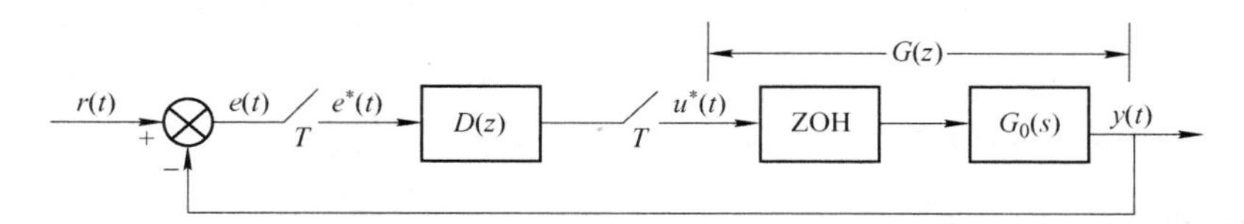

图3-9　离散PID控制结构

1．位置式算法

展开式（3-5），并令积分系数$K_{\mathrm{I}}=K_{\mathrm{P}}\dfrac{T}{T_{\mathrm{I}}}$，微分系数$K_{\mathrm{D}}=K_{\mathrm{P}}\dfrac{T_{\mathrm{D}}}{T}$，则得

$$u(k)=K_{\mathrm{P}}e(k)+K_{\mathrm{I}}\sum_{j=0}^{k}e(j)+K_{\mathrm{D}}[e(k)-e(k-1)] \tag{3-6}$$

式（3-6）的输出控制量$u(k)$直接决定了执行机构的位置（如流量、压力等阀门的开启位置），因此，式（3-6）称为位置式PID控制算法。由式（3-6）可以看出，采样周期T越大，积分作用越强，微分作用越弱。

位置式控制算法的特点：

1）输出控制量$u(k)$与各次采样值相关，需要占用较多的存储空间。

2）计算$u(k)$需要做误差值的累加，容易产生较大的累加误差，甚至产生累加饱和现象。

3）控制量$u(k)$以全量输出，误动作影响较大。当计算机出现故障时，$u(k)$的大幅度变

化会引起执行机构位置的大幅度变化。

2．增量式算法

当执行机构不需要控制量的全值而需要其增量时，可由位置式推导出增量式 PID 控制算法。根据式（3-6）写出 $u(k-1)$ 为

$$u(k-1)=K_{\mathrm{P}}e(k-1)+K_{\mathrm{I}}\sum_{j=0}^{k-1}e(j)+K_{\mathrm{D}}[e(k-1)-e(k-2)] \tag{3-7}$$

将式（3-6）减去式（3-7）得增量式 PID 控制算法：

$$\begin{aligned}\Delta u(k)&=u(k)-u(k-1)\\&=(K_{\mathrm{P}}+K_{\mathrm{I}}+K_{\mathrm{D}})e(k)-(K_{\mathrm{P}}+2K_{\mathrm{D}})e(k-1)+K_{\mathrm{D}}e(k-2)\end{aligned} \tag{3-8}$$

增量式控制算法特点：

1）计算 $\Delta u(k)$ 只需已知 $e(k)$、$e(k-1)$ 和 $e(k-2)$，节省了存储空间。

2）只输出控制增量 $\Delta u(k)$，误动作影响较小。$\Delta u(k)$ 对应执行机构位置的变化量，当计算机发生故障时影响范围较小，不会严重影响生产过程。

3）易于实现从手动操作方式到自动方式的平滑切换。手动操作方式与自动方式之间转换的基本要求是平稳而迅速。平稳是指切换前后调节器的输出应保持不变；迅速是指在切换过程中中间位置不应停留过久。

在数学上，位置式算法与增量式算法只是等效变换，但在物理系统上，却代表了不同的实现方法。$\Delta u(k)$ 对应的是本次执行机构位置的增量，而不是对应执行机构的实际位置，因此采用增量式算法要求执行机构必须具备对控制量增量的累积功能。在工程实践中应注意，要根据执行机构选择位置式或增量式 PID 控制算法。例如，当执行机构为伺服电动机或晶闸管时，采用位置式；当执行机构为步进电动机或多圈电位器时，采用增量式。此外，离散 PID 算法并不是简单地用数字控制器去模仿连续 PID 规律，而是应充分利用计算机特点，实现更加复杂、灵活多样的控制功能甚至智能化的控制方案。

3.3.3 改进的数字 PID 控制

任何一种执行机构都存在一个线性工作区。在此线性区内，它可以线性地跟踪控制信号，而当控制信号过大，超过这个线性区后，就进入饱和区或截止区，其特性将变成非线性特性。执行机构的非线性特性使系统出现过大的超调和持续振荡，从而使系统的动态品质变差。为了克服以上两种饱和现象，避免系统的过大超调，使系统具有较好的动态指标，必须使 PID 控制器输出的控制信号受到约束，即对标准的 PID 控制算法进行改进，主要针对积分项和微分项进行改进。

1．积分分离 PID 算法

1）问题提出：在一般的 PID 控制系统中，积分作用过强会使系统产生较大的超调，加剧振荡，且加长过渡过程。

2）改进方案：当系统误差较大时，取消积分作用；当误差减小到某一值之后，投入积分作用。也就是选取误差阈值 e_0，当 $|e(k)|>e_0$ 时，取消积分作用；当 $|e(k)|\leqslant e_0$ 时，投入积分作用。这就是积分分离方法的基本思想。

3）积分分离 PID 算法描述：在式（3-6）和式（3-8）中引入积分分离系数 α，且

$\alpha=\begin{cases}1 & |e(k)|\leqslant e_0\\0 & |e(k)|>e_0\end{cases}$，则得积分分离位置式和增量式算法分别如式（3-9）与式（3-10）所示。

$$u(k)=K_{\mathrm{P}}e(k)+\alpha K_{\mathrm{I}}\sum_{j=0}^{k}e(j)+K_{\mathrm{D}}\left[e(k)-e(k-1)\right] \tag{3-9}$$

$$\Delta u(k)=(K_{\mathrm{P}}+\alpha K_{\mathrm{I}}+K_{\mathrm{D}})e(k)-(K_{\mathrm{P}}+2K_{\mathrm{D}})e(k-1)+K_{\mathrm{D}}e(k-2) \tag{3-10}$$

实际使用中，积分分离阀值e_0应根据具体对象及控制要求合理选择。

4）积分分离PID算法控制效果：图3-10显示了系统分别采用普通PID算法、积分分离PID算法，被控量阶跃响应的输出波形。从图中可以看出，积分分离PID算法减小了被控量的超调，缩短了过渡过程时间，从而改善了控制系统的动态特性。

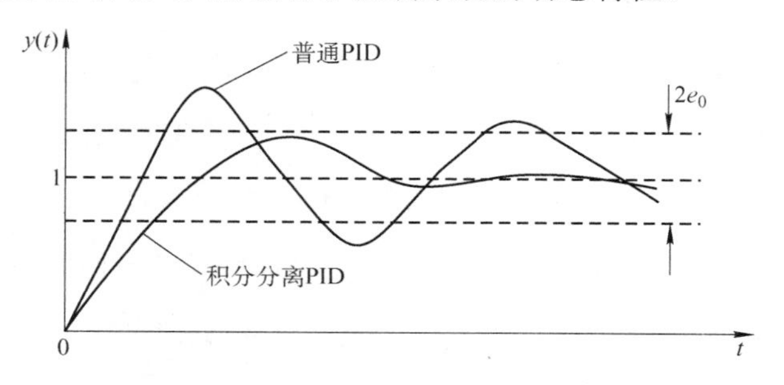

图3-10　积分分离PID控制效果

2．抗积分饱和PID算法

1）问题提出：实际控制系统都会受到执行元件的饱和非线性约束，系统执行机构所能提供的最大控制变量是有限的，而当控制器计算得到的控制量超出这个限定值时，系统不可能有进一步的调节作用，这就是积分饱和现象。系统进入饱和区后，饱和越深，退饱和的时间就越长，容易引起较大的超调。

2）改进方案：对输出$u(k)$进行限幅，同时切除积分作用。

3）抗积分饱和PID算法描述：设输出$u(k)$的最大值记为$u_{\max}$，最小值记为$u_{\min}$，并引入系数α，且$\alpha=\begin{cases}1 & |e(k)|\leqslant e_0\\0 & |e(k)|>e_0\end{cases}$，则按式（3-11）计算$u(k)$，按式（3-12）输出控制量$u'(k)$。

$$u(k)=K_{\mathrm{P}}e(k)+\alpha K_{\mathrm{I}}\sum_{j=0}^{k}e(j)+K_{\mathrm{D}}\left[e(k)-e(k-1)\right] \tag{3-11}$$

$$u'(k)=\begin{cases}u_{\min} & u(k)<u_{\min}\\u(k) & u_{\min}\leqslant u(k)\leqslant u_{\max}\\u_{\max} & u(k)>u_{\max}\end{cases} \tag{3-12}$$

4）抗积分饱和PID算法控制效果：图3-11显示了某系统给定值为30，分别采用普通PID算法、抗积分饱和PID算法被控量的输出波形。从图中可以看出，抗积分饱和PID算法明显减小了被控量的超调，从而改善了控制系统的动态特性。

3．不完全微分PID算法

1）问题提出：对于高频干扰的生产过程，微分作用响应过于灵敏，容易引起控制过程振荡；此外，执行机构在短时间内达不到应有的开度，会使输出失真。

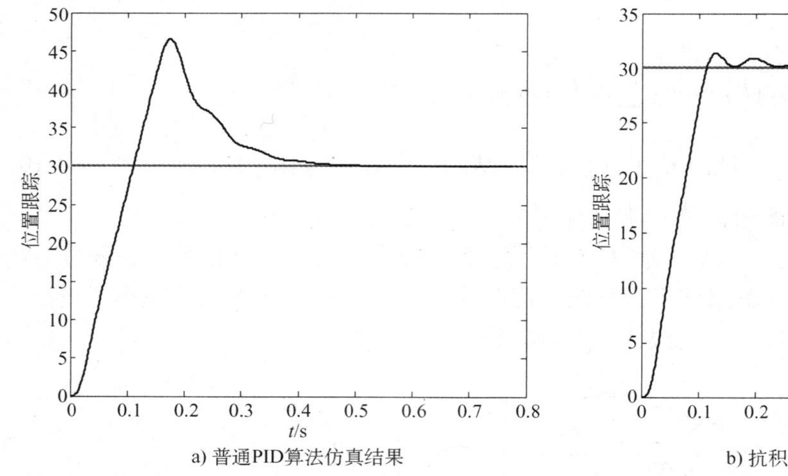

a) 普通PID算法仿真结果

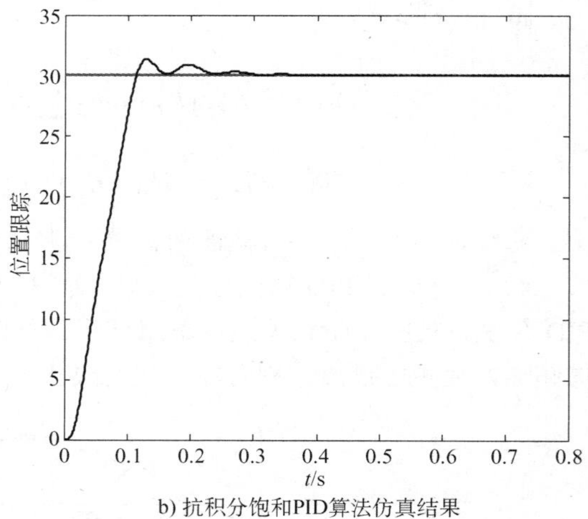

b) 抗积分饱和PID算法仿真结果

图 3-11　抗积分饱和 PID 控制效果

2）改进方案：在标准 PID 输出后串接一个一阶惯性环节，构成不完全微分 PID 控制，其结构如图 3-12 所示，$u(t)$ 与 $u'(t)$ 的关系为 $u'(t)=u(t)+T_{\mathrm{f}}\dfrac{\mathrm{d}u(t)}{\mathrm{d}t}$。

$e(t)$ → PID → $u'(t)$ → $G_{\mathrm{f}}(s)$ → $u(t)$

图 3-12　不完全微分 PID 控制器

3）不完全微分 PID 算法描述：设所加的一阶惯性环节的传递函数为 $G_{\mathrm{f}}(s)=\dfrac{1}{T_{\mathrm{f}}s+1}$，则

$$u(k)=\frac{T_{\mathrm{f}}}{T_{\mathrm{f}}+T}u(k-1)+\frac{T}{T_{\mathrm{f}}+T}\left\{K_{\mathrm{P}}e(k)+K_{\mathrm{I}}\sum_{j=0}^{k}e(j)+K_{\mathrm{D}}\left[e(k)-e(k-1)\right]\right\} \tag{3-13}$$

4）不完全微分 PID 算法的控制效果：标准 PID 调节器中的微分作用，只在第一个采样周期起作用，不能按照偏差变化的趋势在整个调节过程中起作用。同时，微分作用在第一个采样周期的作用很强，容易产生超调。不完全微分 PID 调节器的微分作用在各个采样周期里按照误差变化的趋势均匀地输出。

设被控对象的传递函数为 $G(s)=\dfrac{\mathrm{e}^{-80s}}{60s+1}$，控制器分别采用普通 PID 算法、不完全微分 PID 算法，输入为单位阶跃信号，图 3-13 给出了给定信号和响应结果。从图中可以看出，不完全微分 PID 算法不但抑制了高频干扰，而且还减小了超调量，从而改善了系统的性能。

4．微分先行 PID 算法

1）问题提出：一般 PID 控制中，设定值 $r(t)$ 的升降会给控制系统带来冲击，引起超调量过大，执行机构动作剧烈。

2）改进方案：只对被控量微分，不对偏差微分，也就是对设定值无微分作用。这样，当设定值发生变化时，不会产生输出的大幅变化。微分先行 PID 控制框图如图 3-14 所示。

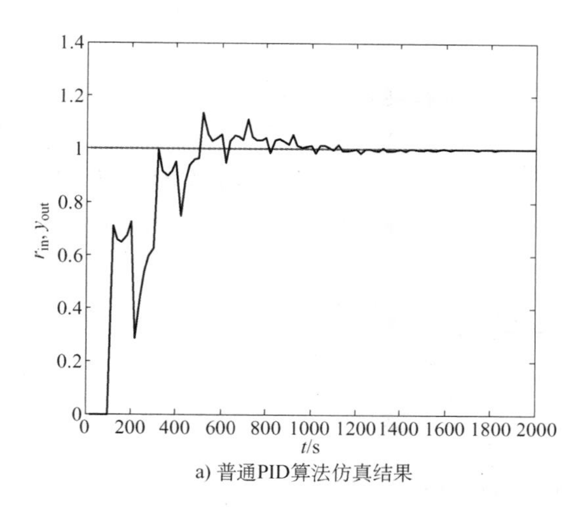

a) 普通PID算法仿真结果

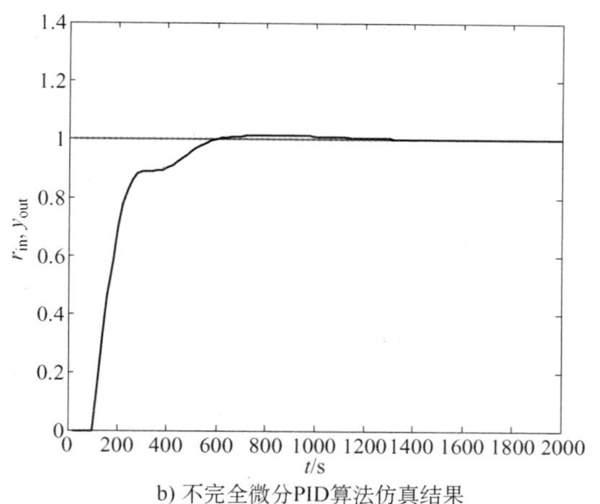

b) 不完全微分PID算法仿真结果

图 3-13　不完全微分 PID 控制效果

3）微分先行 PID 算法描述：由于只对被控量微分，因此位置式微分先行 PID 算法可以表示成 $u(k)=K_{\mathrm{P}}e(k)+K_{\mathrm{I}}\sum_{j=0}^{k}e(j)+K_{\mathrm{D}}\left[y(k)-y(k-1)\right]$，增量式微分先行 PID 算法可以表示成 $\Delta u(k)=(K_{\mathrm{P}}+K_{\mathrm{I}})e(k)-K_{\mathrm{P}}e(k-1)+K_{\mathrm{D}}\left[y(k)-2y(k-1)+y(k-2)\right]$。

4）微分先行 PID 算法控制效果：这种形式适用于设定值频繁变动的场合，可以避免因设定值 $r(t)$频繁变动时所引起的超调量过大、系统振荡等，从而改善系统的动态持性。

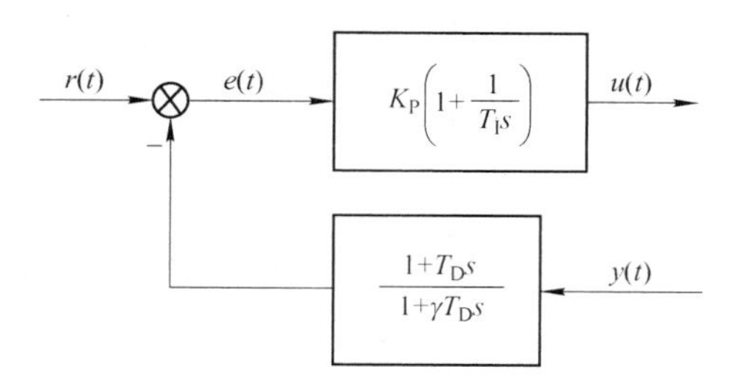

图 3-14　微分先行 PID 控制框图

设被控对象的传递函数为 $G(s)=\frac{\mathrm{e}^{-80s}}{60s+1}$，现分别采用普通 PID 算法、微分先行 PID 算法进行控制，图 3-15 给出了设定信号和响应结果。系统设定值为方波叠加高频干扰信号，从图中可以看出，微分先行 PID 算法避免了因设定值 $r(t)$频繁升降所引起的系统振荡。

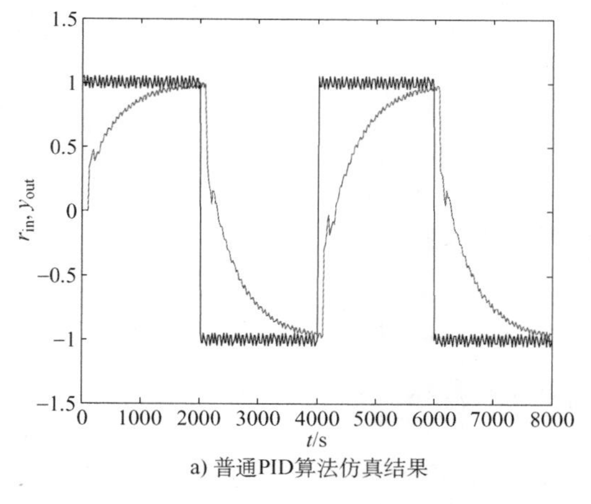

a) 普通PID算法仿真结果

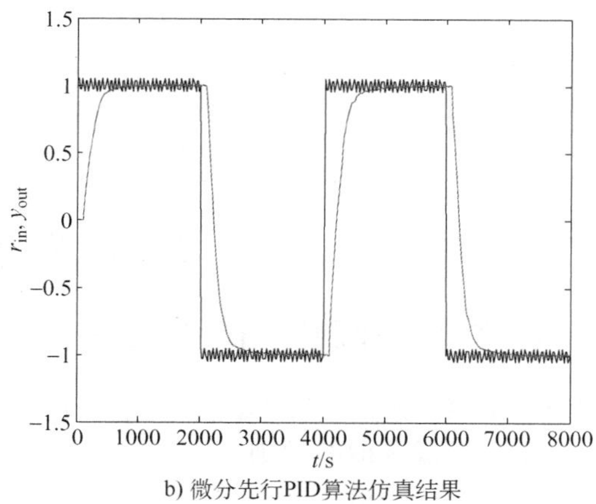

b) 微分先行PID算法仿真结果

图 3-15　微分先行 PID 控制效果

5．带死区 PID 算法

1）问题提出：在计算机控制系统中，某些生产过程的控制精度要求不太高，不希望控制系统频繁动作，以防止由于频繁动作引起振荡。

2）改进方案：设置控制死区，当偏差进入死区时，其控制输出维持前 1 次的输出；当偏差不在死区时，则进行正常的 PID 控制。带死区的 PID 控制系统框图如图 3-16 所示。

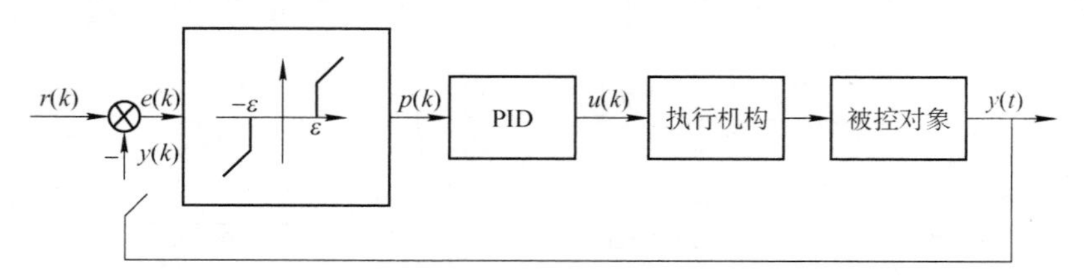

图 3-16　带死区的 PID 控制系统框图

3）带死区 PID 算法描述：选定死区参数ε，ε是一个可调的参数。图 3-16 中，当偏差绝对值$\left|e(k)\right| \leqslant \varepsilon$时，$p(k)=0$；当偏差绝对值$\left|e(k)\right| > \varepsilon$时，$p(k)=e(k)$，输出值$u(k)$以 PID 运算结果输出。算法中$\varepsilon$值可根据实际控制对象由实验确定。若$\varepsilon$值太小，则控制动作过于频繁，达不到稳定被控对象的目的；若ε值太大，则系统将产生较大的滞后。

4）带死区 PID 算法控制效果：采用带死区 PID 算法减少了执行机构的不必要动作。

设被控对象的传递函数为$G(s)=\dfrac{523500}{s^3+87.35s^2+10470s}$，控制器分别采用普通 PID 算法、带死区 PID 算法进行阶跃响应，图 3-17 给出了给定信号和响应结果。

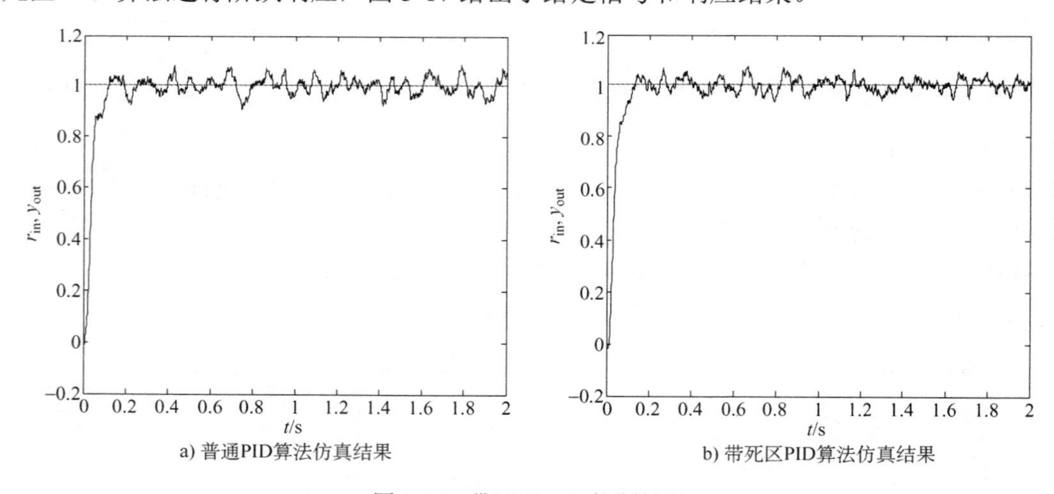

a) 普通PID算法仿真结果　　b) 带死区PID算法仿真结果

图 3-17　带死区 PID 控制效果

3.3.4　数字 PID 控制器的参数选定

数字 PID 控制器的主要参数是K_P、T_I、T_D和采样周期T。

1．采样周期选取的原则

表 3-2 给出了 PID 控制器设计中常见物理量采样周期的参考值。采样周期的选择应综合考虑：

表 3-2　常见物理量采样周期的参考值

被测参数	采样周期 T	备注
流量	1～5s	优先选用 2s
压力	3～10s	优先选用 8s
液位	6～8s	优先选用 7s
温度	15～20s	优先选用纯滞后时间
成分	15～20s	优先选用 18s
位置	10～50ms	优先选用 30ms

1）根据香农采样定理，系统采样频率的下限为 $f_s = 2f_{max}$，此时系统可真实地恢复到原来的连续信号。

2）从执行机构的特性要求考虑：当执行机构需要输出信号保持一定宽度时，采样周期必须大于这一时间宽度。

3）从控制系统的随动和抗干扰的性能考虑：采样周期取短些。

4）从程序的运行时间和每个调节回路的计算考虑：采样周期取大些。

5）从计算机的精度考虑：过短的采样周期是不合适的。

6）从系统特性考虑：当系统的滞后占主导地位时，应使滞后时间为采样周期的整数倍。

2．数字 PID 控制器的参数整定方法

（1）试凑法

试凑法是通过模拟或实际的闭环运行情况，观察系统的响应曲线，然后根据各调节参数对系统响应的大致影响，反复试凑参数，以达到满意的响应，从而确定 PID 控制器中 K_P、T_I、T_D 的参数值。表 3-3 给出了常见被控量的 PID 控制器的参数选择范围。

表 3-3　常见被控量的 PID 控制器的参数选择范围

被控量	特点	K_P	T_I/min	T_D/min
流量	对象时间常数小，有噪声，故 K_P 较小，T_I 较小，不用微分	1～2.5	0.1～1	
温度	对象为多容量系统，有较大滞后，常用微分	1.6～5	3～10	0.5～3
压力	对象为容量系统，滞后一般不大，不用微分	1.4～3.5	0.4～3	
液位	在允许有稳态误差时，不必用积分和微分	1.25～5		

在试凑法中对参数的调整步骤按照先比例，后积分，再微分的顺序。

1）整定比例系统：将比例系数 K_P 由小调大，并观察相应的系统响应趋势，直到得到反应快、超调小的响应曲线。如果系统没有稳态误差或稳态误差已小到允许范围之内，同时响应曲线已较令人满意，那么只需用比例调节器即可，最优比例系数也由此确定。

2）如果在比例调节的基础上系统的稳态误差不能满足设计要求，则必须加入积分环节。整定时一般先置一个较大的积分时间系数 T_I，同时将第一步整定得到的比例系数 K_P 缩小一些（如取原来的 80%），然后减小积分时间系数使系统的稳态误差得到消除，但必须保证系统具有较好的动态性能指标。在此过程中，可以根据响应曲线的变化趋势反复地改变比例系数 K_P 和积分时间系数 T_I，从而实现满意的控制过程和整定参数。

3）如果使用比例积分控制器消除了偏差，但动态过程仍不尽满意，则可以加入微分环节，构成 PID 控制器。在整定时，可先置微分时间系数 T_D 为零，在第二步整定的基础上，增大微分时间系数 T_D，同时相应地改变比例系数 K_P 和积分时间系数 T_I，逐步试凑，以获得满意的调节效果和控制参数。

（2）扩充临界比例度法

临界比例度法是目前应用较广泛的一种参数整定方法。在闭环的情况下，临界比例度法不需要单独实验被控对象的动态特性，而是直接在闭合的调节系统中进行整定。

扩充临界比例度法是模拟控制器使用的临界比例度法的扩充，它用来整定数字 PID 控制器的参数，步骤如下：

1）选择一个合适的采样周期。这里的合适采样周期是指足够小的采样周期，一般选为对象的纯滞后时间的 1/10 以下，记为 $T_{\min}$。

2）在采样周期 $T_{\min}$ 下，让控制器仅做纯比例控制，以相同的方向逐渐地改变比例系数 K_P，使闭环系统出现等幅周期振荡，此时的比例系数记为 K_r，振荡周期记为 T_r。

3）选择控制度。控制度 Q 定义为数字控制系统误差二次方的积分与对应的模拟控制系统误差二次方的积分之比，即

$$Q=\frac{\left[\int_0^{\infty}e^{*2}(t)\mathrm{d}t\right]_{\mathrm{D}}}{\left[\int_0^{\infty}e^{2}(t)\mathrm{d}t\right]_{\mathrm{A}}}$$

4）选择控制度后，按表 3-4 求得采样周期 T、比例系数 K_P、积分时间常数 T_I 和微分时间常数 T_D。

表 3-4　扩充临界比例度法整定计算公式表

控制度	控制规律	T/T_r	K_P/K_r	T_I/T_r	T_D/T_r
1.05	PI	0.03	0.55	0.88	
	PID	0.014	0.63	0.49	0.14
1.20	PI	0.05	0.49	0.91	
	PID	0.043	0.47	0.47	0.16
1.50	PI	0.14	0.42	0.99	
	PID	0.09	0.34	0.43	0.20
2.00	PI	0.22	0.36	1.05	
	PID	0.16	0.27	0.40	0.22
模拟控制器	PI		0.57	0.83	
	PID		0.70	0.50	0.13
简化扩充临界比例度法	PI		0.45	0.83	
	PID	0.10	0.60	0.50	0.125

5）按求得的参数运行控制系统，在运行中观察控制效果，再采用试凑法进一步寻求满意的比例、积分和微分的参数整定值。

（3）扩充响应曲线法

扩充响应曲线法是将模拟控制器响应曲线法进行推广，用于求数字 PID 控制器参数。这个方法首先要经过实验测定开环系统对阶跃输入信号的响应曲线，具体步骤如下：

1）断开数字控制器，使系统在手动状态下工作，人为地改变手动信号，给被控对象加一个阶跃输入信号。

2）用仪表记录被控参数在此阶跃输入作用下的变化过程曲线，即对象的阶跃响应曲线，如图 3-18 所示。

3）在对象的响应曲线上过拐点 p（最大斜率处）作切线，求出纯滞后时间τ及其等效时间常数 T_m，并求出它们的比值 T_m/τ。

4）选择控制度。

5）根据所求得的τ、T_m和 T_m/τ的值，查表 3-5，即可求得控制器的T 、K_P、T_I和T_D。

6）投入运行，观察控制效果，适当修正参数，直到满意为止。

确定K_P、T_I、T_D的值是一项重要而复杂的工作，控制效果的好坏在很大程度上取决于这些参数的选取是否合适。

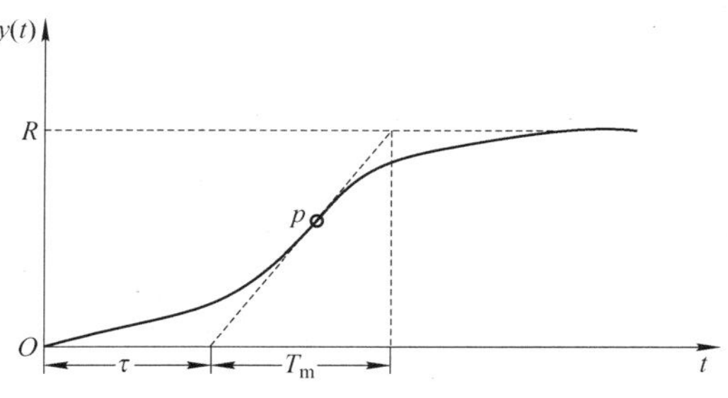

图 3-18 对象的阶跃响应曲线

表 3-5 扩充响应曲线法整定计算公式表

控制度	控制规律	T/τ	$K_P/(T_m/\tau)$	T_I/τ	T_D/τ
1.05	PI	0.10	0.84	3.40	
	PID	0.05	1.15	2.00	0.45
1.20	PI	0.20	0.78	3.60	
	PID	0.16	1.00	1.90	0.55
1.50	PI	0.50	0.68	3.90	
	PID	0.34	0.85	1.62	0.65
2.00	PI	0.80	0.57	4.20	
	PID	0.60	0.60	1.50	0.82
模拟控制器	PI		0.90	3.30	
	PID		1.20	2.00	0.40
简化扩充响应曲线法	PI		0.90	3.30	
	PID		1.20	3.00	0.50

3.3.5 数字 PID 控制器应用实例

船舶在水面上进行作业时，需要保持在设定的区域范围内，但船舶本身对于水平面内的运动（纵荡、横荡、艏摇）不具有回复力，必须借助外力才能达到定位目的。动力定位就是其中一种定位方式。这里以船舶动力定位控制为例说明数字 PID 控制器的应用。

1．船舶动力定位控制系统

船舶动力定位控制系统是一个典型的计算机闭环控制系统，其典型的控制系统框图如图 3-19 所示。其中，船舶是被控对象，其位置与艏向是被控参数，位置与艏向的设定可由操纵手柄或控制计算机的人机界面完成；控制器是整个控制的核心，根据设定值与反馈值的差值，依据控制算法计算出总推力，再经推力分配算法，下达各推进器指令；推进器是执行机构，一条船上通常布置多个推进器；测量与信号处理包含获得船舶的当前位置和艏向的反馈信号以及信号滤波等。

2．船舶动力定位的运动学和动力学模型

为了描述船舶的运动，需要同时建立两个坐标系，如图 3-20 所示，大地坐标系 OX_eY_e 和

随船坐标系 OXY，其中大地坐标系是相对于地球固定的坐标系，随船坐标系是相对于船舶的坐标系。

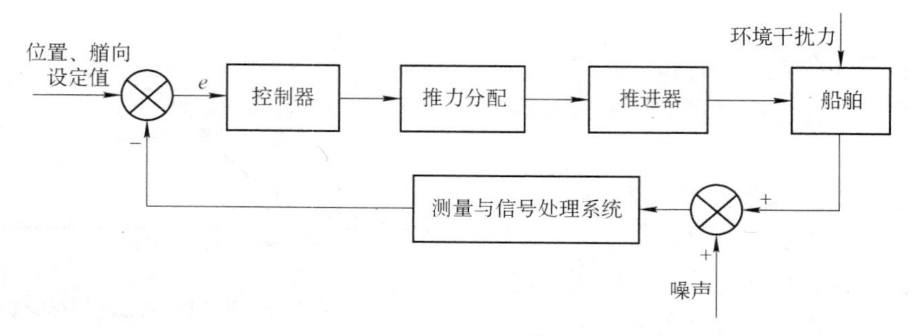

图 3-19　动力定位控制系统框图

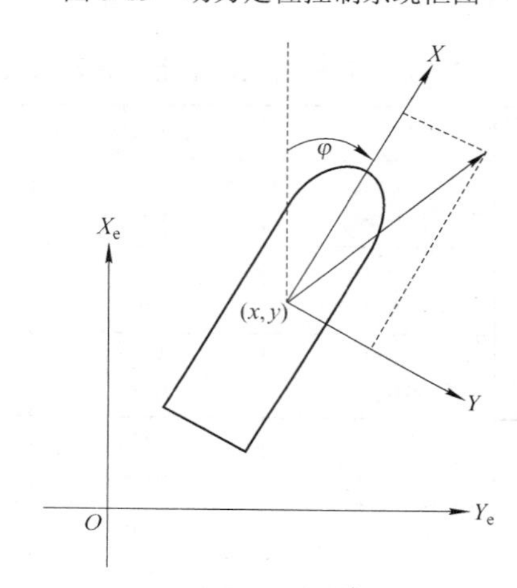

图 3-20　大地坐标系和随船坐标系

定义 $\boldsymbol{\eta}=(x,y,\psi)^{\mathrm{T}}$ 为大地坐标系下船舶位置和艏向角的向量，$\boldsymbol{v}=(u,v,r)^{\mathrm{T}}$ 为随船坐标系下横荡、纵荡、艏向的速度向量，则其运动学和动力学模型为

$$\begin{cases}\dot{\boldsymbol{\eta}}=\boldsymbol{J}(\psi)\boldsymbol{v}\\ \boldsymbol{M}\dot{\boldsymbol{v}}+\boldsymbol{D}\boldsymbol{v}=\boldsymbol{\tau}+\boldsymbol{J}(\psi)\boldsymbol{b}\end{cases} \tag{3-14}$$

式中，$\boldsymbol{J}(\psi)=\begin{pmatrix}\cos\psi & -\sin\psi & 0\\ \sin\psi & \cos\psi & 0\\ 0 & 0 & 1\end{pmatrix}$ 为大地坐标系与随船坐标间的转换矩阵；$\boldsymbol{M}=\begin{pmatrix}m-X_{\dot{u}} & 0 & 0\\ 0 & m-Y_{\dot{v}} & mx_G-Y_{\dot{r}}\\ 0 & mx_G-N_{\dot{v}} & I_z-N_{\dot{r}}\end{pmatrix}$ 为水动力附加质量的惯性矩阵，m 为船舶质量，I_z 为转动惯量，$X_{\dot{u}}$、$Y_{\dot{v}}$、$N_{\dot{r}}$ 分别为船舶纵荡、横荡方向的附加质量和艏摇方向上的附加质量矩，$N_{\dot{v}}$、$Y_{\dot{r}}$ 分别为船舶横荡和艏摇方向耦合而产生的附加质量；$\boldsymbol{D}=\begin{pmatrix}-X_u & 0 & 0\\ 0 & -Y_v & -Y_r\\ 0 & -N_v & -N_r\end{pmatrix}$ 为线性水动力阻尼

系数，X_u、Y_v、N_r、Y_r、N_v 分别为船舶各个方向上的流体动力导数；$\boldsymbol{\tau}$ 为推进系统在纵荡、横荡和艏摇方向的合力和合力矩；$\boldsymbol{b}$ 为包括风、流和二阶波浪力的环境干扰力以及未建模噪声。

3．控制算法

研究船舶动力定位的控制算法很多，但目前实际应用中常采用 PID 算法。将推进器的推力作为外力考虑，计算中依据船舶定位要求与实际位置的偏差对外力不断地调整和变化，得到所需的推力。时刻 k 的推力记为 $\tau(k)$，时刻 $k-1$ 的推力记为 $\tau(k-1)$，两时刻推力的增量 $\Delta\tau(k)=\tau(k)-\tau(k-1)$，则 $\tau(k)=\tau(k-1)+\Delta\tau(k)$。

增量式 PID 控制算法为

$$\Delta\tau(k)=k_c\left\{[e(k)-e(k-1)]+\frac{T}{T_I}e(k)+\frac{T_D}{T}[e(k)-2e(k-1)+e(k-2)]\right\} \tag{3-15}$$

式中，k_c 为比例系数，T_I 为积分时间常数，T_D 为微分时间常数，T 为采样周期，时刻 k、$k-1$、$k-2$ 的偏差分别为 $e(k)$、$e(k-1)$、$e(k-2)$。

实际使用中可将式（3-15）简化为 $\Delta\tau(k)=k_c[d_0e(k)+d_1e(k-1)+d_2e(k-2)]$，其中 $d_0=1+\frac{T}{T_I}+\frac{T_D}{T}$，$d_1=-(1+2\frac{T_D}{T})$，$d_2=\frac{T_D}{T}$。

4．控制仿真与结果

仿真中船舶的水动力附加质量的惯性矩阵 $\boldsymbol{M}=\begin{pmatrix}25.8 & 0 & 0\\ 0 & 33.8 & 1.0115\\ 0 & 1.0115 & 2.76\end{pmatrix}$，线性水动力阻尼系数 $\boldsymbol{D}=\begin{pmatrix}2 & 0 & 0\\ 0 & 7 & 0.1\\ 0 & 0.1 & 0.5\end{pmatrix}$，采样周期 $T=1\text{s}$，比例系数 $\boldsymbol{K}_c=\begin{pmatrix}25.8 & 0 & 0\\ 0 & 33.8 & 1.0115\\ 0 & 1.0115 & 2.76\end{pmatrix}\times0.01$，积分系数 $\boldsymbol{K}_I=\begin{pmatrix}25.8 & 0 & 0\\ 0 & 33.8 & 1.0115\\ 0 & 1.0115 & 2.76\end{pmatrix}\times0.16$，微分系数 $\boldsymbol{K}_D=\begin{pmatrix}25.8 & 0 & 0\\ 0 & 33.8 & 1.0115\\ 0 & 1.0115 & 2.76\end{pmatrix}\times10^{-4}$。起点为（0,0,0），终点为（5,3,0），其中纵荡与横荡的仿真曲线如图 3-21 所示。仿真中干扰取为白噪声。

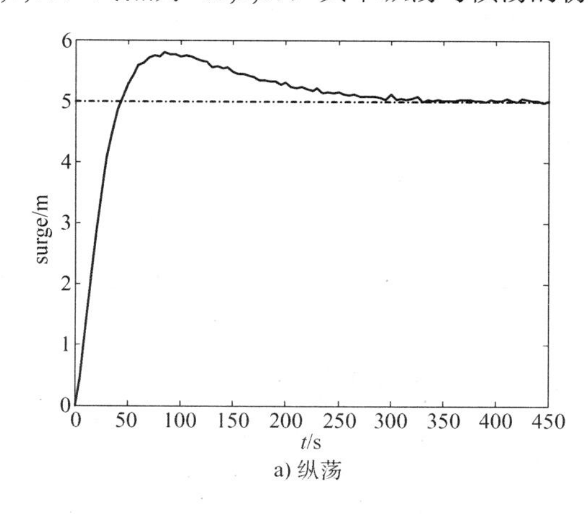

a) 纵荡

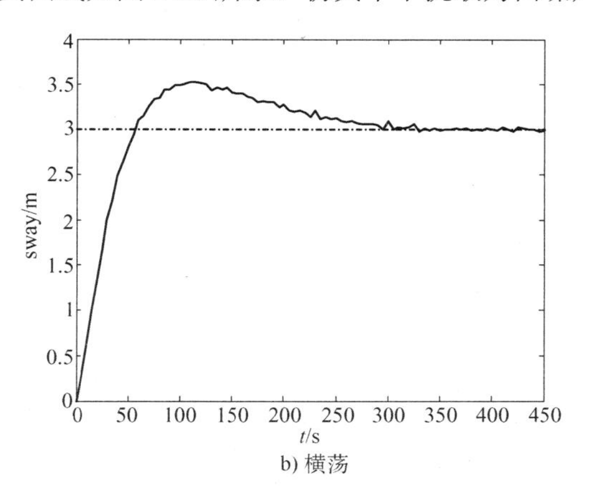

b) 横荡

图 3-21　纵荡与横荡的PID仿真曲线

3.4 纯滞后控制

在工业生产中，许多被控对象含有纯滞后特性。所谓纯滞后是指由于物料、能量或信息的传输过程给对象特性带来的反应滞后现象。一般认为，纯滞后时间 τ 与过程时间常数之比大于 0.5，可以认为该过程具有大纯滞后的控制过程。 大纯滞后对系统的稳定性及其控制性能指标影响较大，一直以来是控制领域应用研究的一个重要课题。

3.4.1 史密斯（Smith）预估控制

史密斯（Smith）预估控制也称为 Smith 补偿。Smith 补偿在大纯滞后工业过程的控制应用中可以取得很好的控制效果。

1. 史密斯预估补偿原理

（1）纯滞后闭环控制系统分析

以图 3-22 为例分析被控对象含纯滞后环节的闭环控制系统，图中 $D(s)$为控制器的传递函数，$G(s)$为被控对象的传递函数。把 $G(s)$表示成不含纯滞后的传递函数 $G_0(s)$和纯滞后的传递函数 $e^{-\tau s}$，τ 为纯滞后时间，即 $G(s)=G_0(s)e^{-\tau s}$。则系统的闭环传递函数为 $W(s)=\dfrac{Y(s)}{R(s)}=\dfrac{D(s)G_0(s)e^{-\tau s}}{1+D(s)G_0(s)e^{-\tau s}}$，$W(s)$ 的分母包含了纯滞后环节，这种纯滞后环节将会降低系统的稳定性，当 τ 足够大时，系统将会是不稳定的。因此，这种串联控制器 $D(s)$很难保证系统得到满意的控制性能。

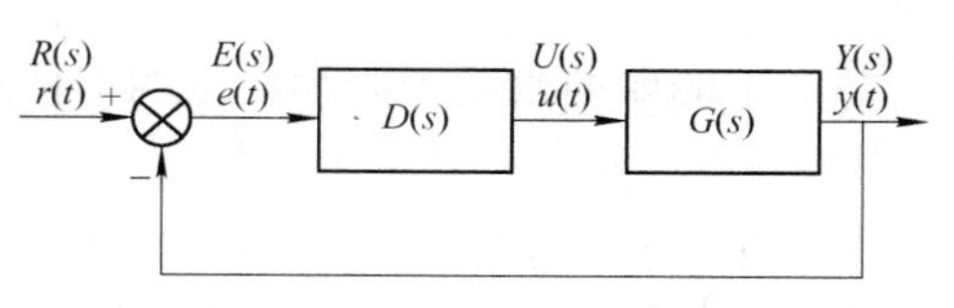

图 3-22 带纯滞后环节的控制系统

（2）预估补偿原理

为改善这类含纯滞后对象的控制质量，引入补偿环节，且与 $D(s)$并联，该补偿器称为预估器。预估器的传递函数为 $G_0(s)(1-e^{-\tau s})$，补偿后的系统框图如图 3-23 所示。

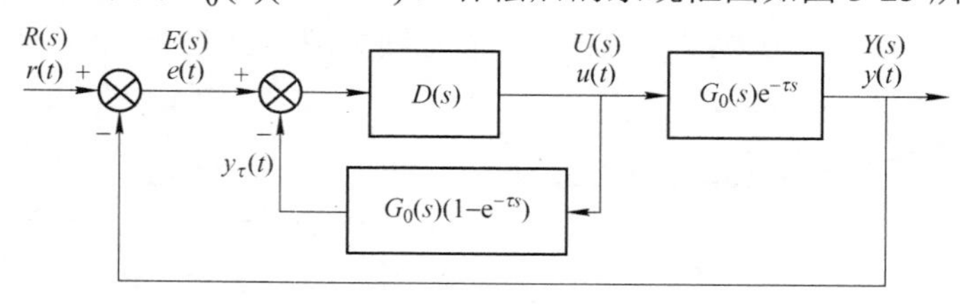

图 3-23 带史密斯预估器的控制系统

图 3-23 中预估器与 $D(s)$共同构成含纯滞后补偿的控制器，此时对应控制器的传递函数 $D_C(s)=\dfrac{U(s)}{E(s)}=\dfrac{D(s)}{1+D(s)G_0(s)(1-e^{-\tau s})}$，因此，含史密斯预估器的控制系统的闭环传递函数 $W(s)=\dfrac{D(s)G_0(s)}{1+D(s)G_0(s)}e^{-\tau s}$，

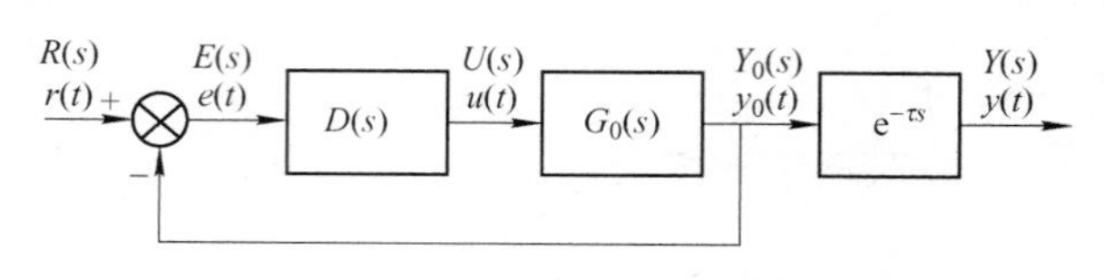

图 3-24 纯滞后补偿闭环环节的控制系统等效图

可以表示成图 3-24 的形式。

由图 3-24 可以看出，经过补偿，纯滞后环节已经在闭环控制回路之外，消除了纯滞后特性对系统性能的不利影响。由拉普拉斯变换的位移定理可知，纯滞后特性只是将 $y_0(t)$ 的时间坐标推移了时间 τ 而得到的 $y(t)$，其形状是完全相同的，如图 3-25 所示。

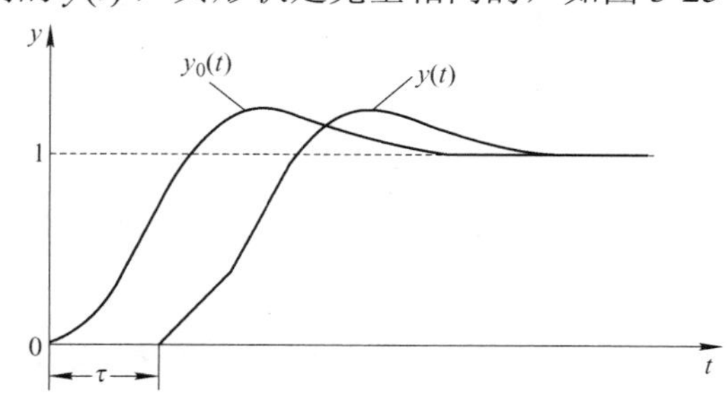

图 3-25　纯滞后补偿闭环控制系统输出特性

2．具有纯滞后补偿的数字控制器

对于被控对象含纯滞后比较显著的数字控制系统采用数字史密斯预估器进行补偿，是一种既简单又经济的方法。采用计算机实现的纯滞后 Smith 补偿器的系统如图 3-26 所示。其中的补偿器如图 3-27 所示，$u(k)$ 为 PID 数字控制器的输出，$q(k)$ 为 Smith 预估器的输出。

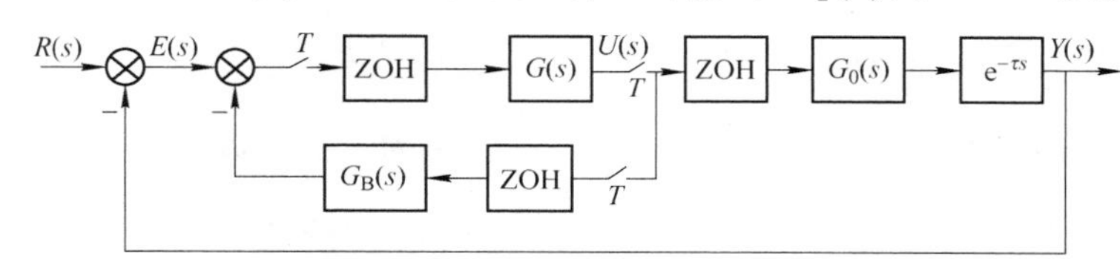

图 3-26　纯滞后补偿闭环计算机控制系统

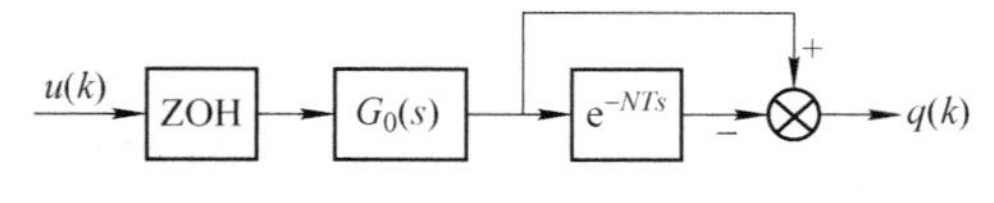

图 3-27　纯滞后补偿器

（1）被控对象为含纯滞后的一阶惯性环节

设被控对象的传递函数为 $G(s)=\dfrac{A\mathrm{e}^{-NTs}}{\tau_1 s+1}$，其中 A 为增益系数，τ_1 为惯性时间常数，NT 为纯滞后时间，N 为整数，则对应的纯滞后补偿器 $D_{\mathrm{B}}(z)$ 表示为

$$D_{\mathrm{B}}(z)=Z\left[\frac{1-\mathrm{e}^{-Ts}}{s}\frac{A}{\tau_1 s+1}(1-\mathrm{e}^{-NTs})\right]=(1-z^{-N})\frac{b_1 z^{-1}}{1-a_1 z^{-1}} \tag{3-16}$$

式中，$a_1=\mathrm{e}^{-T/\tau_1}, b_1=A(1-\mathrm{e}^{-T/\tau_1})$。把 $D_{\mathrm{B}}(z)$ 表示成 $D_{\mathrm{B}}(z)=\dfrac{Q(z)}{U(z)}=\dfrac{Q(z)}{P(z)}\dfrac{P(z)}{U(z)}=(1-z^{-N})\dfrac{b_1 z^{-1}}{1-a_1 z^{-1}}$，令 $\dfrac{Q(z)}{P(z)}=1-z^{-N}$，$\dfrac{P(z)}{U(z)}=\dfrac{b_1 z^{-1}}{1-a_1 z^{-1}}$，则可得纯滞后补偿器的控制算法为

$$\begin{cases}p(k)=a_1 p(k-1)+b_1 u(k-1)\\ q(k)=p(k)-p(k-N)\end{cases} \tag{3-17}$$

（2）被控对象为含纯滞后的二阶惯性环节

设被控对象的传递函数为$G(s)=\dfrac{A\mathrm{e}^{-NTs}}{(\tau_1 s+1)(\tau_2 s+1)}$，其中$A$为增益系数，$\tau_1$、$\tau_2$为惯性时间常数，$NT$为纯滞后时间，$N$为整数，则对应的纯滞后补偿器$D_{\mathrm{B}}(z)$表示为

$$D_{\mathrm{B}}(z)=Z\left[\frac{1-\mathrm{e}^{-Ts}}{s}\frac{A}{(\tau_1 s+1)(\tau_2 s+1)}(1-\mathrm{e}^{-NTs})\right]=(1-z^{-N})\frac{b_1 z^{-1}+b_2 z^{-2}}{1-a_1 z^{-1}-a_2 z^{-2}} \tag{3-18}$$

式中，$a_1=\mathrm{e}^{-T/\tau_1}+\mathrm{e}^{-T/\tau_2}$，$a_2=-\mathrm{e}^{-(T/\tau_1+T/\tau_2)}$，$b_1=A\left(1+\dfrac{\tau_1\mathrm{e}^{-T/\tau_1}-\tau_2\mathrm{e}^{-T/\tau_2}}{\tau_2-\tau_1}\right)$，$b_2=A\left(\mathrm{e}^{-T(1/\tau_1+1/\tau_2)}+\dfrac{\tau_1\mathrm{e}^{-T/\tau_1}-\tau_2\mathrm{e}^{-T/\tau_2}}{\tau_2-\tau_1}\right)$。同样，把$D_{\mathrm{B}}(z)$表示成$D_{\mathrm{B}}(z)=\dfrac{Q(z)}{U(z)}=\dfrac{Q(z)}{P(z)}\dfrac{P(z)}{U(z)}=(1-z^{-N})\dfrac{b_1 z^{-1}+b_2 z^{-2}}{1-a_1 z^{-1}-a_2 z^{-2}}$，令$\dfrac{Q(z)}{P(z)}=1-z^{-N}$，$\dfrac{P(z)}{U(z)}=\dfrac{b_1 z^{-1}+b_2 z^{-2}}{1-a_1 z^{-1}-a_2 z^{-2}}$，则可得纯滞后补偿器的控制算法为

$$\begin{cases}p(k)=a_1 p(k-1)+a_2 p(k-2)+b_1 u(k-1)+b_2 u(k-2)\\ q(k)=p(k)-p(k-N)\end{cases} \tag{3-19}$$

（3）被控对象为含纯滞后的一阶惯性环节与积分环节

设被控对象的传递函数为$G(s)=\dfrac{A\mathrm{e}^{-NTs}}{s(\tau_1 s+1)}$，其中$A$为增益系数，$\tau_1$为惯性时间常数，$NT$为纯滞后时间，$N$为整数，则对应的纯滞后补偿器$D_{\mathrm{B}}(z)$表示为

$$D_{\mathrm{B}}(z)=Z\left[\frac{1-\mathrm{e}^{-Ts}}{s}\frac{A}{s(\tau_1 s+1)}(1-\mathrm{e}^{-NTs})\right]=(1-z^{-N})\frac{b_1 z^{-1}+b_2 z^{-2}}{1-a_1 z^{-1}-a_2 z^{-2}} \tag{3-20}$$

式中，$a_1=1+\mathrm{e}^{-T/\tau_1}$，$a_2=-\mathrm{e}^{-T/\tau_1}$，$b_1=A(T-\tau_1+\tau_1\mathrm{e}^{-T/\tau_1})$，$b_2=A\left(\tau_1-T\mathrm{e}^{-T/\tau_1}-\tau_1\mathrm{e}^{-T/\tau_1}\right)$。同样，把$D_{\mathrm{B}}(z)$表示成$D_{\mathrm{B}}(z)=\dfrac{Q(z)}{U(z)}=\dfrac{Q(z)}{P(z)}\dfrac{P(z)}{U(z)}=(1-z^{-N})\dfrac{b_1 z^{-1}+b_2 z^{-2}}{1-a_1 z^{-1}-a_2 z^{-2}}$，令$\dfrac{Q(z)}{P(z)}=1-z^{-N}$，$\dfrac{P(z)}{U(z)}=\dfrac{b_1 z^{-1}+b_2 z^{-2}}{1-a_1 z^{-1}-a_2 z^{-2}}$，则可得纯滞后补偿器的控制算法为

$$\begin{cases}p(k)=a_1 p(k-1)+a_2 p(k-2)+b_1 u(k-1)+b_2 u(k-2)\\ q(k)=p(k)-p(k-N)\end{cases} \tag{3-21}$$

3．纯滞后信号的产生

由前面的分析可知，纯滞后补偿器的算法中存在$p(k\text{–}N)$项，即存在纯滞后信号，因此，纯滞后信号的产生对实现纯滞后补偿是非常重要的。下面简单介绍产生纯滞后信号的方法。

（1）存储单元法

为产生纯滞后信号，需在计算机内存中开设N+1个存储单元用于存储$p(k)$的历史数据，其中N取大于且最接近τ/T的整数，τ为纯滞后时间，T为采样周期。其存储单元的结构如图3-28所示，$M_0,M_1,\cdots,M_{N-1},M_N$分别存放数据$p(k),p(k-1),\cdots,p(k-N+1),p(k-N)$。在每

次采样读入之前，需要把各个存储单元原有的数据依次移入下一个存储单元，即把 M_{N-1} 中的数据 $p(k-N+1)$ 移入 M_N 单元，成为下一个采样周期内的数据 $p(k-N)$，依次类推，逐个移位，直至把 M_0 中的数据移入 M_1 单元，成为下一个采样周期内的数据 $p(k-1)$，然后把当前的采样值 $p(k)$ 存入单元 M_0。因此，每次在 M_N 单元中的数据就是信号滞后 N 拍的数据 $p(k-N)$。

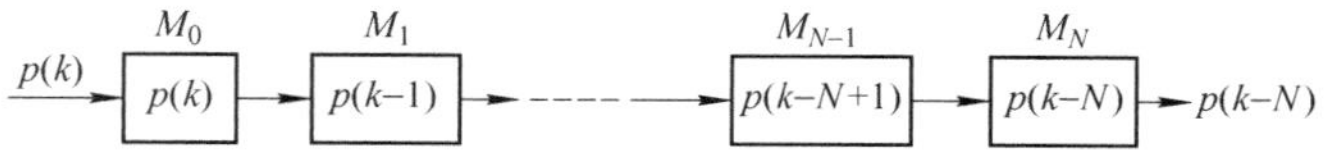

图 3-28　存储单元法产生纯滞后信号

存储单元法的优点是精度高，只要选用适当的存储单元的字长，便可获得足够高的精度。但是，存储单元法需要占用一定的内存容量，而且 N 越大，占用的内存容量就越大。

（2）二项式近似法

纯滞后特性可以用 n 阶的二项式近似表示为 $\mathrm{e}^{-\tau s}=\lim\limits_{n\to\infty}\left[\dfrac{1}{1+\tau s/n}\right]^n$，取 n=2，则有 $\mathrm{e}^{-\tau s}\approx\dfrac{1}{1+0.5\tau s}\dfrac{1}{1+0.5\tau s}$，因此，纯滞后补偿器的 Z 传递函数为 $D_{\mathrm{B}}(z)=Z\left[\dfrac{1-\mathrm{e}^{-Ts}}{s}G_0(s)(1-\dfrac{1}{1+0.5\tau s}\dfrac{1}{1+0.5\tau s})\right]$。

（3）多项式近似法

纯滞后特性可以用多项式近似表示为 $\mathrm{e}^{-\tau s}\approx\dfrac{1+b_1(\tau s)+b_2(\tau s)^2+\cdots+b_m(\tau s)^m}{1+a_1(\tau s)+a_2(\tau s)^2+\cdots+a_m(\tau s)^m}$，取一阶近似 $\mathrm{e}^{-\tau s}=\dfrac{1-0.5\tau s}{1+0.5\tau s}$，取二阶近似 $\mathrm{e}^{-\tau s}=\dfrac{1-0.5\tau s+0.125(\tau s)^2}{1+0.5\tau s+0.125(\tau s)^2}$，因此，二阶多项式纯滞后补偿器的 Z 传递函数为 $D_{\mathrm{B}}(z)=Z\left[\dfrac{1-\mathrm{e}^{-Ts}}{s}G_0(s)(1-\dfrac{1-0.5\tau s+0.125(\tau s)^2}{1+0.5\tau s+0.125(\tau s)^2})\right]$。

4．实现 Smith 补偿控制算法的步骤

1）计算反馈回路的偏差 $e_1(k)=r(k)-y(k)$。

2）针对对象的特性分别按式（3-17）、式（3-19）或式（3-21）计算纯滞后补偿器的输出 $q(k)$。计算顺序：先计算 $p(k)$，再计算 $q(k)=p(k)-p(k-N)$。

3）计算偏差 $e_2(k)=e_1(k)-q(k)$。

4）计算控制器的输出 $u(k)$，若数字控制器采用 PID 控制，则 $u(k)=u(k-1)+\Delta u(k)$，其中 $\Delta u(k)=K_{\mathrm{p}}\left[e_2(k)-e_2(k-1)\right]+K_{\mathrm{I}}e_2(k)+K_{\mathrm{D}}\left[e_2(k)-2e_2(k-1)+e_2(k-2)\right]$。

例 3.6　已知某闭环控制系统的大滞后对象 $G_0(s)=\dfrac{1}{10s+1}\mathrm{e}^{-10s}$，PID 控制器的比例增益和积分增益分别为 1.1 和 0.11。加入史密斯预估器并重新整定参数，比例增益和积分增益分别为 10 和 5。试比较加入史密斯预估器前后控制系统阶跃响应的区别。

解： 采用 MATLAB 仿真，得到加入史密斯预估器前后的系统阶跃响应如图 3-29 所示。从图中可知，经过预估补偿后系统的稳定性和调整时间都有较大程度的改善。

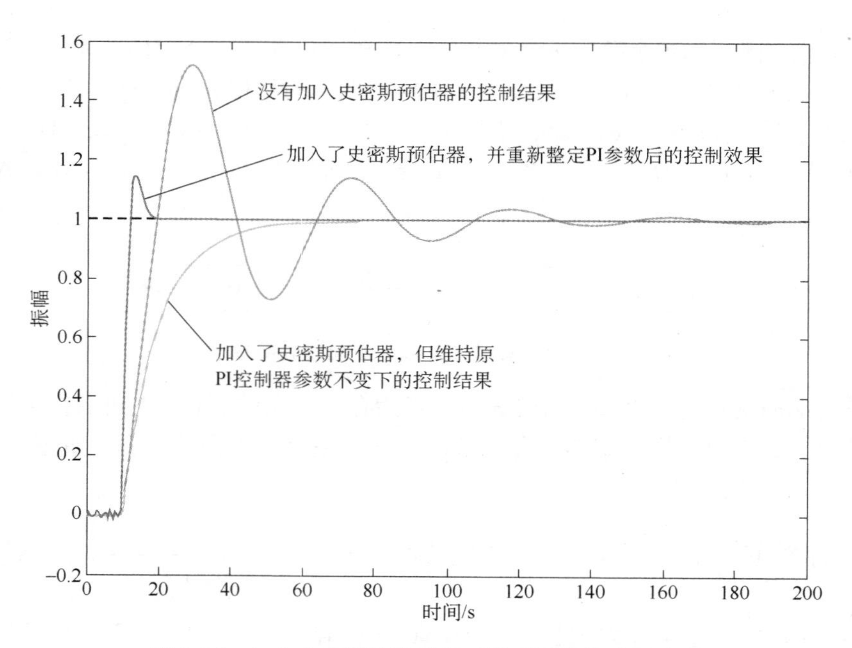

图 3-29　加入史密斯预估器前后控制系统的阶跃响应

3.4.2　大林（Dahllin）算法

大林算法常用来控制具有延迟特性的一阶或二阶工业过程对象。对于一阶惯性对象或二阶惯性对象，大林算法的设计目标：设计一个合适的数字控制器，使闭环传递函数相当于一个纯滞后环节和一个惯性环节的串联，其中纯滞后环节的滞后时间与被控对象的纯滞后时间完全相同，这样既可保证系统的超调量，也可保证系统的稳定性。整个闭环系统的传递函数为$W(s)=\dfrac{\mathrm{e}^{-NTs}}{\tau_{总}s+1}$，其中$\tau_{总}$为整个闭环系统的惯性时间常数。

1．数字控制器的基本形式

假设系统中采用零阶保持器，则与$W(s)$相对应的整个闭环系统的闭环Z传递函数表示为

$$W(z)=Z\left[\frac{1-\mathrm{e}^{-Ts}}{s}\frac{\mathrm{e}^{-NTs}}{\tau s+1}\right]=\frac{(1-\mathrm{e}^{-T/\tau})z^{-(N+1)}}{1-\mathrm{e}^{-T/\tau}z^{-1}} \tag{3-22}$$

由此，可得出大林算法所设计的控制器$D(z)$为

$$D(z)=\frac{W(z)}{[1-W(z)]G(z)}=\frac{(1-\mathrm{e}^{-T/\tau})z^{-(N+1)}}{[1-\mathrm{e}^{-T/\tau}z^{-1}-(1-\mathrm{e}^{-T/\tau})z^{-(N+1)}]G(z)} \tag{3-23}$$

式中，$G(z)=Z\left[\dfrac{1-\mathrm{e}^{-\tau s}}{s}G_0(s)\right]$。因此，针对被控对象的不同形式，要想得到同样性能的系统，就应采用不同的数字控制器$D(z)$。

（1）被控对象为含有纯滞后的一阶惯性环节

设一阶惯性环节传递函数$G_0(s)=\dfrac{A\mathrm{e}^{-NTs}}{\tau_1 s+1}$，则

$$G(z)=Z\left[\frac{1-e^{-Ts}}{s}G_0(s)\right]=Z\left[\frac{A(1-e^{-Ts})e^{-NTs}}{s(\tau_1 s+1)}\right]=\frac{A(1-e^{-T/\tau_1})z^{-(N+1)}}{1-e^{-T/\tau_1}z^{-1}}$$

可得大林算法的数字控制器为

$$D(z)=\frac{W(z)}{[1-W(z)]G(z)}=\frac{(1-e^{-T/\tau})(1-e^{-T/\tau_1}z^{-1})}{A(1-e^{-T/\tau_1})\left[1-e^{-T/\tau}z^{-1}-(1-e^{-T/\tau})z^{-(N+1)}\right]} \tag{3-24}$$

例 3.7 设被控对象含一阶惯性环节传递函数 $G_0(s)=\dfrac{5e^{-Ts}}{0.5s+1}$，希望的闭环传递函数为 $W(s)=\dfrac{e^{-Ts}}{s+1}$，采样周期 $T=0.5\text{s}$，求数字控制器 $D(z)$。

解：根据已知条件并比对前述知识可得 $T=0.5\text{s}, N=1, \tau_1=0.5\text{s}, \tau=1\text{s}, A=5$，则 $D(z)=\dfrac{0.125(1-0.368z^{-1})}{1-0.607z^{-1}-0.393z^{-2}}$。

（2）被控对象为含有纯滞后的二阶惯性环节

设二阶惯性环节传递函数 $G_0(s)=\dfrac{Ae^{-NTs}}{(\tau_1 s+1)(\tau_2 s+1)}$，则

$$G(z)=Z\left[\frac{1-e^{-Ts}}{s}G_0(s)\right]=\frac{A(c_1+c_2z^{-1})z^{-(N+1)}}{(1-e^{-T/\tau_1}z^{-1})(1-e^{-T/\tau_2}z^{-1})}$$

式中，$c_1=1+\dfrac{\tau_1 e^{-T/\tau_1}-\tau_2 e^{-T/\tau_2}}{\tau_2-\tau_1}$，$c_2=e^{-T(1/\tau_1+1/\tau_2)}+\dfrac{\tau_1 e^{-T/\tau_1}-\tau_2 e^{-T/\tau_2}}{\tau_2-\tau_1}$。可得到数字控制器为

$$D(z)=\frac{W(z)}{[1-W(z)]G(z)}=\frac{(1-e^{-T/\tau})(1-e^{-T/\tau_1}z^{-1})(1-e^{-T/\tau_2}z^{-1})}{A(c_1+c_2z^{-1})\left[1-e^{-T/\tau}z^{-1}-(1-e^{-T/\tau})z^{-(N+1)}\right]} \tag{3-25}$$

2．振铃现象及其消除方法

若直接采用前述的大林控制算法构成闭环控制系统，则人们发现数字控制器输出 $U(z)$会以 1/2 采样频率大幅度上下摆动，这种现象称为振铃现象。振铃现象与被控对象的特性、闭环时间常数、采样周期、纯滞后时间的大小等有关。振铃现象中的振荡是衰减的，并且由于被控对象中惯性环节的低通特性，使得这种振荡对系统的输出影响较小，但是振铃现象却会增加执行机构的磨损。因此，在系统设计中，应设法消除振铃现象。

振铃幅度（Ring Amplitude，RA）的定义：在单位阶跃信号的作用下，数字控制器 $D(z)$ 的第 0 次输出与第 1 次输出的差值。

设数字控制器 $D(z)$ 表示为 $D(z)=Az^{-N}\dfrac{1+b_1z^{-1}+b_2z^{-2}+\cdots}{1+a_1z^{-1}+a_2z^{-2}+\cdots}=Az^{-N}Q(z)$，则其输出幅度的变化完全取决于 $Q(z)$。在单位阶跃信号作用下的输出为

$$\frac{Q(z)}{1-z^{-1}}=1+(b_1-a_1+1)z^{-1}+(b_2-a_2+a_1)z^{-2}+\cdots$$

根据振铃幅度的定义，可得 $\text{RA}=1-(b_1-a_1+1)=a_1-b_1$。

例 3.8 设数字控制器$D(z)=\dfrac{1}{1+z^{-1}}$，求振铃幅度 RA。

解： 该数字控制器在单位阶跃信号作用下的输出为

$$U(z)=\frac{1}{1+z^{-1}}\frac{1}{1-z^{-1}}=1+z^{-2}+z^{-4}+\cdots$$

则$\mathrm{RA}=u(0)-u(1)=1-0=1$。

同理，可计算数字控制器分别为$D(z)=\dfrac{1}{1+0.5z^{-1}}$，$D(z)=\dfrac{1}{(1+0.5z^{-1})(1-0.2z^{-1})}$，$D(z)=\dfrac{1-0.5z^{-1}}{(1+0.5z^{-1})(1-0.2z^{-1})}$的振铃幅度 RA。

从计算的结果可以看出，产生振铃现象的原因是数字控制器$D(z)$在z平面上位于$z=-1$附近有极点。当$z=-1$时，振铃现象最严重；单位圆内距离$z=-1$越远，振铃现象越弱。单位圆内右半面的极点会减弱振铃现象，而单位圆内右半面的零点会加剧振铃现象。

（1）被控对象为含有纯滞后的一阶惯性环节的振铃消除方法

在被控对象为含有纯滞后的一阶惯性环节的情况下，前述的大林算法的数字控制器为$D(z)=\dfrac{(1-\mathrm{e}^{-T/\tau})(1-\mathrm{e}^{-T/\tau_1}z^{-1})}{A(1-\mathrm{e}^{-T/\tau_1})[1-\mathrm{e}^{-T/\tau}z^{-1}-(1-\mathrm{e}^{-T/\tau})z^{-(N+1)}]}$，其振铃幅度为$\mathrm{RA}=\mathrm{e}^{-T/\tau_1}-\mathrm{e}^{-T/\tau}$。当$\tau\geqslant\tau_1$时$\mathrm{RA}\leqslant 0$，无振铃现象；当$\tau<\tau_1$时$\mathrm{RA}>0$，有振铃现象。

把数字控制器表示成$D(z)=\dfrac{(1-\mathrm{e}^{-T/\tau})(1-\mathrm{e}^{-T/\tau_1}z^{-1})}{A(1-\mathrm{e}^{-T/\tau_1})\left[1+(1-\mathrm{e}^{-T/\tau})(z^{-1}+z^{-2}+\cdots+z^{-N})(1-z^{-1})\right]}$，可能引起振铃现象的因子是$1+(1-\mathrm{e}^{-T/\tau})(z^{-1}+z^{-2}+\cdots+z^{-N})$，显然，当$N$=0 时，该因子不会引起振铃。当$N$=1 时，则有极点$z=-(1-\mathrm{e}^{-T/\tau})$，如果$\tau<<T$，则$z=-1$，将有严重的振铃现象，令该因子中$z$=1，则此时消除振铃后的数字控制器为$D(z)=\dfrac{(1-\mathrm{e}^{-T/\tau})(1-\mathrm{e}^{-T/\tau_1}z^{-1})}{A(1-\mathrm{e}^{-T/\tau_1})(2-\mathrm{e}^{-T/\tau})(1-z^{-1})}$。当$N$=2 时，则有极点$z=-\dfrac{1}{2}(1-\mathrm{e}^{-T/\tau})\pm\mathrm{j}\dfrac{1}{2}\sqrt{4(1-\mathrm{e}^{-T/\tau})-(1-\mathrm{e}^{-T/\tau})^2}$，$|z|=\sqrt{1-\mathrm{e}^{-T/\tau}}$，因此，当$\tau<<T$时$z\to-\dfrac{1}{2}\mathrm{j}\pm\dfrac{\sqrt{3}}{2}$，$|z|\to 1$，将有严重的振铃现象，令该因子中$z$=1，此时消除振铃后的数字控制器为$D(z)=\dfrac{(1-\mathrm{e}^{-T/\tau})(1-\mathrm{e}^{-T/\tau_1}z^{-1})}{A(1-\mathrm{e}^{-T/\tau_1})(3-2\mathrm{e}^{-T/\tau})(1-z^{-1})}$。如果要消除全部可能引起振铃的因子，则消除振铃后的数字控制器为$D(z)=\dfrac{(1-\mathrm{e}^{-T/\tau})(1-\mathrm{e}^{-T/\tau_1}z^{-1})}{A(1-\mathrm{e}^{-T/\tau_1})(N+1-N\mathrm{e}^{-T/\tau})(1-z^{-1})}$。

（2）被控对象为含有纯滞后的二阶惯性环节的振铃消除方法

在被控对象为含有纯滞后的二阶惯性环节的情况下，按照前述的大林算法求得的数字控制器为$D(z)=\dfrac{(1-\mathrm{e}^{-T/\tau})(1-\mathrm{e}^{-T/\tau_1}z^{-1})(1-\mathrm{e}^{-T/\tau_2}z^{-1})}{A(c_1+c_2z^{-1})[1-\mathrm{e}^{-T/\tau}z^{-1}-(1-\mathrm{e}^{-T/\tau})z^{-(N+1)}]}$，极点$z=-c_2/c_1$，当$T\to 0$时，$z\to-1$，将有严重的振铃现象。振铃幅度为$\mathrm{RA}=\dfrac{c_2}{c_1}-\mathrm{e}^{-T/\tau}+\mathrm{e}^{-T/\tau_1}+\mathrm{e}^{-T/\tau_2}$，当$T\to 0$时，

$RA \to 2$，令引起振铃现象的因子中 z=1，此时消除振铃后的数字控制器为

$$D(z)=\frac{(1-\mathrm{e}^{-T/\tau})(1-\mathrm{e}^{-T/\tau_1}z^{-1})(1-\mathrm{e}^{-T/\tau_2}z^{-1})}{A(1-\mathrm{e}^{-T/\tau_1})(1-\mathrm{e}^{-T/\tau_2})\left[1-\mathrm{e}^{-T/\tau}z^{-1}-(1-\mathrm{e}^{-T/\tau})z^{-(N+1)}\right]}$$

在某种条件下，仍然还可能存在振铃现象，这种可能性取决于因子 $1+(1-\mathrm{e}^{-T/\tau})(z^{-1}+z^{-2}+\cdots+z^{-N})$。如果要消除全部可能引起振铃的因子，则消除振铃后的数字控制器为

$$D(z)=\frac{(1-\mathrm{e}^{-T/\tau})(1-\mathrm{e}^{-T/\tau_1}z^{-1})(1-\mathrm{e}^{-T/\tau_2}z^{-1})}{A(1-\mathrm{e}^{-T/\tau_1})(1-\mathrm{e}^{-T/\tau_2})(N+1-N\mathrm{e}^{-T/\tau})(1-z^{-1})}$$

3．大林算法的模拟化设计

设模拟控制系统如图 3-30 所示，其中被控对象为含纯滞后的一阶或二阶惯性环节。

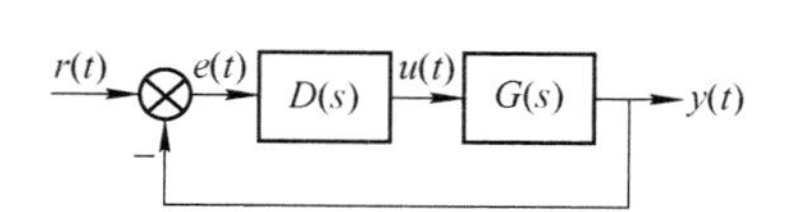

图 3-30　模拟闭环控制系统

设被控对象的传递函数为 $G(s)=\dfrac{k_{\mathrm{p}}\mathrm{e}^{-qs}}{\tau_1 s+1}$ 或 $G(s)=\dfrac{k_{\mathrm{p}}\mathrm{e}^{-qs}}{(\tau_1 s+1)(\tau_2 s+1)}$，其中 k_{p} 为放大倍数；q 为纯滞后时间，则其闭环传递函数为 $W(s)=\dfrac{D(s)G(s)}{1+D(s)G(s)}$，其模拟控制器为 $D(s)=\dfrac{W(s)}{[1-W(s)]G(s)}$。按大林算法的设计目标，希望闭环传递函数为 $W(s)=\dfrac{\mathrm{e}^{-qs}}{\tau s+1}$，当被控对象为含纯滞后的一阶惯性环节时，可得到模拟控制器为 $D(s)=\dfrac{U(s)}{E(s)}=\dfrac{\tau_1 s+1}{k_{\mathrm{p}}(\tau s+1-\mathrm{e}^{-qs})}$，则 $(\tau s+1-\mathrm{e}^{-qs})U(s)=\dfrac{1}{k_{\mathrm{p}}}(\tau_1 s+1)E(s)$，于是，在零初始条件下，得到微分方程：

$$\tau\frac{\mathrm{d}u(t)}{\mathrm{d}t}+u(t)-u(t-q)=\frac{1}{k_{\mathrm{p}}}\left[\tau_1\frac{\mathrm{d}e(t)}{\mathrm{d}t}+e(t)\right] \tag{3-26}$$

为简便起见，设纯滞后时间 q 为采样周期 T 的整数倍，即 $q=NT$，N 为整数。如果采用前向差分来近似微分，采样周期 T 足够小，则可得到差分方程为

$$\frac{\tau}{T}u(k)+\left(1-\frac{\tau}{T}\right)u(k-1)-u(k-N-1)=\frac{1}{k_{\mathrm{p}}}\left[\frac{\tau_1}{T}e(k)+\left(1-\frac{\tau_1}{T}\right)e(k-1)\right] \tag{3-27}$$

取 Z 变换为

$$\frac{\tau}{T}U(z)+\left(1-\frac{\tau}{T}\right)z^{-1}U(z)-z^{-(N+1)}U(z)=\frac{1}{k_{\mathrm{p}}}\left[\frac{\tau_1}{T}E(z)+\left(1-\frac{\tau_1}{T}\right)z^{-1}E(z)\right]$$

得到数字控制器为

$$D(z)=\frac{U(z)}{E(z)}=\frac{\tau_1\left[1-\left(1-\dfrac{T}{\tau_1}\right)z^{-1}\right]}{k_{\mathrm{p}}\tau\left[1-\left(1-\dfrac{T}{\tau}\right)z^{-1}-\dfrac{T}{\tau}z^{-(N+1)}\right]} \tag{3-28}$$

当$T << \tau$时，$e^{-T/\tau} \approx 1 - T/\tau$，当$T << \tau_1$时，$e^{-T/\tau_1} \approx 1 - T/\tau_1$，则可得模拟控制器$D(s)$的离散化形式$D(z)$，也就是说，当采样周期$T$相对于惯性时间足够小时，可以采用此控制算法。实践经验可知，当$T \leqslant 0.2\tau_1$且$T \leqslant 0.4\tau$时，其控制算法就能很好地工作并得到满意的控制性能。

例 3.9 已知被控对象的传递函数为$G(s) = \dfrac{2e^{-Ts}}{0.5s+1}$，期望的闭环传递函数为$W(s) = \dfrac{e^{-Ts}}{0.4s+1}$，采样周期$T$=0.1s，采用模拟化法求$D(z)$。

解： 由已知条件可以得到$k_p = 2$，$N = 1$，$\tau_1 = 0.5s$，$\tau = 0.4s$。由此可以看出，$T = 0.1s \leqslant 0.2\tau_1 = 0.1s$且$T = 0.1s \leqslant 0.4\tau = 0.16s$。因此，可求出数字控制器$D(z)$为

$$D(z) = \frac{0.625(1 - 0.8z^{-1})}{(1 - z^{-1})(1 + 0.125z^{-1})}$$

4. 大林算法与 PID 算法间的关系

PID 算法中的数字控制器$D(z)$的形式为

$$D(z) = \frac{U(z)}{E(z)} = K_P\left[1 + \frac{T}{T_I}\frac{1}{1 - z^{-1}} + \frac{T_D}{T}(1 - z^{-1})\right] \tag{3-29}$$

若被控对象为含有纯滞后的一阶惯性环节，则在大林算法中消除振铃后的数字控制器为

$$D(z) = \frac{(1 - e^{-T/\tau})}{k(e^{T/\tau_1} - 1)(N + 1 - Ne^{-T/\tau})}\left(1 + \frac{e^{T/\tau_1} - 1}{1 - z^{-1}}\right) \tag{3-30}$$

比较式（3-29）与式（3-30）可得

$$\begin{cases} K_P = \dfrac{(1 - e^{-T/\tau})}{k(e^{T/\tau_1} - 1)(N + 1 - Ne^{-T/\tau})} \\ T_I = \dfrac{T}{e^{T/\tau_1} - 1} \end{cases} \tag{3-31}$$

若被控对象为含有纯滞后的二阶惯性环节，则在大林算法中消除振铃后的数字控制器为

$$D(z) = \frac{(1 - e^{-T/\tau})(e^{T/\tau_1} + e^{T/\tau_2} - 2)}{k(e^{T/\tau_1} - 1)(e^{T/\tau_2} - 1)(N + 1 - Ne^{-T/\tau})}\left[1 + \frac{(e^{T/\tau_1} - 1)(e^{T/\tau_2} - 1)}{(e^{T/\tau_1} + e^{T/\tau_2} - 2)(1 - z^{-1})} + \frac{1 - z^{-1}}{e^{T/\tau_1} + e^{T/\tau_2} - 2}\right] \tag{3-32}$$

比较式（3-29）与式（3-32）可得

$$\begin{cases} K_P = \dfrac{(1 - e^{-T/\tau})(e^{T/\tau_1} + e^{T/\tau_2} - 2)}{k(e^{T/\tau_1} - 1)(e^{T/\tau_2} - 1)(N + 1 - Ne^{-T/\tau})} \\ T_I = \dfrac{T(e^{T/\tau_1} + e^{T/\tau_2} - 2)}{(e^{T/\tau_1} - 1)(e^{T/\tau_2} - 1)} \\ T_D = \dfrac{T}{(e^{T/\tau_1} + e^{T/\tau_2} - 2)} \end{cases} \tag{3-33}$$

由此可见，如果大林算法数字控制器$D(z)$中，只保留一个z=1 极点，而其余的极点都作

为可能引起振铃的极点被取消，就可得到典型的 PID 控制算法。如果按照不同对象的具体情况，有分析地取消振铃极点，那么大林算法就能够得到比 PID 算法更好的控制效果。因此，对于被控对象含有较大纯滞后时间的系统，通常不使用 PID 控制，而采用大林算法。

当然，在了解大林算法与 PID 算法关系的基础上，可以通过大林算法进行 PID 控制器参数的整定。利用当 $x \to 0$ 时，e^x 可用 $1+x$ 表示，则当采样周期 T 足够小时，式（3-31）与式（3-33）分别可写成式（3-34）和式（3-35）。

$$\begin{cases} K_P = \dfrac{T/\tau}{k(T/\tau_1)(1+NT/\tau)} = \dfrac{\tau_1}{k(\tau+q)} \\ T_I = \dfrac{T}{T/\tau_1} = \tau_1 \end{cases} \tag{3-34}$$

式中，$q=NT$。

$$\begin{cases} K_P = \dfrac{(T/\tau)(T/\tau_1+T/\tau_2)}{k(T/\tau_1)(T/\tau_2)(1+NT/\tau)} = \dfrac{\tau_1+\tau_2}{k(\tau+q)} \\ T_I = \dfrac{T(T/\tau_1+T/\tau_2)}{(T/\tau_1)(T/\tau_2)} = \tau_1+\tau_2 \\ T_D = \dfrac{T}{(T/\tau_1+T/\tau_2)} = \dfrac{\tau_1\tau_2}{\tau_1+\tau_2} \end{cases} \tag{3-35}$$

由式（3-34）与式（3-35）可知，大林算法用于整定 PI 或 PID 控制器的参数时，如果含纯滞后的被控对象的传递函数已知，即 k、τ_1、τ_2、q 已知，则可直接计算出 T_I 和 T_D，且与 τ 无关，不必再变动，只需对 τ 和 K_P 进行调试和选择即可。

5．Dahllin 算法和 Smith 预估控制的比较

1）两种算法均可用来克服对象的大纯滞后影响。

2）两种算法都要预先得知对象的结构和参数。

3）Dahllin 算法适用于 $G_0(s)=\dfrac{Ae^{-NTs}}{\tau_1 s+1}$、$G_0(s)=\dfrac{Ae^{-NTs}}{(\tau_1 s+1)(\tau_2 s+1)}$ 两种特定结构对象，而 Smith 控制对结构无特殊要求。

4）Dahllin 算法用离散化设计方法时，可由闭环传递函数和已知对象直接求控制器。

5）Smith 算法用模拟化设计方法时，先由补偿器将对象改造为无纯滞后，然后再针对等效对象设计相应的控制器。

3.5　串级控制

串级控制是一种工程中应用非常广泛的提高控制质量的有效方法。在串级控制系统中包含多个控制器和一个执行机构，控制器之间是串联的，前一个控制器的输出作为后一个控制器的给定值，而执行机构是由最后一个控制器控制的。

3.5.1　串级控制系统的结构和特点

串级控制是在单参数、单回路 PID 调节的基础上发展起来的一种控制方式。它可以较简易地解决几个因素影响同一个被控变量的相关问题，在结构上以双闭环为主要特征，适用于具有容量滞后较大、干扰因素较多、干扰比较大等特点的生产对象，也可用于带有一定非线性的对象。

1．串级控制系统的结构

典型的串级控制系统的结构如图 3-31 所示。在串级控制系统中，有主回路、副回路之分。主回路一般仅一个，而副回路可以是一个或多个。

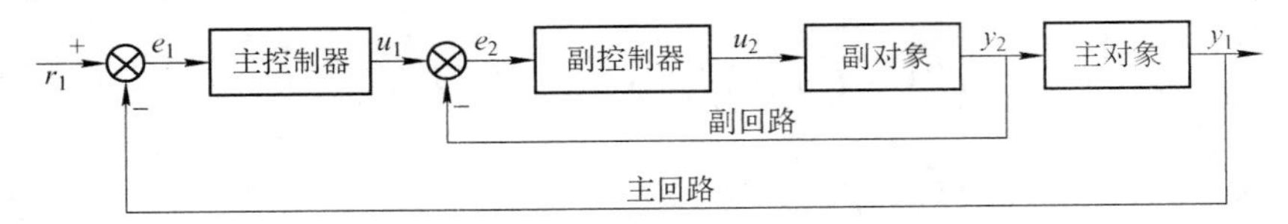

图 3-31　串级控制系统结构

串级控制系统结构中的主要名词如下：

主被控变量：在串级控制系统中起主导作用的被控变量，也是控制系统中的重要操作参数。

副被控变量：为稳定主被控变量而引入的中间辅助变量，也是影响主被控变量的重要参数。

主控制器：在串级系统中起主导作用的控制器，按主被控变量与其给定值的差值进行控制，其输出作为副控制器的给定值。

副控制器：在串级系统中起辅助作用的控制器，按所测的副被控变量与主控制器输出之间的差值进行控制，其输出直接作用于执行机构。

主对象：系统中所要控制的，由主被控变量表征其主要特性的生产过程或设备。

副对象：影响主被控变量的，由副被控变量表征其主要特性的辅助生产过程或设备。

副回路：包括副控制器、副对象、执行机构以及相应检测环节构成的闭环回路。

主回路：也称主环或外环，即整个串级控制系统，包括主控制器、主对象、副回路以及主检测环节。

2．串级控制系统的特点

设图 3-31 所示串级控制系统中主控制器的传递函数为 $D_1(s)$，副控制器的传递函数为 $D_2(s)$，主对象的传递函数为 $G_1(s)$，副对象的传递函数为 $G_2(s)$，则

副回路闭环传递函数 $\Phi_2(s)$：

$$\Phi_2(s)=\frac{Y_2(s)}{U_1(s)}=\frac{D_2(s)G_2(s)}{1+D_2(s)G_2(s)}$$

主回路闭环传递函数 $\Phi_1(s)$：

$$\begin{aligned}\Phi_1(s)=\frac{Y_1(s)}{R_1(s)}&=\frac{D_1(s)\Phi_2(s)G_1(s)}{1+D_1(s)\Phi_2(s)G_1(s)}\\&=\frac{D_1(s)D_2(s)G_1(s)G_2(s)}{1+D_2(s)G_2(s)+D_1(s)D_2(s)G_1(s)G_2(s)}\end{aligned}$$

串级控制系统的主要特点如下：

1）减小副回路的等效时间常数，增加副回路的等效放大倍数，使副回路抗干扰的能力增

强，可迅速克服进入副回路的干扰。

2）提高系统的工作频率，缩短振荡周期，改善系统动态特性。

3）减小副控制器内各环节参数的灵敏度，增强对负荷及操作条件变化的适应能力。

4）可实现多种控制方式的选择，如串级、主回路和副回路之间的灵活切换。

3.5.2　串级控制算法

串级控制系统应用数字计算机实现的系统框图如图 3-32 所示。图中 $D_1(z)$、$D_2(z)$ 分别为主控制器和副控制器，$G_1(s)$、$G_2(s)$ 分别为系统主对象和副对象，$H_0(s)$ 为零阶保持器，T_1、T_2 分别为主回路和副回路的采样周期。

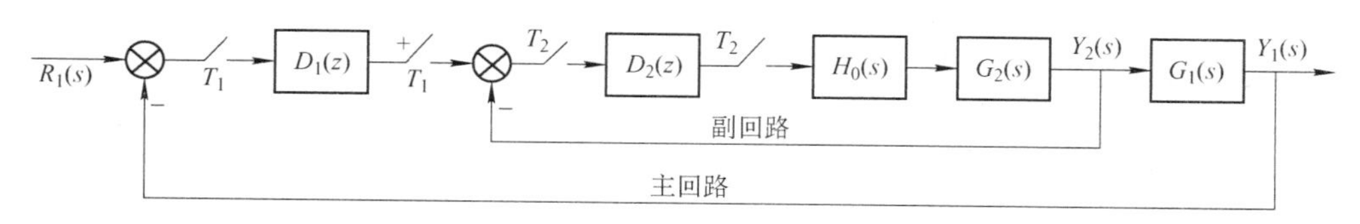

图 3-32　串级计算机控制系统框图

若主、副控制器采用 PID 控制规律，则串级控制算法的计算步骤如下：

1）计算主回路的偏差 $e_1(k)$：

$$e_1(k) = r_1(k) - y_1(k)$$

式中，$r_1(k)$ 为主回路的设定值，$y_1(k)$ 为主回路的被控参数。

2）计算主回路控制算式的增量输出 $\Delta u_1(k)$：

$$\Delta u_1(k) = K_{\rm P}\left[\Delta e_1(k)\right] + K_{\rm I}e_1(k) + K_{\rm D}\left[\Delta e_1(k) - \Delta e_1(k-1)\right]$$

式中，$K_{\rm P}$ 为主回路比例系数，$K_{\rm I}$ 为主回路积分系数，$K_{\rm D}$ 为主回路微分系数。

3）计算主回路控制算式的位置输出 $u_1(k)$：$u_1(k) = u_1(k-1) + \Delta u_1(k)$。

4）计算副回路的偏差 $e_2(k)$：$e_2(k) = u_1(k) - y_2(k)$。

5）计算副回路控制算式的增量输出 $\Delta u_2(k)$（$\Delta u_2(k)$ 为作用于阀门的控制增量）：

$$\Delta u_2(k) = K'_{\rm P}\left[\Delta e_2(k)\right] + K'_{\rm I}e_2(k) + K'_{\rm D}\left[\Delta e_2(k) - \Delta e_2(k-1)\right]$$

式中，$K'_{\rm P}$ 为副回路比例系数，$K'_{\rm I}$ 为副回路积分系数，$K'_{\rm D}$ 为副回路微分系数。

6）计算副回路控制算式的位置输出 $u_2(k)$：$u_2(k) = u_2(k-1) + \Delta u_2(k)$。

3.5.3　串级控制系统的设计

1．主参数与副参数的选择

凡直接或间接与生产过程运行性能密切相关并可直接测量的工艺参数均可选择作为主参数。在条件许可的情况下可以选用质量指标作为主参数，否则应选用一个与产品质量有单值函数关系的参数作为主参数，同时选用的主参数必须具有足够的灵敏度且符合工艺过程的合理性。在选择副参数时，必须注意主、副过程时间常数的匹配问题。

2．串级控制系统设计的基本原则

1）应尽可能多地将系统的主要干扰包含在副回路内，充分发挥串级系统副回路对干扰的抑制能力，提高系统的控制性能。

2）应尽量使副回路具有较小的时间常数，加快系统的反应速度，减少控制过渡过程的调整时间。

3）副参数的选择要考虑到工艺的合理性和经济性。

3．串级控制系统控制规律的选择

主控制器的控制规律：为保证稳态误差指标，需要增加积分控制。有时为了系统反应灵敏、动作迅速，也可以考虑加入微分控制。因此，主控制器应有 PI 或 PID 控制规律。

副控制器的控制规律：因为副参数一般都是为了保证主参数的控制指标而选取的一个中间变量，对其的控制要求不高，一般也不会要求无误差，因此，副控制器通常选用纯比例控制规律。当遇到流量、压力等参数控制的副控制器比例系数不能调得太大时，也需要采用 PI 控制算法，但副控制器一般不用 PID 控制算法。

4．串级控制系统的整定

串级控制系统的主副控制器串联在同一系统中工作，二者之间相互影响，所以串级控制系统的整定要比单回路系统的整定困难。工程中串级控制器整定的方法都是按先副回路，后主回路的整定顺序，由内而外逐步完成的。常用的整定方法如下：

1）一步法：定副调主。根据经验确定一个固定的纯比例副控制器的比例系数，再按一般方法整定主控制器。

2）两步法：先副后主。首先将主控制器调节成比例系数为 1 的纯比例控制器，按常规方法整定副控制器；然后固定副控制器的控制参数不变，按常规方法整定主控制器。

3）逐步逼近法：先副后主。首先将主控制回路断开，整定副控制器参数；然后闭合主回路，整定主回路参数；最后再整定主、副控制器参数，直到控制品质满足要求为止。

3.6　前馈-反馈控制

3.6.1　前馈-反馈控制的概念

反馈控制是按偏差进行校正的控制方式。前馈控制又称扰动补偿控制，它是以干扰量的变化直接产生控制作用。当影响被控参数的干扰一出现，控制器就直接根据所测得扰动的大小和方向按一定规律去控制，以抵消该扰动量对被控参数的影响。与反馈控制相比，前馈控制对被控参数因干扰作用而产生偏差的纠正要及时得多。

前馈-反馈控制是把前馈控制与反馈控制相结合，既能发挥前馈控制对扰动的补偿，又能保留反馈控制对偏差的控制作用。

3.6.2　前馈-反馈控制系统的原理和结构

换热器是一种常用的传热设备，它的滞后较大。本小节以换热器为例说明前馈-反馈控制系统的原理和结构。图 3-33a 是一种换热器前馈温度控制系统示意图，图中的 FC 称为前馈控制器或扰动补偿器，它直接根据物料 Q 的变化，即被加热物料进料的流量变化控制热蒸汽调节阀的开度。FC 可以在干扰发生的同时发出控制命令，控制作用的强弱取决于其算法中的参数。前馈控制的特点如下：

1）前馈控制是一种开环控制，前馈控制器根据干扰的变化产生相应的控制作用，系统没有对被控参数进行检测反馈。

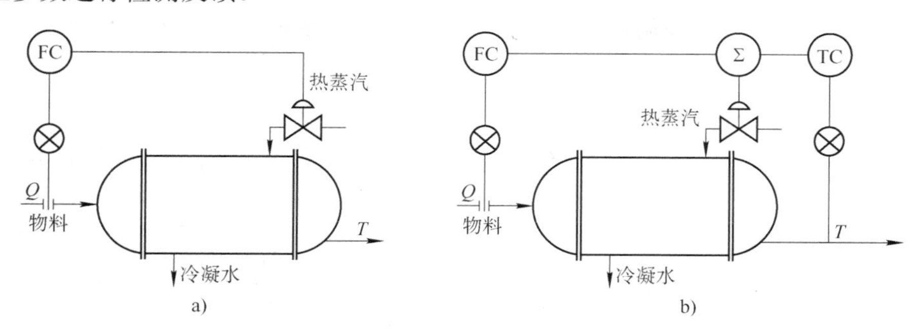

图 3-33　换热器温度控制系统示意图

2）前馈控制在干扰变化的同时就会产生相应的控制，不需要等到系统产生偏差，因此控制比较及时，从而使控制质量得到改善。

3）前馈控制器运用的是干扰的补偿运算，针对不同过程对象，前馈控制器的具体调节规律应不同。

4）每个前馈控制器只能针对一个干扰量完成补偿，需要过程通道的准确动态特性。

5）前馈控制适用于系统主要干扰较大、较频繁，对象控制通道滞后较大的场合。

理论上前馈控制可以实现对被控参数的完全补偿，但在实际工程应用中，由于数学模型的简化、实际工况的变化、对象特性的漂移等原因，使其未必能够得到完全理想的效果。而且，这种控制方法的缺陷是对不是主要干扰的其他扰动的变化不产生任何控制作用。因此，在工程上常使用前馈-反馈控制。图 3-33b 是一种换热器前馈-反馈温度控制系统示意图，它在前馈控制的基础上增加了对被控参数的检测和根据被控参数的偏差进行的控制作用，从而克服了系统中的其他干扰影响以及其他情况引起的误差。图 3-34 给出了该前馈-反馈温度控制系统的框图，加热蒸汽通过换热器与排管内的被加热液料进行热交换，保证液料出口温度 T 维持某一定值。

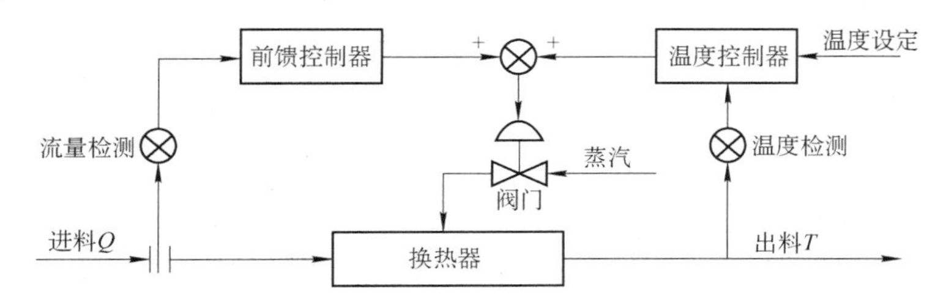

图 3-34　换热器前馈-反馈控制框图

前馈控制的典型结构如图 3-35 所示，图中 $D_n(s)$ 是前馈控制器传递函数，$G(s)$ 是被控对象传递函数，$G_n(s)$ 是扰动通道传递函数，n、u、y 分别是扰动量、控制量和被控量、为了便于分析扰动量的影响，假设 $u_1=0$，则有 $Y(s)=Y_1(s)+Y_2(s)=[D_n(s)G(s)+G_n(s)]N(s)$。显然，完全补偿的条件是当 $N(s)\neq 0$ 时，$Y(s)=0$，即 $D_n(s)G(s)+G_n(s)=0$，则前馈控制补偿器的传递函数应为 $D_n(s)=-\dfrac{G_n(s)}{G(s)}$。

前馈-反馈控制的典型结构如图 3-36 所示。由图可知，前馈-反馈控制是在反馈控制的基础上，增加了一个扰动的前馈控制，图中 r 为给定值，$D(s)$ 是反馈控制器的传递函数。由于完全补偿的条件不变，因此前馈控制补偿器的传递函数仍为 $D_n(s)=-\dfrac{G_n(s)}{G(s)}$。

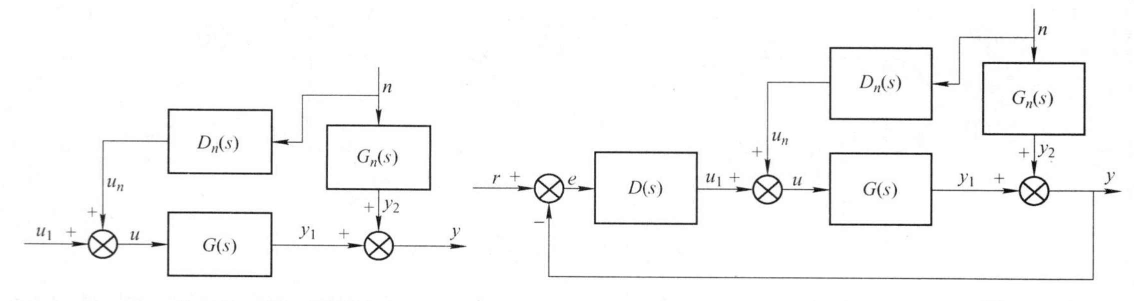

图 3-35　前馈控制典型结构框图　　　图 3-36　前馈-反馈控制典型结构框图

3.6.3　数字前馈-反馈控制算法

图 3-37 是计算机前馈-反馈控制系统框图，图中 T 为采样周期，$D_n(z)$ 为前馈控制器，$D(z)$ 为反馈控制器，$H(s)$ 为零阶保持器。$D_n(z)$ 和 $D(z)$ 由计算机实现。

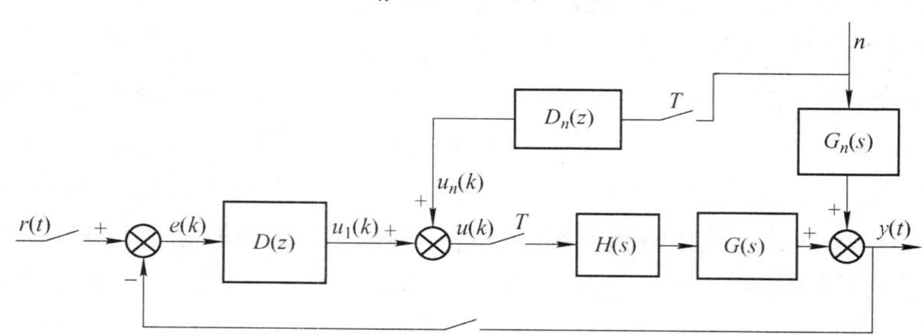

图 3-37　计算机前馈-反馈控制系统框图

若 $G_n(s)=\dfrac{A_1\mathrm{e}^{-\tau_1 s}}{T_1 s+1}$，$G(s)=\dfrac{A_2\mathrm{e}^{-\tau_2 s}}{T_2 s+1}$，令 $\tau=\tau_1-\tau_2$，则 $D_n(s)=\dfrac{U_n(s)}{N(s)}=A_\mathrm{f}\dfrac{s+\dfrac{1}{T_2}}{s+\dfrac{1}{T_1}}\mathrm{e}^{-\tau s}$，其中 $A_\mathrm{f}=-\dfrac{K_1T_2}{K_2T_1}$。对应前馈控制器的微分方程为 $\dfrac{\mathrm{d}u_n(t)}{\mathrm{d}t}+\dfrac{1}{T_1}u_n(t)=A_\mathrm{f}\left[\dfrac{\mathrm{d}n(t-\tau)}{\mathrm{d}t}+\dfrac{1}{T_2}n(t-\tau)\right]$。当采样周期 T 足够短且纯滞后时间 τ 是采样周期 T 的整数倍时，可以由微分方程推出差分方程，即 $u_n(k)=A_1u_n(k-1)+B_mn(k-m)+B_{m+1}n(k-m+1)$，其中 $A_1=\dfrac{T_1}{T+T_1}$，$B_m=K_\mathrm{f}\dfrac{T_1(T+T_2)}{T_2(T+T_1)}$，$B_{m+1}=-K_\mathrm{f}\dfrac{T_1}{T+T_1}$。在此基础上，结合图 3-37 可以得到计算机前馈-反馈控制算法的步骤：

1）计算反馈控制的偏差 $e(k)=r(k)-y(k)$；

2）计算反馈控制器（如采用 PID 算法）的输出 $u_1(k)=u_1(k-1)+\Delta u_1(k)$，$\Delta u_1(k)=K_\mathrm{P}\Delta e(k)+K_\mathrm{I}\Delta e(k)+K_\mathrm{D}\left[e(k)-2e(k-1)+e(k-2)\right]$；

3）计算前馈控制器的输出 $u_n(k)=u_n(k-1)+\Delta u_n(k)$，$\Delta u_n(k)=A_1\Delta u_n(k-1)+B_m\Delta n(k-m)+B_{m+1}\Delta n(k-m+1)$；

4）计算前馈-反馈控制器的输出 $u(k)=u_n(k)+u_1(k)$。

3.7　解耦控制

在早期的过程控制中，着重于单回路、单变量的调节，变量间的相互关联问题考虑得较少。随着炼油、化工、轧钢等生产过程的迅速发展，对过程控制的要求越来越高，在一个生产设备中可能需要设置若干个控制回路以稳定各个被控变量，而且多个控制回路之间也可能存在着相互关联、相互耦合情况，因而构成了多输入多输出的耦合控制系统。

3.7.1　耦合控制系统

1．2 输入 2 输出耦合控制系统

图 3-38 所示的某锅炉液位和蒸汽压力控制系统存在着耦合关系。

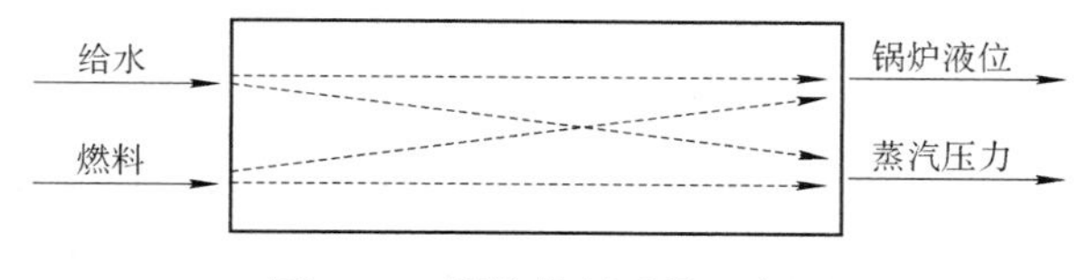

图 3-38　锅炉控制系统示意图

锅炉控制系统中，液位系统的液位是被控量，给水量是控制变量；蒸汽压力系统的蒸汽压力是被控量，燃料是控制变量。这两个系统之间存在着耦合关系，例如，当蒸汽负荷增加时，会使液位下降，压力下降，进而造成给水量增加，燃料量增加；而当蒸汽负荷减少时，会使液位升高，压力增加，进而造成给水量减少，燃料量减少。

这个例子可用图 3-39 描述，图 3-39 即是 2 输入 2 输出耦合控制系统框图。图中 $R_1(s)$ 和 $R_2(s)$ 是给定值，$Y_1(s)$ 和 $Y_2(s)$ 是被控量，$U_1(s)$ 不仅对 $Y_1(s)$ 有影响而且对 $Y_2(s)$ 有影响，同样 $U_2(s)$ 不仅对 $Y_2(s)$ 有影响而且对 $Y_1(s)$ 有影响。

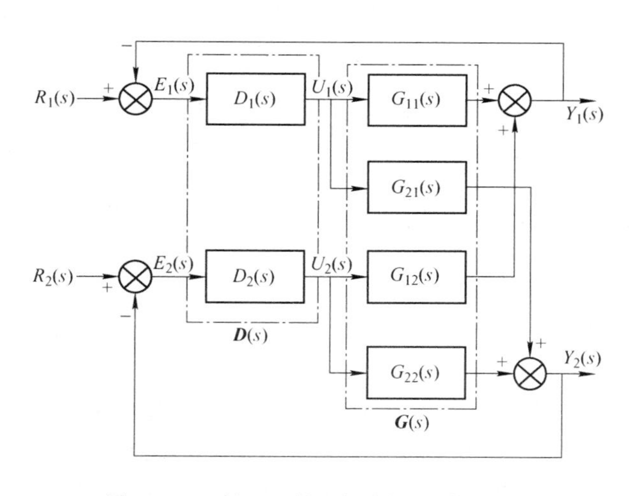

图 3-39　2 输入 2 输出耦合控制系统框图

被控对象的传递函数矩阵 $\boldsymbol{G}(s)=\begin{pmatrix} G_{11}(s) & G_{12}(s) \\ G_{21}(s) & G_{22}(s) \end{pmatrix}$，被控对象输入输出之间的传递关系为

$\begin{pmatrix} Y_1(s) \\ Y_2(s) \end{pmatrix}=\boldsymbol{G}(s)\begin{pmatrix} U_1(s) \\ U_2(s) \end{pmatrix}$，而 $\begin{pmatrix} U_1(s) \\ U_2(s) \end{pmatrix}=\begin{pmatrix} D_1(s) & 0 \\ 0 & D_2(s) \end{pmatrix}\begin{pmatrix} E_1(s) \\ E_2(s) \end{pmatrix}=\boldsymbol{D}(s)\begin{pmatrix} E_1(s) \\ E_2(s) \end{pmatrix}$，称 $\boldsymbol{D}(s)$ 为控制矩阵。

2．多输入多输出耦合控制系统

输入输出量大于 2 个的耦合控制系统称为多输入多输出耦合控制系统。输入用矩阵 $\boldsymbol{R}(s)$ 表示，输出用矩阵 $\boldsymbol{Y}(s)$ 表示，控制矩阵为 $\boldsymbol{D}(s)$，被控对象传递函数矩阵为 $\boldsymbol{G}(s)$。图 3-40 是多输入多输出耦合控制系统框图。

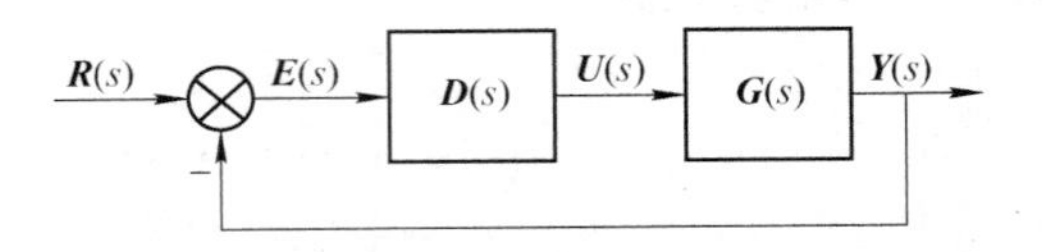

图 3-40　多输入多输出耦合控制系统框图

图 3-40 所示多输入多输出控制系统的开环传递函数矩阵为 $\boldsymbol{G}_{\mathrm{k}}(s)=\boldsymbol{G}(s)\boldsymbol{D}(s)$，闭环传递函数矩阵为 $\boldsymbol{\Phi}(s)=\left[\boldsymbol{I}+\boldsymbol{G}_{\mathrm{k}}(s)\right]^{-1}\boldsymbol{G}_{\mathrm{k}}(s)$，其中 $\boldsymbol{I}$ 为单位阵。

3．解耦条件

耦合控制系统中由于耦合的存在使得系统的性能很差，过程长久不能稳定。解耦条件是系统的闭环传递函数矩阵 $\boldsymbol{\Phi}(s)$ 为对角矩阵。即当 $\boldsymbol{\Phi}(s)=\begin{pmatrix} \Phi_{11}(s) & 0 & \cdots & 0 \\ 0 & \Phi_{22}(s) & \cdots & 0 \\ \vdots & \vdots & & \vdots \\ 0 & 0 & \cdots & \Phi_{nn}(s) \end{pmatrix}$ 时，这个多变量控制系统中各个控制回路之间是相互独立的。

3.7.2　解耦控制原理

解耦控制的主要目标是通过设计解耦补偿装置，使各个控制器只对各自相应的被控量施加控制作用，消除回路间的相互影响。图 3-41 所示的 2 输入 2 输出耦合系统之间的相互影响，是由于控制对象 $\boldsymbol{G}(s)$中的 $G_{12}(s)$和 $G_{21}(s)$不为零所产生的，为了消除耦合的影响，需要引入一个解耦控制器 $\boldsymbol{F}(s)$，使得其闭环传递函数矩阵为对角阵。

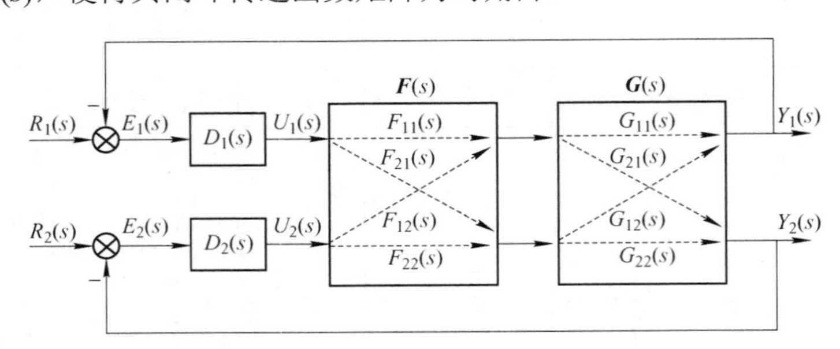

图 3-41　2 输入 2 输出解耦控制系统

解耦控制器 $\boldsymbol{F}(s)$由 $F_{11}(s)$、$F_{12}(s)$、$F_{21}(s)$和 $F_{22}(s)$组成。解耦控制器的作用就是要通过 $F_{21}(s)$使得控制器 $D_1(s)$的输出 $U_1(s)$只控制 $Y_1(s)$，而不影响 $Y_2(s)$；同样，通过 $F_{12}(s)$使得控制器 $D_2(s)$的输出 $U_2(s)$只控制 $Y_2(s)$，而不影响 $Y_1(s)$。经过解耦以后，构成两个相互独立的无耦合影响的系统，解耦后的等效图如图 3-42 所示。

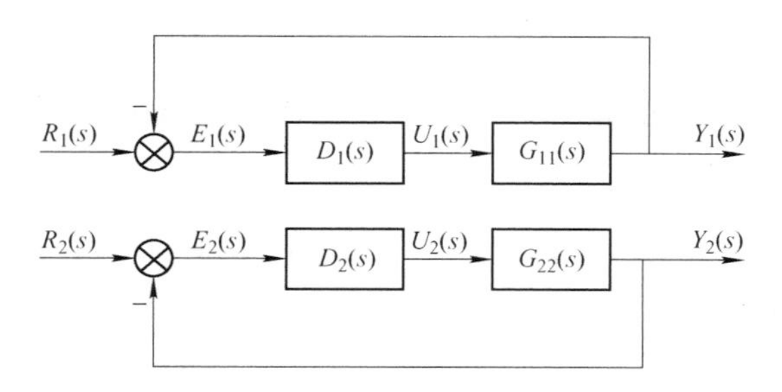

图 3-42　等效的解耦控制系统

多变量的解耦原理与 2 变量的类同，最终保证系统的闭环传递函数矩阵是一个对角矩阵，在此不再复述。

3.7.3　数字解耦控制算法

以 2 输入 2 输出耦合系统为例说明数字解耦控制算法。当采用计算机控制时，需要将耦合系统进行离散化，图 3-43 是计算机解耦控制系统框图。图中 $D_1(z)$、$D_2(z)$ 分别是回路 1 和回路 2 的控制器脉冲传递函数，$F_{11}(z)$、$F_{12}(z)$、$F_{21}(z)$、$F_{22}(z)$ 为解耦补偿装置的脉冲传递函数，$H(s)$ 为零阶保持器的传递函数，并有广义对象的脉冲传递函数 $G_{11}(z)=Z[H(s)G_{11}(s)]$，$G_{12}(z)=Z[H(s)G_{12}(s)]$，$G_{21}(z)=Z[H(s)G_{21}(s)]$，$G_{22}(z)=Z[H(s)G_{22}(s)]$。

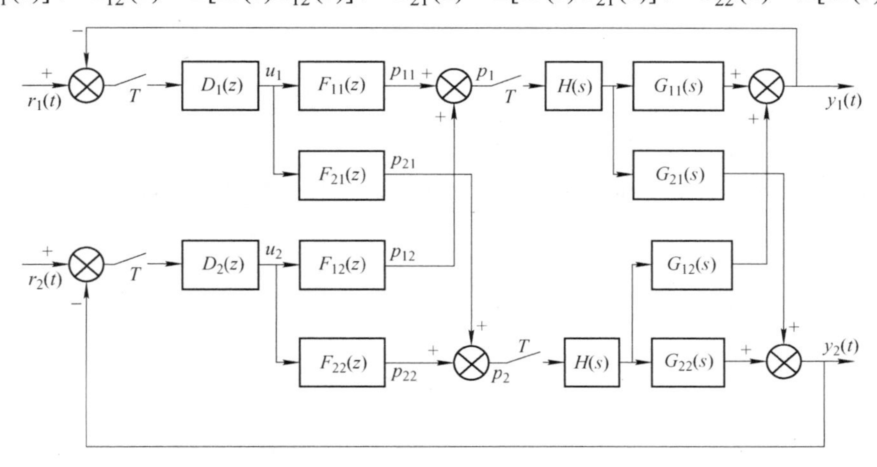

图 3-43　计算机解耦控制系统框图

由图 3-43 可知 $\begin{pmatrix}Y_1(z)\\Y_2(z)\end{pmatrix}=\begin{pmatrix}G_{11}(z) & G_{12}(z)\\G_{21}(z) & G_{22}(z)\end{pmatrix}\begin{pmatrix}P_1(z)\\P_2(z)\end{pmatrix}$，$\begin{pmatrix}P_1(z)\\P_2(z)\end{pmatrix}=\begin{pmatrix}F_{11}(z) & F_{12}(z)\\F_{21}(z) & F_{22}(z)\end{pmatrix}\begin{pmatrix}U_1(z)\\U_2(z)\end{pmatrix}$，得 $\begin{pmatrix}Y_1(z)\\Y_2(z)\end{pmatrix}=\begin{pmatrix}G_{11}(z) & G_{12}(z)\\G_{21}(z) & G_{22}(z)\end{pmatrix}\begin{pmatrix}F_{11}(z) & F_{12}(z)\\F_{21}(z) & F_{22}(z)\end{pmatrix}\begin{pmatrix}U_1(z)\\U_2(z)\end{pmatrix}$，根据解耦控制的条件要求 $\begin{pmatrix}G_{11}(z) & G_{12}(z)\\G_{21}(z) & G_{22}(z)\end{pmatrix}\begin{pmatrix}F_{11}(z) & F_{12}(z)\\F_{21}(z) & F_{22}(z)\end{pmatrix}=\begin{pmatrix}G_{11}(z) & 0\\0 & G_{22}(z)\end{pmatrix}$，求出解耦补偿矩阵 $\begin{pmatrix}F_{11}(z) & F_{12}(z)\\F_{21}(z) & F_{22}(z)\end{pmatrix}=\begin{pmatrix}G_{11}(z) & G_{12}(z)\\G_{21}(z) & G_{22}(z)\end{pmatrix}^{-1}\begin{pmatrix}G_{11}(z) & 0\\0 & G_{22}(z)\end{pmatrix}$，再将其化为差分方程，作为计算机编程实现的依据。

习　　题

1．简述模拟离散化设计的一般步骤。

2．假设模拟控制器已知，请利用冲激响应不变法求数字控制器。

3．写出数字 PID 位置型控制算式和增量型控制算式，试比较它们的优缺点。

4．简要说明 PID 控制算法中比例、积分、微分参数分别对系统的动态特性和稳态特性的影响各是什么？

5．简述 PID 控制中出现的积分饱和现象。它是如何形成的？应如何减小其影响？

6．简述试凑法进行 PID 参数整定的步骤。

7．自选 1 个控制系统，设定参数，采用 MATLAB 工具进行 PID 控制仿真。

8．如何实现最少拍无纹波控制？

9．Smith 补偿的物理意义是什么？

10．Dahllin 算法针对什么对象？设计目标是什么？

11．举例说明在 Dahllin 算法中产生振铃现象的原因是什么？应如何消除这一振铃现象？

12．已知控制对象传递函数 $G(s)=\dfrac{2\mathrm{e}^{-s}}{s+1}$，试按采样周期 T=1s 设计 Dahllin 控制器 $D(z)$，判断该系统是否有振铃现象？若有，请将其消除。

13．什么叫串级控制？串级控制适应于什么场合？

14．为什么串级控制的副控制器多用 P 和 PI 控制规律？

15．试说明前馈控制器的参数整定方法。

16．前馈控制完全补偿的条件是什么？前馈和反馈相结合有什么好处？

17．多变量控制系统解耦的条件是什么？

第4章　先进控制技术

4.1　概　　述

PID 控制自产生以来，一直备受控制工程师的青睐。如今，绝大多数控制系统仍然采用 PID 控制技术。但是，PID 控制主要适用于线性时不变（或者参数小幅度缓慢变化）的低阶系统，而对于非线性系统、时变系统或者高阶系统，PID 控制往往效果不太理想。大部分情况下，可以通过一些技巧把这些系统进行简化，再通过 PID 控制实现控制目标。但是，在某些应用场合，PID 控制就不能满足要求了。比如，有些系统在低速运动的时候可以用 PID 控制，但到了高速或超高速的时候，其系统模型就表现为高度非线性，这时候 PID 控制效果就比较差。另外，在有些时候除了稳定性之外，人们还对控制系统有更多的要求。比如，航天领域对能耗要求比较高，要尽可能减少燃料消耗以增加有效载荷。在化工过程控制中，系统比较复杂，而且延时很大，这时候仍然要求系统稳定运行，而且要有很高的精度（精度决定效益）。为了克服传统 PID 控制的局限性，一些先进控制技术逐步发展起来。

1．先进控制技术的概念

20 世纪 60 年代以来，以状态空间、极小值原理、动态规划为核心的现代控制理论逐步发展起来，形成了状态反馈、状态观测、最优控制、鲁棒控制等一系列多变量控制系统的设计方法，对自动控制技术的发展起到了积极的推动作用。先进控制技术就是在这些基础上产生的。先进控制技术不是特指某一种控制技术，而是对那些不同于常规 PID 控制，并且在某些场合下效果好于 PID 控制的控制技术的统称，常见的有模糊控制、模型预测控制、神经网络控制、自抗扰控制等。先进控制的任务是用来处理那些采用常规控制效果不好，甚至无法控制的复杂系统的控制问题。

2．先进控制技术的特点

先进控制的主要特点如下：

1）先进控制大多是基于模型的，并以系统辨识、最优控制以及最优估计等现代控制理论为基础的控制方法。

2）先进控制必须借助计算机来实现。先进控制技术中的数据预处理、系统辨识、性能指标和控制律的计算等环节的实现均需要计算机的支撑。

3）先进控制通常用于处理复杂的多变量过程控制问题，如大时滞、多变量耦合、被控变量与控制变量存在着各种约束等。

4）优化方法在各类先进控制中发挥着重要的作用，并且越来越多的智能优化算法应用到先进控制策略中，如遗传算法、蚁群算法等。

3．先进控制技术的现状及趋势

由于生产过程往往很难用简单而精确的数学模型描述，并且先进控制技术所要求的计算复杂度比较高，因此，这些控制技术在产生之初都没有得到很好的应用。随着计算机控制技术和系统辨识技术的发展，先进控制技术的实现已经越来越简单，而且成本也越来越低，因此许多先进控制技术得以大量的推广。

从经济效益上讲，先进控制技术优势最明显的要属石油化工领域。在该领域的生产过程中，越接近生产装置的约束边界条件，所能取得的效益就越高。但是，如果超过了边界条件，就会产生重大的安全事故。因此，需要高精度的控制技术使得装置在边界约束条件下稳定运行。通过实施先进控制，可以大大提高生产过程操作和控制的稳定性，减小关键变量的操作波动幅度，使其更接近于优化目标值，从而将工业生产过程的运行推向更接近装置约束边界条件，最终达到增强工业生产过程的稳定性和安全性，保证产品质量的均匀性，提高目标产品的收益率，降低生产过程运行成本以及减少环境污染等目的。据国外统计，先进控制策略所取得的经济效益占整体效益的 30%。在国内外炼油、石化行业已形成共识：先进控制技术是增加效益的有效手段。

在许多其他领域，先进控制技术的应用也越来越广泛。比如，模糊控制在家用电器中的应用、预测控制和滑模控制在电动机控制和电力电子中的应用，等等。但是，并不是说 PID 控制技术很快会被先进控制技术取代。目前，在控制系统设计中，人们还是优先考虑使用 PID 控制技术。只有当 PID 控制不能满足要求时，才会采用先进控制技术。这主要有以下两个原因：

1）PID 控制技术更容易掌握。先进控制技术的描述往往要借助于复杂的数学公式，这使得很多控制领域的工程师难以理解其中的原理。而 PID 控制因为形式简单，又有明确的物理意义，所以便于理解掌握。

2）相比于先进控制技术，PID 控制方案具有一定的成本优势，对于大部分应用场合，PID 控制的效果能够满足要求，因此没有必要采用成本较高的先进控制技术。

值得一提的是，PID 控制和先进控制并不是水火不相容的，两者可以有机地结合。一方面，先进控制技术可以用于 PID 控制参数的整定，如可以利用神经网络学习 PID 控制器的参数。另一方面，许多控制系统采用的是分层递阶控制，底层执行器采用 PID 控制，上层采用先进控制技术。

目前，我国传统制造业转型升级正在深入开展，企业产品生产线正在从低端往高端发展，相信先进控制技术会在越来越多的领域找到用武之地。

4.2 模糊控制技术

模糊控制技术是近代控制理论中的一种高级策略和新颖技术。模糊控制技术基于模糊数学理论，通过模拟人的近似推理和综合决策过程，提高控制算法的可控性、适应性和合理性，成为智能控制技术的一个重要分支。

1965 年，美国自动控制理论专家 L.A.Zadeh 提出了模糊集理论；1973 年，Zadeh 提出了用模糊 IF-THEN 规则量化人类知识；1974 年，英国学者 E.H.Mamdani 创立了模糊控制器的基本框架，并用其控制锅炉蒸汽机；1978 年，F.L.Smidth 公司在水泥窑的控制中采用了模糊控制器，该模糊控制器运行了 6 天。20 世纪 80 年代起，日本迅速发展模糊控制技术，其典型应用包括日本富士电子水净化厂、模糊机器人、仙台地铁等。目前，模糊控制已在航天航空、工业过程控制、家用电器、汽车和交通运输等领域得到了广泛的应用。

4.2.1　模糊控制的数学基础

1．模糊集合的定义

集合是具有某种特定属性的对象的全体，被讨论的全部对象称为论域。对于一般的集合而言，论域中的元素是否属于该集合是确定的。但有些属性没有确切的标准，如大、小、冷、热、高、矮、胖、瘦等，若用数学描述这些概念属性，只能用模糊集合。

定义 4.1　给定论域 U，U 到[0,1]闭区间的任一映射 μ_A：

$$\mu_A : U \to [0,1]$$

$$x \to \mu_A(x)$$

都确定 U 的一个模糊子集 A，μ_A 称为 A 的隶属度函数，$\mu_A(x)$ 称为 x 对于 A 的隶属度，模糊子集 A 称为模糊集合。

为区分起见，人们常把元素确定的集合称为普通集合，或经典集合。模糊集合的隶属度函数的取值范围是[0,1]闭区间，而普通集合的隶属度函数的取值范围是{0,1}。因此，普通集合是模糊集合的一种特殊情况。$\mu_A(x)$ 的大小反映了元素 x 对于模糊集合 A 的隶属程度。一般来说，隶属度函数的确定没有统一的方法，应根据具体应用背景由设计者凭经验来选取，也可凭经验从三角形、梯形、高斯型、钟型等典型函数中选取，典型模糊隶属度函数表达式及其形状参见附录 B。

2．模糊集合的表示方法

当论域 U 由有限多个元素组成时，设 $U=\{x_1,x_2,\cdots,x_n\}$，模糊集合可用向量表示法或 Zadeh 表示法表示；当论域 U 由无限个元素组成时，模糊集合可用 Zadeh 表示法表示。

1）向量表示法：$\boldsymbol{A}=\left(\mu_A(x_1),\mu_A(x_2),\cdots,\mu_A(x_n)\right)$。

2）Zadeh 表示法：有限元素时 $A=\dfrac{\mu_A(x_1)}{x_1}+\dfrac{\mu_A(x_2)}{x_2}+\cdots+\dfrac{\mu_A(x_n)}{x_n}$；无限元素连续时 $A=\int_x \dfrac{\mu_A(x)}{x}$，无限元素离散时 $A=\sum_{i=1}^{\infty}\dfrac{\mu_A(x_i)}{x_i}$。

3．模糊集合的运算

定义 4.2　设 A、B 为论域 U 上的模糊集合，若任一 $x\in U$，均有 $\mu_A(x)\leqslant\mu_B(x)$，则称 A 包含于 B，记作 $A\subseteq B$；若任一 $x\in U$，均有 $\mu_A(x)=\mu_B(x)$，则称 A 等于 B，记作 $A=B$。

定义 4.3　设 A、B 为论域 U 上的模糊集合，则 A 与 B 的并集、交集、补集也是论域 U 上的模糊集合。并集、交集、补集的定义如下：

1）A 与 B 的交集，记作 $A\cap B$，其运算规则为 $\mu_{A\cap B}(x)=\mu_A(x)\wedge\mu_B(x)=\min(\mu_A(x),\mu_B(x))$。

2）A 与 B 的并集，记作 $A\cup B$，其运算规则为 $\mu_{A\cup B}(x)=\mu_A(x)\vee\mu_B(x)=\max(\mu_A(x),\mu_B(x))$。

3）A 的补集，记作 $\overline{A}$，其运算规则为 $\mu_{\overline{A}}(x)=1-\mu_A(x)$。

定义 4.4　设 A、B 为论域 U 上的模糊集合，则 $A\bullet B$ 称为模糊集合 A 和 B 的代数积，$A\bullet B$ 的隶属度函数为 $\mu_{A\bullet B}=\mu_A\cdot\mu_B$；$A+B$ 称为模糊集合 A 和 B 的代数和，$A+B$ 的隶属度函数为

$$\mu_{A+B}=\begin{cases}\mu_A+\mu_B & \mu_A+\mu_B\leqslant 1\\ 1 & \mu_A+\mu_B>1\end{cases}。$$

4．模糊集合运算的基本性质

设模糊集合 A、B、$C \in U$，$\varnothing$ 为空集，则 A、B、C 的并集、交集、补集运算满足：

1）幂等律：$A \bigcup A = A, A \bigcap A = A$。

2）交换律：$A \bigcup B = B \bigcup A, A \bigcap B = B \bigcap A$。

3）结合律：$(A \bigcup B) \bigcup C = A \bigcup (B \bigcup C)$，$(A \bigcap B) \bigcap C = A \bigcap (B \bigcap C)$。

4）分配律：$A \bigcup (B \bigcap C) = (A \bigcup B) \bigcap (A \bigcup C)$，$A \bigcap (B \bigcup C) = (A \bigcap B) \bigcup (A \bigcap C)$。

5）吸收律：$A \bigcup (A \bigcap B) = A, A \bigcap (A \bigcup B) = A$。

6）同一律：$A \bigcap U = A, A \bigcup U = U$，$A \bigcap \varnothing = \varnothing, A \bigcup \varnothing = A$。

7）复原律：$\overline{\overline{A}} = A$。

8）对偶律：$\overline{A \bigcup B} = \overline{A} \bigcap \overline{B}, \overline{A \bigcap B} = \overline{A} \bigcup \overline{B}$。

9）互补律不成立，即 $A \bigcup \overline{A} \neq U, A \bigcap \overline{A} \neq \varnothing$。

5．模糊关系和模糊关系矩阵

在日常生活中经常听到诸如“A 与 B 很相似”、“X 比 Y 大得多”等语句，这类句子体现了所描述的对象在一定程度上具有某种关系，可用模糊关系描述此类关系中元素之间的关联程度。当论域元素有限时，模糊关系可用模糊关系矩阵来表示。

定义 4.5 设 X、Y 是两个非空集合，则直积 $X \times Y = \{(x,y) | x \in X, y \in Y\}$ 中的一个模糊子集 R 称为从 X 到 Y 的一个模糊关系，记作 $X \xrightarrow{R} Y$。$\mu_R(x,y)$ 是序偶 (x,y) 的隶属度，它表明 (x,y) 具有关系 R 的程度。

定义 4.6 设 R 和 S 是 X 到 Y 的模糊关系，则 R 和 S 运算关系定义如下：

1）并运算：$R \cup S$ 称为模糊关系 R 和 S 的并，其隶属度函数为 $\mu_{R \cup S}(X,Y) = \vee[\mu_R(x,y), \mu_S(x,y)] = \max\{\mu_R(x,y), \mu_S(x,y)\}$。

2）交运算：$R \cap S$ 称为模糊关系 R 和 S 的交，其隶属度函数为 $\mu_{R \cap S}(X,Y) = \wedge[\mu_R(x,y), \mu_S(x,y)] = \min\{\mu_R(x,y), \mu_S(x,y)\}$。

3）补运算：$\overline{R}$ 称为模糊关系 R 的补，其隶属度函数为 $\mu_{\overline{R}}(X,Y) = 1 - \mu_R(x,y)$。

4）转置：$\boldsymbol{R}^{\mathrm{T}}$ 称为模糊关系 R 的转置，其隶属度函数为 $\mu_{R^{\mathrm{T}}}(y,x) = \mu_R(x,y)$。

6．模糊关系的合成

定义 4.7 设 U、V、W 是论域，Q 是 $U \to V$ 的关系，R 是 $V \to W$ 的关系，则 $Q \circ R$ 是 $U \to W$ 的关系，称为关系 Q 和 R 的合成，其隶属度函数为 $\mu_{Q \circ R}(u,w) = \bigvee_{v \in V}(\mu_Q(u,v) \wedge \mu_R(v,w))$。

当论域有限时，模糊关系的合成用模糊矩阵的合成表示。设 $\boldsymbol{Q} = (q_{ij})_{n \times m}$，$\boldsymbol{R} = (r_{jk})_{m \times l}$，$\boldsymbol{S} = (s_{ik})_{n \times l}$，则 $s_{ik} = \bigvee_{j=1}^{m}(q_{ij} \wedge r_{jk})$。此时模糊关系合成运算性质与模糊矩阵合成运算性质完全相同。

7．模糊推理

推理是由一个或几个已知的前提推出某个结论的过程。模糊推理又称模糊逻辑推理，它是根据模糊命题推出新的模糊命题作为结论的过程。对于控制系统设计而言，就是根据设计经验和已知参数推出控制器输出的过程。常用的形式如下：

1）“若 A 则 B”型，记为：if A then B，其模糊关系 $R = A \times B$。

例如，加热炉的炉温控制中，“若温度偏低，则增加燃料量”的控制策略可以用此形式表示。

2）“若 A 则 B 否则 C”型，记为：if A then B Else C，其模糊关系 $R=(A\times B)\cup(\bar{A}\times C)$ 。

例如，加热炉的炉温控制中，“若温度偏低，则增加燃料量，否则减少燃料量”的控制策略可以用此形式表示。

3）“若 A 且 B 则 C”型，记为：if A and B then C，其模糊关系 $\boldsymbol{R}=\left(\boldsymbol{A}\times\boldsymbol{B}\right)^{\mathrm{T}}\times\boldsymbol{C}$ 。

例如，加热炉的炉温控制中，“若温度偏低，且温度有继续下降的趋势，即温度变化的导数为负，则增加燃料量”的控制策略可以用此形式表示。

定义 4.8 设 $\boldsymbol{A}$ 和 $\boldsymbol{B}$ 为不同论域上的模糊集合，则 $\boldsymbol{A}$ 和 $\boldsymbol{B}$ 的直积为 $\boldsymbol{A}\times\boldsymbol{B}=\boldsymbol{A}^{\mathrm{T}}\circ B$；设 $\boldsymbol{A}$、$\boldsymbol{B}$、$\boldsymbol{C}$ 为不同论域上的模糊集合，则它们的直积定义为 $\boldsymbol{A}\times\boldsymbol{B}\times\boldsymbol{C}=\left(\boldsymbol{A}\times\boldsymbol{B}\right)^{L}\circ\boldsymbol{C}$，其中 L 运算表示将括号内的矩阵按行写成 mn 维列向量的形式。

4.2.2 模糊控制原理

1．问题的提出

在实际工程中，如锅炉温度控制、水位控制、热处理加热炉控制等许多系统和过程都十分复杂，其精确的数学模型难以建立，常规控制器难以满足控制要求，但熟练操作者凭借经验以手动方式控制却能取得较理想的控制效果，其原因是控制规则常以模糊的形式体现在熟练操作者的经验中，很难用传统的数学语言来描述。因此，能否利用熟练操作者的经验来设计控制器呢？

2．模糊控制的基本思想

模糊控制是采用“模糊”理论描述不确定性系统的问题，由模糊数学语言描述控制规则，模拟人的思维，构造一种非线性控制器来操纵系统工作，以满足复杂的不确定的过程控制需要的控制方式。由于模糊控制是对人的思维方式和控制经验的模仿，所以在一定程度上可以认为模糊控制方法是一种实现了用计算机推理代替人脑思维的控制方法。在智能控制领域内，模糊控制适用于传统方法难以解决但又是现实存在的复杂系统的控制。实现模糊控制需要解决以下问题：

1）精确量转化成模糊变量。因为传感器采集到的信号都是确定的数值，而描述人的经验需要采用模糊变量。

2）实现模糊推理。模糊推理完成由输入模糊变量和人的经验推出控制需要的输出模糊变量的功能。

3）模糊变量转换成精确量。因为模糊推理的输出结果是模糊变量，而直接控制执行机构需要的是精确量。

3．模糊控制系统的结构

模糊控制系统通常由模糊控制器、输入/输出接口、执行机构、测量装置以及被控对象等部分组成，其结构框图如图 4-1 所示。

4.2.3 模糊控制器

按照模糊控制规则组成的控制装置称为模糊控制器。模糊控制器是模糊控制系统的核心。

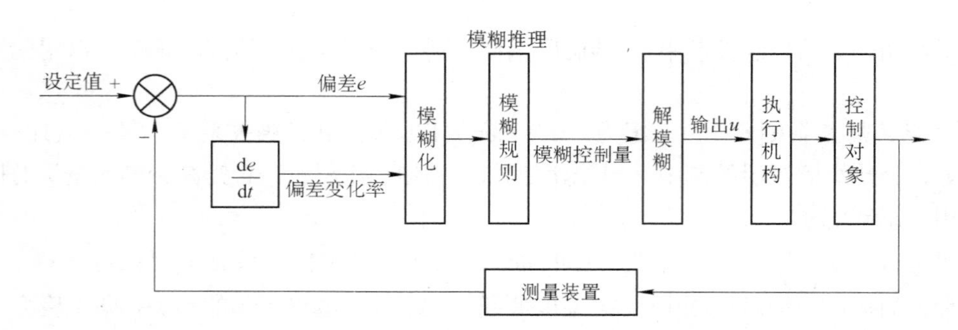

图 4-1　模糊控制系统结构框图

1．模糊控制器的类型

常见的模糊控制器有单输入单输出、双输入单输出、多输入单输出以及双输入多输出 4 种类型。模糊控制器输入变量的个数称为模糊控制器的维数。

（1）单输入单输出模糊控制器

图 4-2a 是单输入单输出模糊控制器的示意图。它是一维的模糊控制器，其控制规则常用 if $\tilde{A}$ then $\tilde{U}$ 、if $\tilde{A}$ then $\tilde{U}$ else $\tilde{I}$ 描述，模糊集合 $\tilde{U}$ 和 $\tilde{I}$ 具有相同论域。这种控制规则反映了非线性比例控制规律。

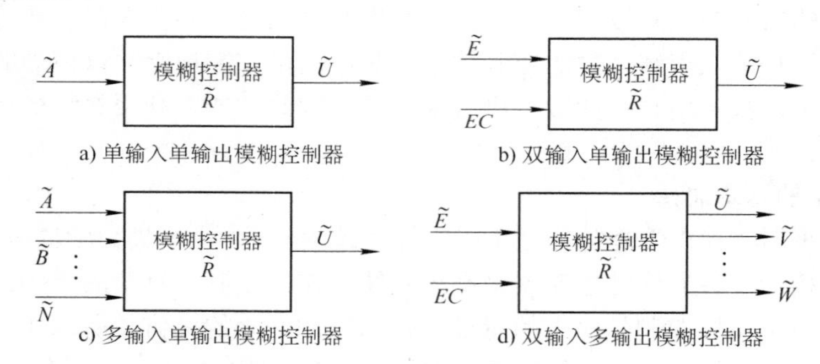

图 4-2　模糊控制器不同类型示意图

（2）双输入单输出模糊控制器

图 4-2b 是双输入单输出模糊控制器的示意图。它是二维的模糊控制器，其控制规则常用 if $\tilde{E}$ and EC then $\tilde{U}$ 描述，模糊集合 $\tilde{E}$ 与 EC 分别来自偏差 e 和偏差变化率 Δe（记作 ec）的模糊化。这种控制规则反映了非线性比例加微分控制规律。

（3）多输入单输出模糊控制器

图 4-2c 是多输入单输出模糊控制器的示意图。它是多维的模糊控制器，其控制规则常用 if $\tilde{A}$ and $\tilde{B}$ $\cdots$ and $\tilde{N}$ then $\tilde{U}$ 描述。

（4）双输入多输出模糊控制器

图 4-2d 是双输入多输出模糊控制器的示意图。$\tilde{U}$，$\tilde{V}$，…，$\tilde{W}$ 分别为不同控制通道同时输出的第一控制作用，第二控制作用，…，其控制规则常用一组模糊条件语句来描述。

2．模糊控制器功能框图

模糊控制器包括输入量模糊化接口、知识库、模糊推理机、输出解模糊化接口等部分，其功能框图如图 4-3 所示。

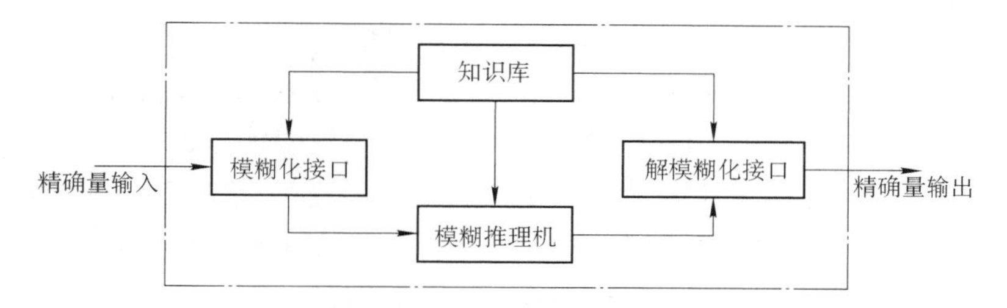

图 4-3　模糊控制器功能框图

1）模糊化接口：完成将精确输入量转换成模糊输入量的功能。

2）知识库：由数据库和规则库组成。数据库中存储着与模糊化、模糊推理、解模糊相关的一切知识以及所有输入/输出变量的模糊子集的隶属度或隶属度函数，如模糊化过程中论域变换的参数、模糊推理算法、解模糊算法等。规则库中存储着模糊控制的全部规则，一般用 if-then 语句描述。

3）模糊推理机：根据输入模糊变量和知识库完成模糊推理、求解模糊关系方程、获得模糊控制量的功能。

4）解模糊化接口：完成将模糊推理机输出的模糊控制量转换为精确控制量的功能。

3．模糊控制器的设计步骤

（1）模糊控制器结构的确定

确定模糊控制器的结构就是确定控制器的类型，即模糊控制器的输入、输出变量。一般来说，一维模糊控制器用于一阶被控对象，通常只选偏差 e 作为输入变量，其动态控制性能不佳。目前，较多采用二维模糊控制器，它以偏差 e 和偏差的变化率 ec 作为输入量，以控制量的变化作为输出变量。理论上，模糊控制器的维数越高，控制越精细。但是模糊控制器的维数过高，模糊控制规则复杂，控制算法较难实现。

（2）输入/输出量模糊化

模糊化过程：确定模糊化变量，如偏差、偏差变化率等；对变量进行尺度变换，即论域变换，使其变换到模糊控制器的内部论域，论域变换可采用线性或非线性量化方法；将已经变换到论域范围内的输入量进行模糊处理，使原先精确的输入量变成模糊量，并用相应的模糊集合来表示。如果控制器中的模糊变量的论域是离散的，则该控制器称为“离散论域模糊控制器（D-FC）”。如果控制器中的模糊变量的论域是连续的，则该控制器称为“连续论域模糊控制器（C-FC）”。

线性量化是将基本论域中的精确量按比例映射到模糊论域上。设基本论域$\left[-a,a\right]$中的变量 y，经过模糊化之后转换为模糊变量 x，且 x 的论域为$\left[-n,n\right]$，则有 $x=\mathrm{CINT}\left(\dfrac{n}{a}y\right)=\mathrm{CINT}\left(ky\right)$，其中 CINT 表示对运算结果进行四舍五入处理，$k=n/a$ 称为量化因子。

非线性量化是指对于不同范围内的数值采用不同的量化公式。比如，对偏差 e 的量化因子选为 k_1，对偏差变化率 ec 的量化因子选为 k_2。但 k_1、k_2 的选择直接影响着模糊控制器的性能。k_1 增大，相当于缩小了误差的基本论域，增大了误差变量的控制作用，导致系统上升时间变短，出现超调，使得系统的过渡过程变长。k_2 选择较大时，超调量减小，但系统的响应速度变慢。在选择量化因子 k_1 和 k_2 时要充分考虑到它们对控制系统性能的影响。

例 4.1 将取值在$[a,b]$之间的连续量e进行离散模糊化。

解：首先将取值在$[a,b]$之间的连续量e线性变换到控制器论域，假设变换后的控制器论域为$y=\{-6,-5,-4,-3,-2,-1,-0,+0,1,2,3,4,5,6\}$；然后将$y$模糊化为 8 级，分别用负大、负中、负小、负零、正零、正小、正中和正大模糊语言表示，记为 NB、NM、NS、NZ、PZ、PS、PM 和 PB，其隶属度值见表 4-1；最后根据隶属度值表示出相应的模糊集合。

表 4-1 不同模糊语言的隶属度值

	−6	−5	−4	−3	−2	−1	0	1	2	3	4	5	6
正大（PB）	0.0	0.0	0.0	0.0	0.0	0.0	0.0	0.0	0.1	0.4	0.7	0.8	1.0
正中（PM）	0.0	0.0	0.0	0.0	0.0	0.0	0.0	0.0	0.3	0.7	1.0	0.7	0.2
正小（PS）	0.0	0.0	0.0	0.0	0.0	0.0	0.2	0.7	1.0	0.7	0.3	0.1	0.0
正零（PZ）	0.0	0.0	0.0	0.0	0.0	0.0	1.0	0.6	0.1	0.0	0.0	0.0	0.0
负零（NZ）	0.0	0.0	0.0	0.0	0.1	0.6	1.0	0.0	0.0	0.0	0.0	0.0	0.0
负小（NS）	0.0	0.1	0.3	0.7	1.0	0.7	0.2	0.0	0.0	0.0	0.0	0.0	0.0
负中（NM）	0.2	0.7	1.0	0.7	0.3	0.0	0.0	0.0	0.0	0.0	0.0	0.0	0.0
负大（NB）	1.0	0.8	0.7	0.4	0.1	0.0	0.0	0.0	0.0	0.0	0.0	0.0	0.0

（3）模糊控制规则（表）的建立

模糊控制规则直接影响控制性能，因此模糊控制规则的建立是控制器设计中十分关键的问题。可以采用基于专家的经验和控制工程知识、基于操作人员的实际控制过程等建立模糊控制规则（表）。

基于专家的经验和控制工程知识方法：总结人类专家的经验，熟悉领域知识，采用适当的语言表述经验与知识，最终形成模糊控制规则。

基于操作人员的实际控制过程方法：记录操作人员实际控制过程中的输入/输出数据，分析控制条件与数据，从中总结出模糊控制规则。

（4）模糊关系矩阵的求取

每条模糊控制规则可以表示成一个模糊关系R_i，并且可以用模糊关系矩阵来表示。规则库中的控制规则是并列的，它们之间是“或”的逻辑关系。若共有s条模糊规则，第i条模糊规则表示为R_i，则所有规则组成的总的关系为$\boldsymbol{R}=\bigcup_{i=1}^{s}R_i$。

（5）控制输出模糊集的求解

由输入模糊矩阵与模糊关系矩阵合成求取控制输出模糊集。

（6）解模糊化

解模糊化，输出控制量。常用的解模糊化方法：最大隶属度法和加权平均法（重心法）。

1）最大隶属度法：若模糊推理的结果为模糊集合C，则以隶属度最大的元素u^*（精确量）作为输出控制量。当有多个隶属度最大的元素时，则取其平均值作为输出控制量。

2）加权平均法（重心法）：若模糊推理的结果为模糊集合C，则以C中元素做加权平均的结果作为输出控制量，即$u^*=\dfrac{\sum_i \mu(u_i)u_i}{\sum_i \mu(u_i)}$。

4．模糊控制器设计实例

这里以水位的模糊控制为例说明模糊控制器的设计过程。如图 4-4 所示，设有一个水箱，通过调节阀可实现向箱内注水以及向箱外抽水的功能。设计一个模糊控制器，通过调节阀门将水位稳定在固定点附近。

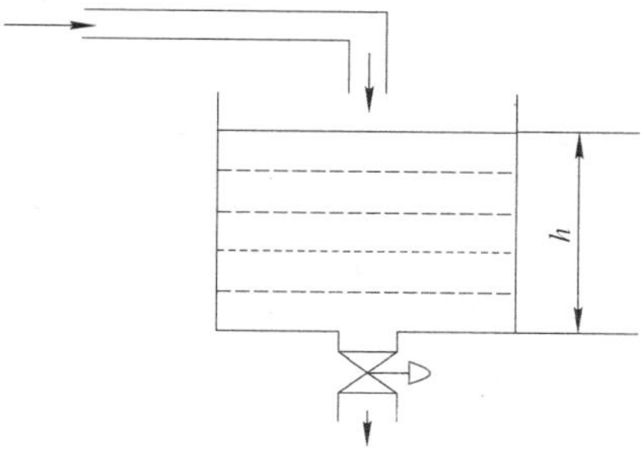

（1）模糊控制器结构的确定

根据控制要求选择单输入单输出结构模糊控制器。假设理想控制液位 o 点的水位为 h_o，实际测得的水位高度为 h，选择液位偏差 $e=h_o-h$ 作为模糊控制器的输入量，阀门开度大小 u 作为输出量。

图 4-4　液位控制系统示意图

（2）输入/输出量模糊化

根据偏差 e 的变化范围，对偏差 e 进行尺度变换，得到论域$\{-3,-2,-1,0,1,2,3\}$，并用模糊量将偏差 e 记为负大（NB）、负小（NS）、零（O）、正小（PS）和正大（PB）5 个等级。偏差 e 的模糊划分见表 4-2。

表 4-2　水位变化等级划分

隶属度		输入变化等级						
		−3	−2	−1	0	1	2	3
模糊集	PB	0	0	0	0	0	0.5	1
	PS	0	0	0	0	1	0.5	0
	O	0	0	0.5	1	0.5	0	0
	NS	0	0.5	1	0	0	0	0
	NB	1	0.5	0	0	0	0	0

根据 u 的变化范围，得论域为$\{-4,-3,-2,-1,0,1,2,3,4\}$，将阀门开度控制量 u 的变化模糊化为负大（NB）、负小（NS）、零（O）、正小（PS）和正大（PB）5 个等级。其中控制量为正表示向内注水，控制量为负表示向外排水，模糊划分的隶属度见表 4-3。

表 4-3　控制量变化等级划分

隶属度		输出变化等级								
		−4	−3	−2	−1	0	1	2	3	4
模糊集	PB	0	0	0	0	0	0	0	0.5	1
	PS	0	0	0	0	0	0.5	1	0.5	0
	O	0	0	0	0.5	1	0.5	0	0	0
	NS	0	0.5	1	0.5	0	0	0	0	0
	NB	1	0.5	0	0	0	0	0	0	0

（3）模糊控制规则的建立

按照日常操作经验，建立控制规则。

操作经验：

“若水位高于 o 点，则向箱外排水，差值越大，排水越快”；

“若水位低于 o 点，则向箱内注水，差值越大，注水越快”。

因此，可写出以下 5 条模糊规则，并用“if A then B”的形式描述控制规则。

1）“若 e 负大，则 u 负大”；描述为 if e=NB then u=NB；

2）“若 e 负小，则 u 负小”；描述为 if e=NS then u=NS；

3）“若 e 为 O，则 u 为 O”；描述为 if e=O then u=O；

4）“若 e 正小，则 u 正小”；描述为 if e=PS then u=PS；

5）“若 e 正大，则 u 正大”；描述为 if e=PB then u=PB。

（4）模糊关系矩阵的求取

模糊关系矩阵 $\boldsymbol{R}$ 为

$$\boldsymbol{R}=(\mathrm{NB}e\times\mathrm{NB}u)\cup(\mathrm{NS}e\times\mathrm{NS}u)\cup(\mathrm{O}e\times\mathrm{O}u)\cup(\mathrm{PS}e\times\mathrm{PS}u)\cup(\mathrm{PB}e\times\mathrm{PB}u)$$

根据前述定义可得

$$\mathrm{NB}e\times\mathrm{NB}u=\begin{pmatrix}1\\0.5\\0\\0\\0\\0\\0\end{pmatrix}\times\begin{bmatrix}1 & 0.5 & 0 & 0 & 0 & 0 & 0 & 0 & 0\end{bmatrix}$$

$$=\begin{pmatrix}1.0 & 0.5 & 0 & 0 & 0 & 0 & 0 & 0 & 0\\0.5 & 0.5 & 0 & 0 & 0 & 0 & 0 & 0 & 0\\0 & 0 & 0 & 0 & 0 & 0 & 0 & 0 & 0\\0 & 0 & 0 & 0 & 0 & 0 & 0 & 0 & 0\\0 & 0 & 0 & 0 & 0 & 0 & 0 & 0 & 0\\0 & 0 & 0 & 0 & 0 & 0 & 0 & 0 & 0\\0 & 0 & 0 & 0 & 0 & 0 & 0 & 0 & 0\end{pmatrix}$$

同理，可得

$$\mathrm{NS}e\times\mathrm{NS}u=\begin{pmatrix}0 & 0 & 0 & 0 & 0 & 0 & 0 & 0 & 0\\0 & 0.5 & 0.5 & 0.5 & 0 & 0 & 0 & 0 & 0\\0 & 0.5 & 1.0 & 0.5 & 0 & 0 & 0 & 0 & 0\\0 & 0 & 0 & 0 & 0 & 0 & 0 & 0 & 0\\0 & 0 & 0 & 0 & 0 & 0 & 0 & 0 & 0\\0 & 0 & 0 & 0 & 0 & 0 & 0 & 0 & 0\\0 & 0 & 0 & 0 & 0 & 0 & 0 & 0 & 0\end{pmatrix}$$

$$\mathrm{O}e\times\mathrm{O}u=\begin{pmatrix}0 & 0 & 0 & 0 & 0 & 0 & 0 & 0 & 0\\0 & 0 & 0 & 0 & 0 & 0 & 0 & 0 & 0\\0 & 0 & 0 & 0.5 & 0.5 & 0.5 & 0 & 0 & 0\\0 & 0 & 0 & 0.5 & 1.0 & 0.5 & 0 & 0 & 0\\0 & 0 & 0 & 0.5 & 0.5 & 0.5 & 0 & 0 & 0\\0 & 0 & 0 & 0 & 0 & 0 & 0 & 0 & 0\\0 & 0 & 0 & 0 & 0 & 0 & 0 & 0 & 0\end{pmatrix}$$

$$
\text{PS}e \times \text{PS}u = \begin{pmatrix} 0 & 0 & 0 & 0 & 0 & 0 & 0 & 0 & 0 \\ 0 & 0 & 0 & 0 & 0 & 0 & 0 & 0 & 0 \\ 0 & 0 & 0 & 0 & 0 & 0 & 0 & 0 & 0 \\ 0 & 0 & 0 & 0 & 0 & 0 & 0 & 0 & 0 \\ 0 & 0 & 0 & 0 & 0 & 0.5 & 1.0 & 0.5 & 0 \\ 0 & 0 & 0 & 0 & 0 & 0.5 & 0.5 & 0.5 & 0 \\ 0 & 0 & 0 & 0 & 0 & 0 & 0 & 0 & 0 \end{pmatrix}
$$

$$
\text{PB}e \times \text{PB}u = \begin{pmatrix} 0 & 0 & 0 & 0 & 0 & 0 & 0 & 0 & 0 \\ 0 & 0 & 0 & 0 & 0 & 0 & 0 & 0 & 0 \\ 0 & 0 & 0 & 0 & 0 & 0 & 0 & 0 & 0 \\ 0 & 0 & 0 & 0 & 0 & 0 & 0 & 0 & 0 \\ 0 & 0 & 0 & 0 & 0 & 0 & 0 & 0 & 0 \\ 0 & 0 & 0 & 0 & 0 & 0 & 0 & 0.5 & 0.5 \\ 0 & 0 & 0 & 0 & 0 & 0 & 0 & 0.5 & 1.0 \end{pmatrix}
$$

所以，$\boldsymbol{R} = \begin{pmatrix} 1.0 & 0.5 & 0 & 0 & 0 & 0 & 0 & 0 & 0 \\ 0.5 & 0.5 & 0.5 & 0.5 & 0 & 0 & 0 & 0 & 0 \\ 0 & 0.5 & 1.0 & 0.5 & 0.5 & 0.5 & 0 & 0 & 0 \\ 0 & 0 & 0 & 0.5 & 1.0 & 0.5 & 0 & 0 & 0 \\ 0 & 0 & 0 & 0.5 & 0.5 & 0.5 & 1.0 & 0.5 & 0 \\ 0 & 0 & 0 & 0 & 0 & 0.5 & 0.5 & 0.5 & 0.5 \\ 0 & 0 & 0 & 0 & 0 & 0 & 0 & 0.5 & 1.0 \end{pmatrix}$。

（5）控制输出模糊集的求解

模糊控制器的输出为误差向量和模糊关系的合成，即 $\boldsymbol{u} = \boldsymbol{e} \circ \boldsymbol{R}$ 。假设 $\boldsymbol{e} = (1.0 \quad 0.5 \quad 0 \quad 0 \quad 0 \quad 0 \quad 0)$，则控制器输出：

$$
\boldsymbol{u} = \boldsymbol{e} \circ \boldsymbol{R} = (1.0 \quad 0.5 \quad 0 \quad 0 \quad 0 \quad 0 \quad 0) \circ \begin{pmatrix} 1.0 & 0.5 & 0 & 0 & 0 & 0 & 0 & 0 & 0 \\ 0.5 & 0.5 & 0.5 & 0.5 & 0 & 0 & 0 & 0 & 0 \\ 0 & 0.5 & 1.0 & 0.5 & 0.5 & 0.5 & 0 & 0 & 0 \\ 0 & 0 & 0 & 0.5 & 1.0 & 0.5 & 0 & 0 & 0 \\ 0 & 0 & 0 & 0.5 & 0.5 & 0.5 & 1.0 & 0.5 & 0 \\ 0 & 0 & 0 & 0 & 0 & 0.5 & 0.5 & 0.5 & 0.5 \\ 0 & 0 & 0 & 0 & 0 & 0 & 0 & 0.5 & 1.0 \end{pmatrix}
$$

$$
= (1 \quad 0.5 \quad 0.5 \quad 0.5 \quad 0 \quad 0 \quad 0 \quad 0 \quad 0)
$$

（6）控制量的解模糊化

当误差为负大（NB）时，即实际液位高于理想液位较多，此时控制器输出的模糊向量可表示为 $u = \frac{1}{-4} + \frac{0.5}{-3} + \frac{0.5}{-2} + \frac{0.5}{-1} + \frac{0}{0} + \frac{0}{+1} + \frac{0}{+2} + \frac{0}{+3} + \frac{0}{+4}$ 。现若按“隶属度最大原则”进行反模糊化，则选择控制量为 $u = -4$ ，即水位高于 o 点较多，应快些向外抽水。

4.2.4　模糊控制算法仿真

MATLAB 模糊控制工具箱为模糊控制器的设计提供了非常便捷的途径。现通过一个实例说明利用 MATLAB 设计模糊控制器的步骤。

例 4.2 假设被控对象的传递函数为 $G(s)=\dfrac{12}{24s+1}e^{-10s}$，请设计模糊控制器，并给出仿真结果。

（1）搭建 Simulink 系统框图

利用 MATLAB 中的 Simulink 新建一个模型文件，具体操作参见相关 MATLAB 学习手册。从 Simulink 库中找出相关单元，搭建如图 4-5 所示的模糊控制系统，并设定相关参数，其中滞后时间为 10s，饱和非线性参数为−0.03、0.03。

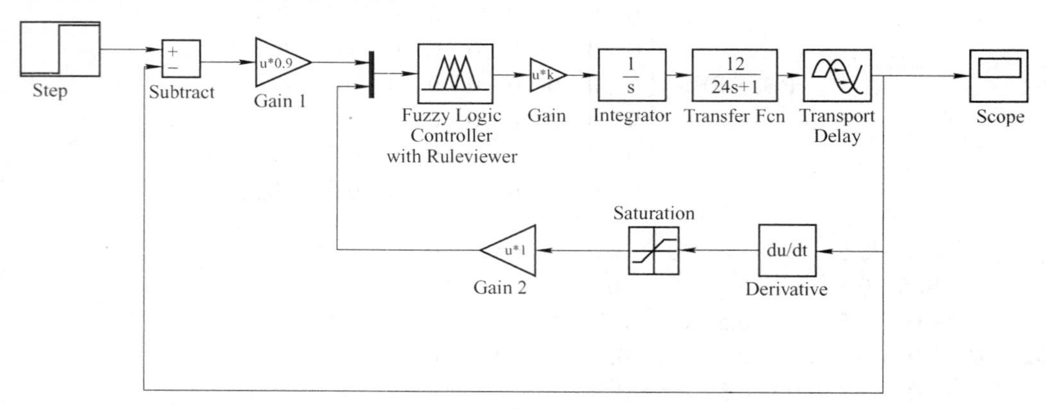

图 4-5　模糊控制系统 Simulink 框图

（2）确定模糊控制器结构

在 MATLAB 的命令窗口中输入 fuzzy，进入 FIS Editor 界面，如图 4-6 所示。在 FIS Editor 界面中单击 Edit 菜单，然后选 Add Variable 命令，可增加变量。在 Name 后面的文本框里输入变量的名称。按照惯例，2 个输入变量分别命名为 e 和 ec，输出变量命名为 u。

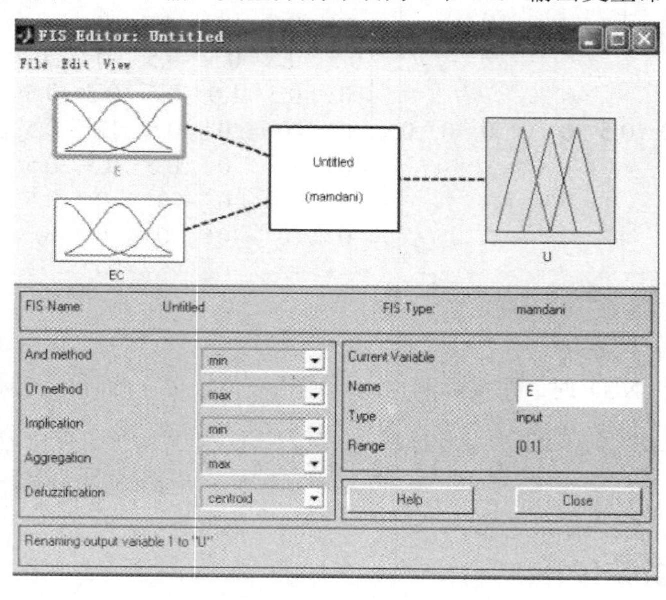

图 4-6　添加输入/输出变量

（3）输入/输出变量的模糊化

在 FIS Editor 界面中单击 Edit 菜单，然后选 Member Function Edit 命令，分别对输入/输出变量定义论域范围，添加隶属度函数。对于 *e*，设置论域范围为[−1,1]，添加 3 个高斯型（gaussmf）隶属度函数，分别命名为 n、o、p；对于 *ec*，设置论域范围为[−0.03,0.03]，添加 3 个高斯型隶属度函数，分别命名为 n、o、p；对于 *u*，设置论域范围为[−1,1]，添加 5 个三角形（trimf）隶属度函数，分别命名为 nb、ns、o、ps、pb。

（4）模糊规则输入

在 FIS Editor 界面中单击 Edit 菜单，然后选 Rules 命令，可以进入图 4-7 所示的界面，在此添加模糊控制规则。

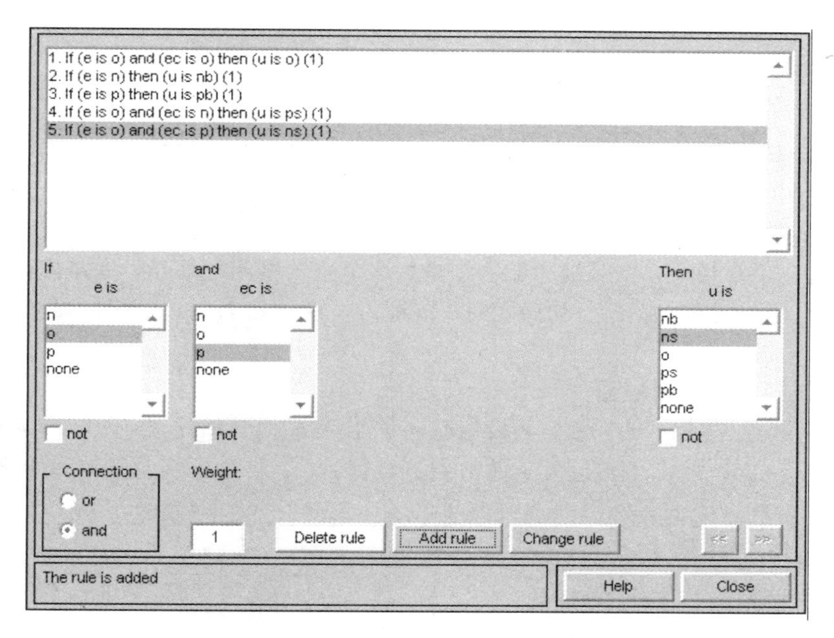

图 4-7 添加模糊控制规则

（5）输出模糊量的解模糊

在 Defuzzification 下拉列表框里可以选择需要的解模糊化方法，这里选的“centroid”意为重心法，如图 4-8 所示。

（6）模糊控制器仿真

单击 File\Export\to file 命令就可以将所设计的模糊控制器保存在一个.fis 文件里。保存结束之后不要关闭 FIS Editor。要在 MATLAB 里面运行模糊控制系统，需要将.fis 文件输出到 Workspace，这一操作的路径为 File\Export\To Workspace。

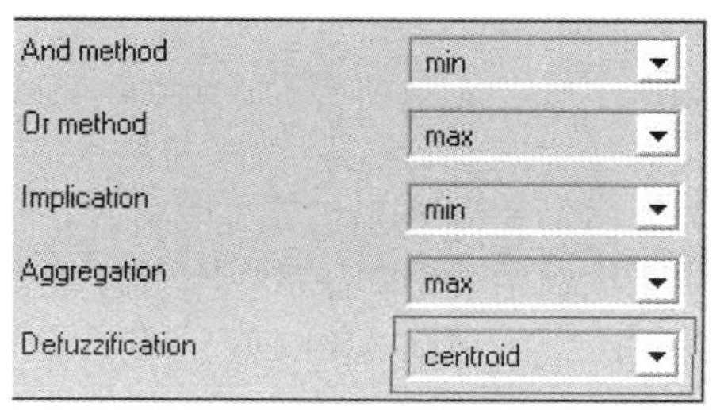

图 4-8 输出变量解模糊

完成以上操作后，就可以在模型里面运行模糊控制系统了。设运行时间为 150s，单击 Start Similation 开始仿真。运行结束后双击 Scope 图标就可以看到仿真结果，如图 4-9 所示。选取不同的参数，仿真效果差别很大。要想获得好的控制效果，需要对系统中的增益和隶属度函数以及控制规则做精心的调整。

4.2.5 模糊控制算法应用实例

本小节以船舶航向控制为例说明模糊控制算法在船舶航行控制中的应用。

1．船舶航向控制任务

这里被控对象的被控量是航向。船舶通常有两种航行状态，即随时改变航向的航行状态和保持给定航向的航行状态。航向控制系统的功能如下：

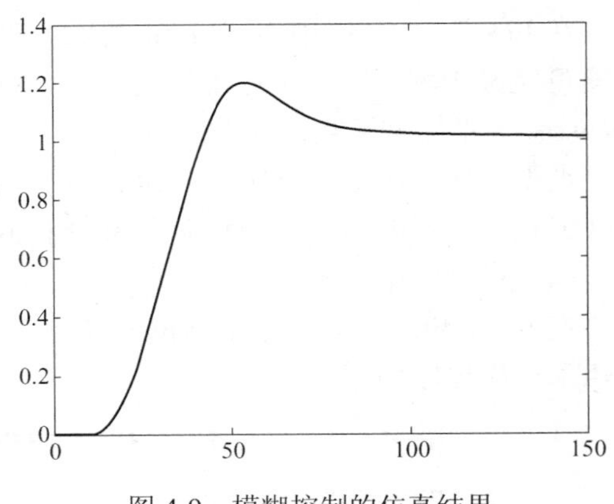

图 4-9　模糊控制的仿真结果

1）具有一定的灵敏度。当航向偏离达到一定角度时，舵能够以一定的速度自动转到一定的舵角。这个舵角叫一次偏舵角。

2）能够产生二次偏舵。当一次偏舵不足以使船返回航向，而船舶仍继续偏航时，继续偏舵，一直使船舶回到给定航向为止。

3）能够产生稳舵角。为了使船舶恰好回到给定航向，需要船舶接近给定航向时，舵可以向另一舷转过一个小角度，以抵消船舶的惯性，这个小角度叫稳舵角，通常由微分环节产生。

4）能方便地改变航向。在自动操舵时，既能维持在给定航向，又能按要求随时改变船舶航向。

2．船舶航向自动控制框图

一般情况下，正在航行的船舶，其设定航向 ψ_r 由驾驶人员给定，实际航向 ψ 由罗经测得。航向偏差 $e=\psi_r-\psi$，航向偏转速度 r 通常由计算得到，r 实际是航向偏差的变化。驾驶人员利用航向偏差和航向偏转速度，根据自己的经验，给出合适的控制舵角 δ，使船舶回到给定的航向 ψ_r 上航行。船舶航向控制系统是使船舶按照设定航向航行的自动控制系统，其框图如图 4-10 所示。

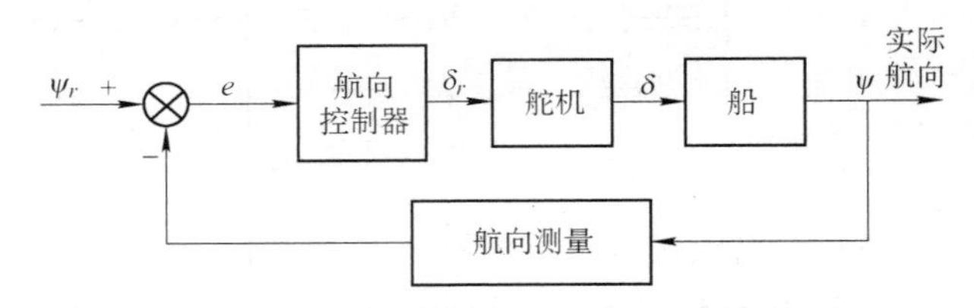

图 4-10　船舶航向自动控制系统框图

3．航向模糊控制器设计

（1）航向模糊控制系统框图

航向模糊控制系统选择航向偏差 e 和航向偏差变化率 $\dot{e}$ 作为控制器的输入变量，舵角设定值 U 作为控制器的输出变量，舵角设定值 U 是模糊控制器对偏差信息进行处理和推理运算得到的，模糊控制系统的结构框图如图 4-11 所示。在该控制器中，输入量为航向偏差 e 和航向偏差变化率 $\dot{e}$，研究表明，它相当于是非线性的 PD 控制器，K_e、K_c 分别是比例系数和微分系数，它们对系统性能有很大影响，要仔细地加以选择。K_u 串联于系统的回路中，它直接影响整个回路的增益，因此 K_u 也对系统的性能有很大影响，一般来说，K_u 选得大，系统反应快，但过大有可能使系统不稳定。

（2）论域与基本论域

为便于隶属度函数的设计，必须确定输入和输出变量的论域范围。这里，偏差和偏差变化率的论域均取为[−6,6]，控制量 U 的论域设为[−5,5]。

基本论域是指输入变量即偏差和偏差变化率的实际范围以及被控制对象实际所要求的控

制量的变化范围，属于精确量。根据实际情况，控制系统中选择航向偏差 e 的基本论域为 $[-30°,30°]$，航向偏差变化率 $\dot{e}$ 的基本论域为 $[-0.5°/s,+0.5°/s]$，舵角控制量 U 的基本论域为 $[-35°,35°]$。

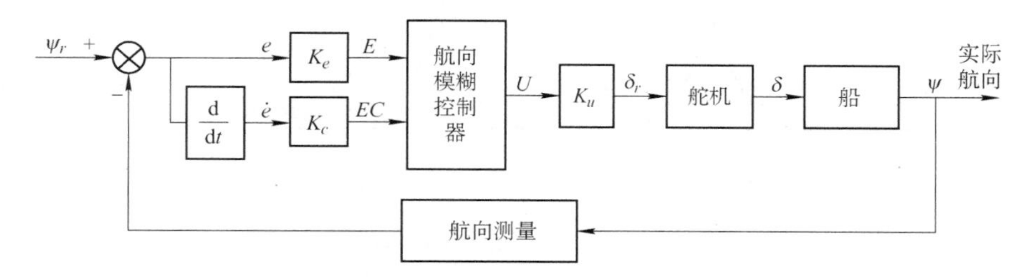

图 4-11　船舶航向模糊控制系统框图

（3）量化因子和比例因子

在论域和基本论域确定的情况下，量化因子和比例因子即可确定。航向偏差 E 的量化因子：$K_e=\dfrac{6}{30}=0.2$；航向偏差变化率 EC 的量化因子：$K_c=\dfrac{6}{0.5}=12$；舵角控制量 U 的比例因子：$K_u=\dfrac{35}{5}=7$。

（4）模糊语言变量的确定

在航向改变阶段，控制器对静态精度要求较低，为尽量简化规则的设计，模糊划分可以稍微少些，综合各种因素确定模糊控制器的输入、输出语言值均为{负大（NB），负小（NS），零（ZO），正小（PS），正大（PB）}。

（5）隶属度函数的确定

隶属度函数的设计直接影响着模糊控制器的性能，为保证系统不至于失控和控制规则的冲突，必须保证隶属度函数所定义的模糊子集满足完备性和相容性的要求。偏差、偏差变化率以及输出变量模糊子集的隶属度函数选取如图 4-12 和图 4-13 所示。

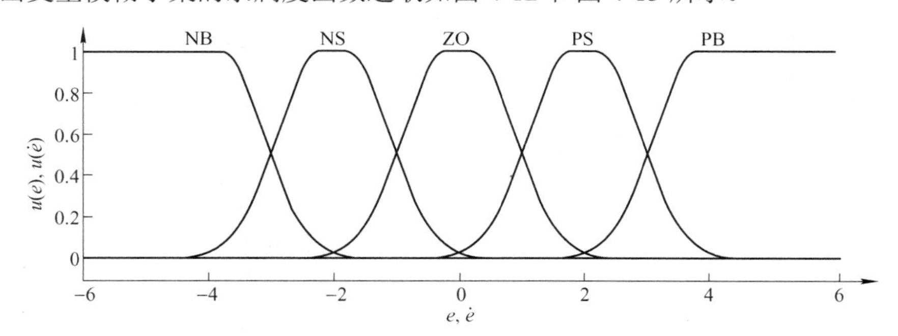

图 4-12　航向偏差及偏差变化率的隶属度函数

（6）模糊规则的确定

根据船舶航向实际操作过程来设计模糊规则。在航向改变的初始时刻，操舵人员将给出一个较大的舵角，直至产生舵效并将维持一段时间，以减小航向偏差。根据剩余航向偏差和航向偏转速度，在适当的时刻将舵角回零，利用船舶惯性使偏差继续减小。然后，为了防止超调，再施加一个反舵角并且持续一段时间。

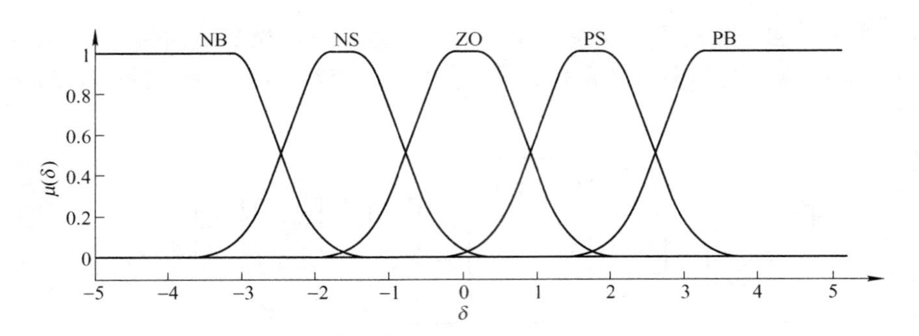

图 4-13　输出舵角的隶属度函数

（7）模糊推理与解模化

输入信号用单点模糊化；模糊规则用 Mamdani Min 蕴含关系；解模化的方法则采用面积重心法。

（8）航向模糊控制 MATLAB 仿真

仿真以大连海事大学某实习船为控制对象，该船舶的主要参数：船长 126m，船宽 20.8m，满载吃水 8m，方形系数 0.681，满载排水量 14 278.12t，舵叶面积 18.8m^2，航速 15kn（1kn=1.852km/h），重心距中心距离 0.25m。船舶模型参考相关文献资料，MATLAB 下模糊控制仿真过程参考 4.2.4 小节，不考虑干扰的 1 种仿真结果如图 4-14 所示。

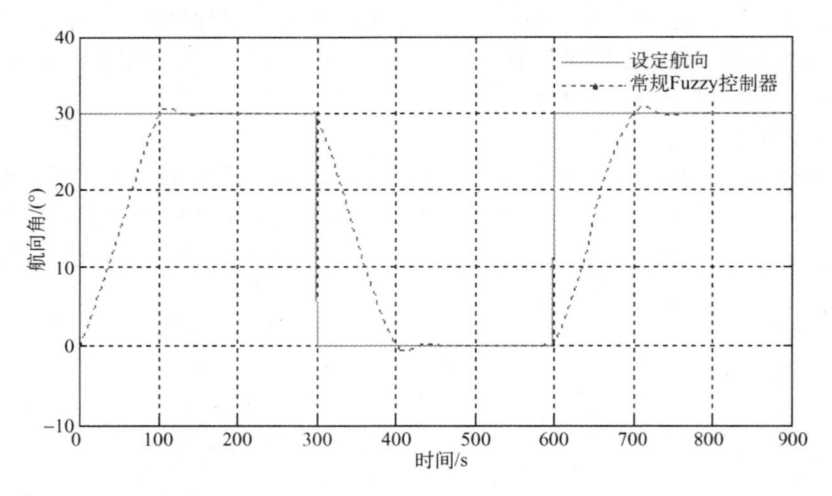

图 4-14　模糊控制的航向跟踪仿真结果

4.3　预测控制技术

20 世纪 70 年代以来，人们面对工业过程的特点，试图寻找对模型要求低、综合控制质量好、在线计算方便的优化控制新方法。模型预测控制就是在这种背景下发展起来的一类计算机优化控制算法。预测控制是一种基于模型的控制算法，这一模型称为预测模型。预测控制自从被提出以来，一直是控制界的一个研究热点，先后出现了模型算法控制（Model Algorithmic Control，MAC）、动态矩阵控制（Dynamic Matrix Control，DMC）和广义预测控制（Generalized Predictive Control，GPC）等几十种控制算法，且在实际复杂工业过程控制中得到了成功应用。预测控制的最大特点是不根据被控量的当前值进行控制，而是根据被控量在未来一段时间内的预测值进行控制。因此，控制作用可以提前一段时间动作，这对大滞后被控过程的控制是至关重要的。

4.3.1　预测模型

1．预测控制基本原理

模型预测控制是对模型算法控制、动态矩阵控制和广义预测控制等一类计算机控制算法的总称。如图 4-15 所示，采用一个单输入单输出（Single Input Signal Output，SISO）系统说明预测控制决策过程。

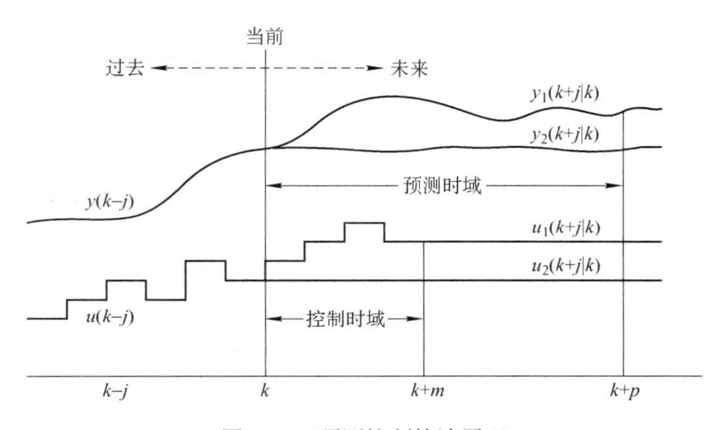

图 4-15　预测控制算法原理

1）在“当前”时刻 k，假定未来控制序列为 $\{u(k),u(k+1),\cdots,u(k+m-1)\}$，依据 k 时刻的已知信息和动态预测模型对过程的未来输出进行预测，预测值为 $\{\hat{y}(k+1),\hat{y}(k+2),\cdots,\hat{y}(k+p)\}$。

2）从所假设的不同的未来控制作用中，选择“最优”控制序列 $\{u^*(k),u^*(k+1),\cdots,u^*(k+m-1)\}$，使过程的输出预测值 $\hat{y}$ 以“最优”的方式逼近参考轨迹 y_{r}。最优逼近的含义是使某一特定的目标函数最小。目前较多采用的目标函数为 $\min J(k)=\sum_{j=1}^{P}(\hat{y}(k+j)-y_{\mathrm{r}}(k+j))^2+\sum_{j=1}^{M}r_j(\Delta u(k+j-1))^2$，其中 $\Delta u(k+j-1)=u(k+j)-u(k+j-1)$。

3）将“最优”控制序列中 k 时刻的控制信号 $u(k)=u^*(k)$ 作用于实际过程。在下一个采样时刻重复这些计算步骤。

图 4-16 是预测控制系统原理框图。虽然预测控制算法种类较多，表现形式多种多样，但它们都包含预测模型、滚动优化和反馈校正。

（1）预测模型

预测模型的功能是根据对象的历史信息和未来输入预测其未来的输出，并根据被控变量与给定值之间的偏差确定当前时刻的控制作用。与仅由当前偏差确定控制作用的常规控制相比，预测模型控制具有更好的控制效果。预测模型只强调其预测功能，而不强调其结构形式，因此，状态方程、传递函数等传统的模型都可以作为预测模型。对于线性稳定对象，阶跃响应、脉冲响应等非参数模型也可直接作为预测模型使用。对于非线性系统、分布参数系统的模型，只要具备上述功能，也可作为预测模型使用。

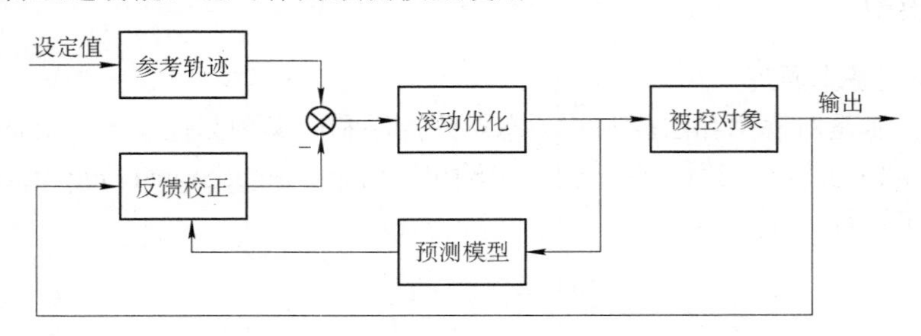

图 4-16　预测控制系统结构

（2）滚动优化

模型预测控制中的优化是一种有限时域的滚动优化。在每一采样时刻，优化性能指标只涉及该时刻起未来有限的时域，而在下一采样时刻，这一优化时域同时向前推移，即模型预测控制不是采用一个不变的全局优化指标，而是在每一时刻有一个相对于该时刻的优化性能指标。不同时刻的优化性能指标的形式是相同的，但其所包含的时间区域是不同的。因此，在模型预测控制中，优化计算不是一次离线完成，而是在线反复进行的，这就是滚动优化的含义，也是模型预测控制区别于其他传统最优控制的根本点。滚动优化使模型失配、时变、干扰等引起的不确定性可以得到及时弥补，能提高系统的控制效果。

（3）反馈校正

由于实际系统存在非线性、时变、干扰等多种因素的影响，预测模型的预测输出与对象实际输出之间往往存在着一定的偏差，即预测误差，而在实施滚动优化过程中又要求模型输出与实际系统输出保持一致，为此，一般采用反馈校正方法来弥补这一缺陷。反馈校正的形式：一种是在维持预测模型不变的基础上，对未来的误差做出预测并补偿，如 MAC、DMC 等；另一种是利用在线辨识的原理直接对预测模型加以在线校正。预测控制的优化不仅基于模型，而且利用了反馈信息，因而是一种闭环校正控制算法。

2．常用的预测模型

选择合适的预测模型是模型预测控制的关键。常用的预测模型包括脉冲响应模型、阶跃响应模型、受控自回归积分滑动平均模型等。

（1）脉冲响应模型

对于线性对象，可以通过离线或在线辨识，并经过平滑得到其单位脉冲响应的采样值为 g_1，g_2，…，如图 4-17 所示。当对象是渐近稳定的，即有 $\lim\limits_{i\to\infty} g_i = 0$ 成立。

根据离散卷积公式，输出与输入之间的关系可用 $y(k)=\sum\limits_{i=1}^{\infty} g_i u(k-i)$ 表示，存在 N，使得 $\sum\limits_{i=N}^{\infty} g_i u(k-i)$ 足够小，可以忽略不计。因此，对象的动态特性可近似地用一个有限项卷积表示

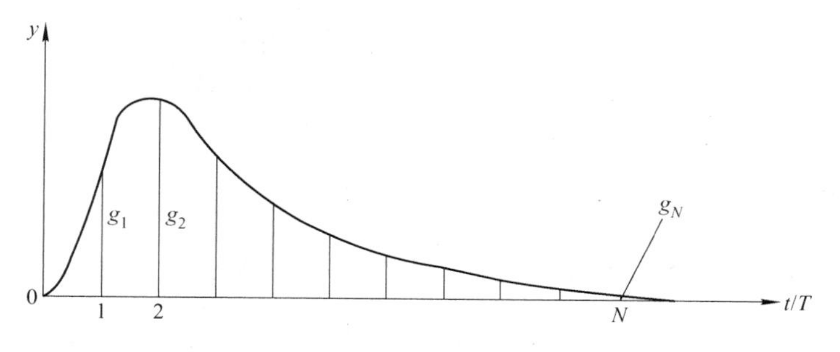

图 4-17　开环稳定系统的离散脉冲响应曲线

的预测模型来描述，即 $y(k)=\sum_{i=1}^{N} g_i u(k-i)$。由此可以得到对象在未来第 j 个采样时刻的输出预测值为

$$\hat{y}(k+j)=\sum_{i=1}^{N} g_i u(k+j-i) \tag{4-1}$$

式中，$j=1,2,\cdots,P$，P 为预测时域长度，N 为建模时域长度。假设在 $k+M-1$ 时刻后控制量的值不再改变，即 $u(k+M-1)=u(k+M)=\cdots=u(k+P-1)$，则有

$$\hat{y}(k+j)=\begin{cases}\sum\limits_{i=1}^{N} g_i u(k+j-i) & j<M \\ \sum\limits_{i=j-M+2}^{N} g_i u(k+j-i)+\sum\limits_{i=1}^{j-M+1} g_i u(k+M-1) & M\leqslant j\leqslant P\end{cases}$$

输出预测模型可以写成向量形式：

$$\hat{\boldsymbol{Y}}(k+1)=\boldsymbol{G}_1\boldsymbol{U}(k)+\boldsymbol{G}_2\boldsymbol{U}(k-1)$$

式中，$\hat{\boldsymbol{Y}}(k+1)=[\hat{y}(k+1)\cdots\hat{y}(k+P)]^{\mathrm{T}}$ 为输出向量，$\boldsymbol{U}(k)=[u(k)\cdots u(k+M-1)]^{\mathrm{T}}$ 为待求的控制向量，$\boldsymbol{U}(k-1)=[u(k-1)\cdots u(k+1-N)]^{\mathrm{T}}$ 为已知控制向量，$\boldsymbol{G}_1=\begin{pmatrix} g_1 & 0 & \cdots & & 0 \\ g_2 & g_1 & & & \vdots \\ \vdots & \vdots & & & 0 \\ g_M & g_{M-1} & \cdots & g_2 & g_1 \\ g_{M+1} & g_M & \cdots & g_3 & g_2+g_1 \\ \vdots & \vdots & & \vdots & \vdots \\ g_P & g_{P-1} & \cdots & g_{P-M+2} & g_{P-M+1}+g_{P-M+2}+\cdots+g_1 \end{pmatrix}_{P\times M}$，$\boldsymbol{G}_2=\begin{pmatrix} g_2 & g_3 & \cdots & & g_{N-1} & g_N \\ g_3 & g_4 & \cdots & & g_N & 0 \\ \vdots & \vdots & & & \vdots & \vdots \\ g_{P+1} & g_{P+2} & \cdots & g_N & \cdots & 0 \end{pmatrix}_{P\times(N-1)}$。

由此可知，脉冲响应模型的输出包括由过去已知的控制量所产生的预测模型输出和现在及未来控制量所产生的预测模型输出两部分。

（2）阶跃响应模型

从被控对象的阶跃响应出发，对象动态特性可用一系列动态系数 $a_1,a_2,\cdots,a_N$，即单位阶跃响应在采样时刻的值来描述，其中 N 称为模型时域长度，a_N 是足够接近稳态值的系数。

根据线性系统的比例和叠加性质（系数不变原理），若在某个时刻 $k-i(k\geqslant i)$ 输入 $u(k-i)$，则 $\Delta u(k-i)$ 对输出 $y(k)$ 的贡献为 $y(k)=\begin{cases}a_i\Delta u(k-i) & 1\leqslant i<N \\ a_N\Delta u(k-i) & i\geqslant N\end{cases}$。若在所有

$k-i(i=1,2,\cdots,k)$ 时刻同时有输入，则根据叠加原理可以得到

$$y(k)=\sum_{i=1}^{N-1}a_i\Delta u(k-i)+a_N\Delta u(k-N) \tag{4-2}$$

则 $y(k+j)$ 的预估值为

$$\hat{y}(k+j)=\sum_{i=1}^{N-1}a_i\Delta u(k+j-i)+a_N\Delta u(k+j-N),\quad j=1,2,\cdots,P \tag{4-3}$$

由于只有过去的控制输入是已知的，因此在利用动态模型做预估时有必要把过去的输入对未来的输出贡献分离出来，则式（4-3）可以改写成

$$\hat{y}(k+j)=\sum_{i=1}^{j}a_i\Delta u(k+j-i)+\sum_{i=j+1}^{N-1}a_i\Delta u(k+j-i)+a_N\Delta u(k+j-N),\ j=1,2,\cdots,P \tag{4-4}$$

式（4-4）等号右端后二项即为过去输入对输出 j 步的预估，记为

$$y_0(k+j)=\sum_{i=j+1}^{N-1}a_i\Delta u(k+j-i)+a_N\Delta u(k+j-N) \tag{4-5}$$

式（4-4）可以写成以下矩阵形式：

$$\begin{pmatrix}\hat{y}(k+1)\\ \hat{y}(k+2)\\ \vdots\\ \hat{y}(k+P)\end{pmatrix}=\begin{pmatrix}a_1 & & & \\ a_2 & a_1 & 0 & \\ \vdots & \vdots & & \\ a_P & a_{P-1} & \cdots & a_1\end{pmatrix}\begin{pmatrix}\Delta u(k)\\ \Delta u(k+1)\\ \vdots\\ \Delta u(k+P-1)\end{pmatrix}+\begin{pmatrix}y_0(k+1)\\ y_0(k+2)\\ \vdots\\ y_0(k+P)\end{pmatrix} \tag{4-6}$$

为增加系统的动态稳定性和控制输入的可实现性，以及减少计算量，可将控制输入向量减少为 M 维，则式（4-6）变为

$$\begin{pmatrix}\hat{y}(k+1)\\ \hat{y}(k+2)\\ \vdots\\ \hat{y}(k+P)\end{pmatrix}=\begin{pmatrix}a_1 & & & \\ a_2 & a_1 & 0 & \\ \vdots & \vdots & & \\ a_P & a_{P-1} & \cdots & a_{P-M+1}\end{pmatrix}\begin{pmatrix}\Delta u(k)\\ \Delta u(k+1)\\ \vdots\\ \Delta u(k+M-1)\end{pmatrix}+\begin{pmatrix}y_0(k+1)\\ y_0(k+2)\\ \vdots\\ y_0(k+P)\end{pmatrix} \tag{4-7}$$

记 $\hat{\boldsymbol{Y}}(k+1)=[\hat{y}(k+1),\hat{y}(k+2),\cdots,\hat{y}(k+P)]^{\mathrm{T}}$，$\Delta\boldsymbol{U}(k)=[\Delta u(k),\Delta u(k+1),\cdots,\Delta u(k+M-1)]^{\mathrm{T}}$，$\boldsymbol{Y}_0(k)=[y_0(k+1),y_0(k+2),\cdots,y_0(k+P)]^{\mathrm{T}}$，则式（4-7）可写为

$$\hat{\boldsymbol{Y}}(k+1)=\boldsymbol{A}\Delta\boldsymbol{U}(k)+\boldsymbol{Y}_0(k) \tag{4-8}$$

式中，$\boldsymbol{A}=\begin{pmatrix}a_1 & & & \\ a_2 & a_1 & 0 & \\ \vdots & \vdots & & \\ a_P & a_{P-1} & \cdots & a_{P-M+1}\end{pmatrix}$为 $P\times M$ 维的常数矩阵，由于它完全由系统的阶跃响应参数所决定，反映了对象的动态特性，故称为动态矩阵。P、M 分别称为最大预测长度和控制长度。

（3）受控自回归积分滑动平均模型

受控自回归积分滑动平均（Controlled Auto-Regressive Integrated Moving-Average，

CARIMA）模型是用来描述随机现象中输入与输出关系的一类线性动态模型。CARIMA 模型为

$$A(z^{-1})y(k)=z^{-d}B(z^{-1})u(k)+C(z^{-1})\xi(k)/\Delta \tag{4-9}$$

式中，$A(z^{-1})$、$B(z^{-1})$、$C(z^{-1})$ 分别为 n_A、n_B 和 n_C 阶的 z^{-1} 的多项式，$\Delta=1-z^{-1}$ 为差分算子，$y(k)$、$u(k)$ 和 $\xi(k)$ 分别为输出、输入和均值为零不相关随机白噪声序列。

假定延迟系数 d 为 1，则式（4-9）可以写成

$$A(z^{-1})y(k)=B(z^{-1})u(k-1)+C(z^{-1})\xi(k)/\Delta \tag{4-10}$$

为简单起见，令 $C(z^{-1})=1$，由式（4-10）可得

$$\Delta A(z^{-1})y(k)=B(z^{-1})\Delta u(k-1)+\xi(k) \tag{4-11}$$

为应用 CARIMA 模型，利用至 k 时刻为止的输入、输出的已知数据，对 $k+j$ 时刻的系统输出进行预测，引入丢番图（Dioaphantine）方程：

$$1=\Delta A(z^{-1})E_j(z^{-1})+z^{-j}F_j(z^{-1}) \tag{4-12}$$

式中，$E_j(z^{-1})=e_{j,0}+e_{j,1}z^{-1}+\cdots+e_{j,j-1}z^{-j+1}$，$e_{j,0}=1$，$F_j(z^{-1})=f_{j,0}+f_{j,1}z^{-1}+\cdots+f_{j,n_A}z^{-n_A}$。将式（4-11）等号两边乘以 $z^jE_j(z^{-1})$ 得 $E_j(z^{-1})\Delta A(z^{-1})y(k+j)=E_j(z^{-1})B(z^{-1})\Delta u(k+j-1)+E_j(z^{-1})\xi(k+j)$，结合式（4-12）得 $y(k+j)=B(z^{-1})E_j(z^{-1})\Delta u(k+j-1)+E_j(z^{-1})\xi(k+j)+F_j(z^{-1})y(k)$，记 $G_j(z^{-1})=B(z^{-1})E_j(z^{-1})=g_{j,0}+g_{j,1}z^{-1}+\cdots+g_{j,n_B+j-1}z^{-n_B-j+1}$，忽略未来噪声的影响，可以得到 k 时刻后 j 步的输出的预测方程为

$$\hat{y}(k+j)=G_j(z^{-1})\Delta u(k+j-1)+F_j(z^{-1})y(k) \tag{4-13}$$

写出式（4-13）中 $j=1,2,\cdots,P$ 的表达式：

$j=1$　$\hat{y}(k+1)=g_{1,0}\Delta u(k)+g_{1,1}\Delta u(k-1)+\cdots+g_{1,n_B}\Delta u(k-n_B)+F_1(z^{-1})y(k)$

$j=2$　$\hat{y}(k+2)=g_{2,0}\Delta u(k+1)+g_{2,1}\Delta u(k)+g_{2,2}\Delta u(k-1)+\cdots+g_{2,n_B+1}\Delta u(k-n_B)+F_2(z^{-1})y(k)$

$\vdots$

$$j=P\quad \begin{aligned}&\hat{y}(k+P)=g_{P,0}\Delta u(k+P-1)+g_{P,1}\Delta u(k+P-2)+\cdots+g_{P,P-1}\Delta u(k)+\\&g_{P,P}\Delta u(k-1)+\cdots+g_{P,P+n_B-1}\Delta u(k-n_B)+F_P(z^{-1})y(k)\end{aligned}$$

记 $\hat{\boldsymbol{Y}}(k+1)=[\hat{y}(k+1),\hat{y}(k+2),\cdots,\hat{y}(k+P)]^{\mathrm{T}}$，$\Delta\boldsymbol{U}=[\Delta u(k),\Delta u(k+1),\cdots,\Delta u(k+P-1)]^{\mathrm{T}}$，$\Delta\boldsymbol{U}(k-j)=[\Delta u(k-1),\Delta u(k-2),\cdots,\Delta u(k-n_B)]^{\mathrm{T}}$，$\boldsymbol{Y}(k)=[y(k),y(k-1),\cdots,y(k-n_A)]^{\mathrm{T}}$，则可得最优输出预测值为

$$\hat{\boldsymbol{Y}}(k+1)=\boldsymbol{G}_1\Delta\boldsymbol{U}+\boldsymbol{G}_2\Delta\boldsymbol{U}(k-j)+\boldsymbol{F}\boldsymbol{Y}(k) \tag{4-14}$$

式中，$\boldsymbol{G}_1=\begin{pmatrix}g_{1,0} & 0 & \cdots & 0\\ g_{2,1} & g_{2,0} & & \vdots\\ \vdots & \vdots & & 0\\ g_{P,P-1} & g_{P,P-2} & \cdots & g_{P,0}\end{pmatrix}$，$\boldsymbol{G}_2=\begin{pmatrix}g_{1,1} & g_{1,2} & \cdots & g_{1,n}\\ g_{2,2} & g_{2,3} & \cdots & g_{2,n_B+1}\\ \vdots & \vdots & & \vdots\\ g_{P,P} & g_{P,P+1} & \cdots & g_{P,P+n_B+1}\end{pmatrix}$，

$\boldsymbol{F}=\begin{pmatrix} f_{1,0} & f_{1,1} & \cdots & f_{1,n_A} \\ f_{2,0} & f_{2,1} & \cdots & f_{2,n_A} \\ \vdots & \vdots & & \vdots \\ f_{P,0} & f_{P,1} & \cdots & f_{P,n_A} \end{pmatrix}$。如果在 $k+M-1$ 时刻后控制量的值不再改变，且 $M<P$，则 $\boldsymbol{G}_1$ 的后 $P-M$ 项为零。

由式（4-14）计算 $\hat{y}(k+j)$ 必须先计算 $E_j(z^{-1})$ 和 $F_j(z^{-1})$。如果直接通过解丢番图方程来计算 $E_j(z^{-1})$ 和 $F_j(z^{-1})$，则计算量非常大。为了减少计算量，可以运用 Clarke 提出的递推法计算 $E_j(z^{-1})$ 和 $F_j(z^{-1})$。

第 j 步预测需要解丢番图方程式（4-12），第 $j+1$ 步预测需要解丢番图方程式（4-15）。

$$1=\Delta A(z^{-1})E_{j+1}(z^{-1})+z^{-j-1}F_{j+1}(z^{-1}) \tag{4-15}$$

将式（4-15）与式（4-12）相减得

$$E_{j+1}(z^{-1})-E_j(z^{-1})=\frac{z^{-j}\left[F_j(z^{-1})-z^{-1}F_{j+1}(z^{-1})\right]}{\Delta A(z^{-1})} \tag{4-16}$$

式（4-16）等号右边分子多项式从 0 到 $j-1$ 次项的系数均为零，因此 $E_j(z^{-1})$ 和 $E_{j+1}(z^{-1})$ 的前 $j-1$ 项的系数相等，即 $e_{j+1,i}=e_{j,i}$，$i=0,1,\cdots,j-1$，于是有

$$E_{j+1}(z^{-1})=E_j(z^{-1})+e_{j+1,j}z^{-j} \tag{4-17}$$

将式（4-17）代入式（4-15）可得 $F_{j+1}(z^{-1})$ 与 $F_j(z^{-1})$ 之间的递推关系：

$$z^{-1}F_{j+1}(z^{-1})=F_j(z^{-1})-\Delta A(z^{-1})e_{j+1,j} \tag{4-18}$$

记 $\Delta A(z^{-1})=1+\tilde{a}_1z^{-1}+\tilde{a}_2z^{-2}+\cdots+\tilde{a}_{n_A}z^{-n_A}+\tilde{a}_{n_A+1}z^{-n_A-1}$，将式（4-18）等号两边的多项式展开得

$$\begin{aligned} & f_{j+1,0}z^{-1}+f_{j+1,1}z^{-2}+f_{j+1,2}z^{-3}+\cdots+f_{j+1,n_A}z^{-n_A-1} \\ & =f_{j,0}+f_{j,1}z^{-1}+f_{j,2}z^{-2}+\cdots+f_{j,n_A}z^{-n_A}-e_{j+1,j}(1+\tilde{a}_1z^{-1}+\cdots+\tilde{a}_{n_A}z^{-n_A-1}) \end{aligned}$$

由于同次幂项的系数相等，可得

$$\begin{cases} e_{j+1,j}=f_{j,0} \\ f_{j+1,0}=f_{j,1}-\tilde{a}_1e_{j+1,j}=f_{j,1}-\tilde{a}_1f_{j,0} \\ f_{j+1,1}=f_{j,2}-\tilde{a}_2e_{j+1,j}=f_{j,2}-\tilde{a}_2f_{j,0} \\ \qquad\vdots \\ f_{j+1,n_A-1}=f_{j,n_A}-\tilde{a}_{n_A}f_{j,0} \\ f_{j+1,n_A}=-\tilde{a}_{n_A+1}f_{j,0} \end{cases} \tag{4-19}$$

$j=1$ 时，由 $E_1(z^{-1})\Delta A(z^{-1})+z^{-1}F_1(z^{-1})=1$ 可得 $E_1(z^{-1})=e_{1,0}=1$，因此

$$F_1(z^{-1})=z[1-\Delta A(z^{-1})] \tag{4-20}$$

由式（4-17）、式（4-19）和式（4-20）可以推出 $E_j(z^{-1})$ 和 $F_j(z^{-1})$。

4.3.2　预测控制算法

1. 模型算法控制

MAC 又称模型预测启发式控制，它采用基于对象脉冲响应的非参数数学模型作为内部模型，适用于渐近稳定的线性对象。MAC 由预测模型、闭环预测、参考轨迹和最优控制四部分组成。

（1）预测模型

采用 4.3.1 小节描述的脉冲响应模型。

（2）闭环预测

在实际的控制过程中，由于时变或非线性等因素使模型存在误差，同时系统中存在各种随机干扰，使得模型与实际对象的输出不可能完全一致，因此需要修正已建立的开环模型预测输出。在 MAC 中常采用输出误差反馈校正方法，即闭环预测。设第 k 步的实际输出 $y(k)$ 与预测模型输出 $\hat{y}(k)$ 之间的误差 $e(k)=y(k)-\hat{y}(k)$，利用 $e(k)$ 对预测输出 $\hat{y}(k+j)$ 进行反馈校正，得到校正输出预测值 $y_{\mathrm{c}}(k+j)=\hat{y}(k+j)+he(k), j=1,2,\cdots,P$，其中 h 为误差修正系数。将校正输出预测值表示成向量形式，得 $\boldsymbol{Y}_{\mathrm{c}}(k+1)=\hat{\boldsymbol{Y}}(k+1)+\boldsymbol{H}e(k)$，其中 $\boldsymbol{Y}_{\mathrm{c}}(k+1)=\left[y_{\mathrm{c}}(k+1)\cdots y_{\mathrm{c}}(k+P)\right]^{\mathrm{T}}$ 为系统输出预测向量，$\boldsymbol{H}=\left[h_1\cdots h_P\right]^{\mathrm{T}}$。

（3）参考轨迹

在 MAC 算法中，控制目标是使系统的输出 y 沿着一条事先规定的曲线逐渐到达设定值，这条指定的曲线称为参考轨迹 y_{r}。通常参考轨迹采用从现在时刻实际输出值出发的一阶指数函数形式，如图 4-18 所示，其作用是减小过量的控制，使系统的输出能平滑地到达设定值。参考轨迹在未来第 j 个时刻的值为

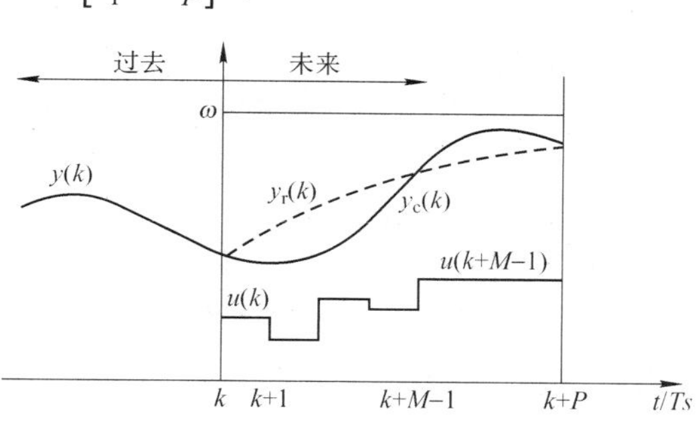

图 4-18　参考轨迹与最优化

$$y_{\mathrm{r}}(k+j)=y(k)+\left[\omega-y(k)\right]\left(1-\mathrm{e}^{-jTs/\tau}\right), j=0,1,\cdots$$

若令 $\alpha=\mathrm{e}^{-Ts/\tau}$，则可以改写成 $y_{\mathrm{r}}(k+j)=\alpha^{j}y(k)+\left(1-\alpha^{j}\right)\omega, j=0,1,\cdots$。由此可以看出，参考轨迹的时间常数 τ 越大，α 值也就越大，系统的柔性越好，鲁棒性越强，但控制的快速性变差。因此，在 MAC 的设计中，α 是一个很重要的参数，它对闭环系统的动态特性和鲁棒性将起重要作用。

（4）最优控制

最优控制律由所选用的性能指标来确定，通常选用输出预测误差和控制量加权的二次型性能指标，其表示形式为

$$J(k)=\sum_{j=1}^{P}q_j[y_{\mathrm{c}}(k+j)-y_{\mathrm{r}}(k+j)]^2+\sum_{i=1}^{M}r_i[u(k+i-1)]^2 \tag{4-21}$$

式中，q_j、r_i 分别为预测输出误差与控制量的加权系数。将式（4-21）写成向量形式：

$$\boldsymbol{J}(k)=[\boldsymbol{Y}_{\mathrm{c}}(k+1)-\boldsymbol{Y}_{\mathrm{r}}(k+1)]^{\mathrm{T}}\boldsymbol{Q}[\boldsymbol{Y}_{\mathrm{c}}(k+1)-\boldsymbol{Y}_{\mathrm{r}}(k+1)]+\boldsymbol{U}(k)^{\mathrm{T}}\boldsymbol{R}\boldsymbol{U}(k) \tag{4-22}$$

对式（4-22）未知控制向量$\boldsymbol{U}(k)$求导，令$\dfrac{\partial \boldsymbol{J}(k)}{\partial \boldsymbol{U}(k)}=0$可得如下最优控制律：

$$\boldsymbol{U}(k)=(\boldsymbol{G}_1{}^{\mathrm{T}}\boldsymbol{Q}\boldsymbol{G}_1+\boldsymbol{R})^{-1}\boldsymbol{G}_1{}^{\mathrm{T}}\boldsymbol{Q}[\boldsymbol{Y}_{\mathrm{r}}(k+1)-\boldsymbol{G}_2\boldsymbol{U}(k-1)-\boldsymbol{H}e(k)] \tag{4-23}$$

在实际操作时，如按式（4-23）的控制律进行开环顺序控制，由于多种不确定因素的存在，经过M步控制作用后可能会较多偏离期望轨迹。为了及时纠正这一误差，需要采用闭环控制算法，即只执行当前时刻的控制作用$u(k)$，而控制量$u(k+1)$再按式（4-23）递推一步重算。因此最优即时控制量可写成$\boldsymbol{u}(k)=\boldsymbol{d}_1{}^{\mathrm{T}}[\boldsymbol{Y}_{\mathrm{r}}(k+1)-\boldsymbol{G}_2\boldsymbol{U}(k-1)-\boldsymbol{H}e(k)]$，其中$\boldsymbol{d}_1{}^{\mathrm{T}}=[1\quad 0\quad \cdots\quad 0](\boldsymbol{G}_1{}^{\mathrm{T}}\boldsymbol{Q}\boldsymbol{G}_1+\boldsymbol{R})^{-1}\boldsymbol{G}_1{}^{\mathrm{T}}\boldsymbol{Q}$。

（5）模型算法控制的实施步骤

1）通过方波脉冲实验获取被控系统的单位脉冲响应序列模型。

2）确定设计参数：预测时域长度P、控制时域长度M、柔化因子α、误差加权矩阵$\boldsymbol{Q}$和控制加权矩阵$\boldsymbol{R}$。

3）离线计算即时最优控制增益阵$\boldsymbol{d}_1{}^{\mathrm{T}}=(1\quad 0\quad \cdots\quad 0)(\boldsymbol{G}_1{}^{\mathrm{T}}\boldsymbol{Q}\boldsymbol{G}_1+\boldsymbol{R})^{-1}\boldsymbol{G}_1{}^{\mathrm{T}}\boldsymbol{Q}$。

4）测量系统当前实际输出$y(k)$，并计算校正预测输出。

5）计算未来期望输出，并形成向量。

6）计算即时最优控制量。

7）检查控制量$u^*(k)$是否超越上、下限：若$u^*(k)$超越其上限，则取$u(k)$为上限值；若$u^*(k)$超越其下限，则取$u(k)$为下限值。将最终确定的即时控制量$u(k)$输出并执行。

8）下个采样周期开始，递推一步返回4）。

2．动态矩阵控制

1974年DMC算法作为一种有约束的多变量优化控制算法首先应用于美国壳牌公司的生产装置，它是一种成功有效的控制算法。与MAC算法所不同的是，DMC算法以系统的阶跃响应模型作为内部模型。它同样适用于渐近稳定的线性对象，对于弱非线性对象，可在工作点附件对系统进行线性化；对于不稳定对象，可先用常规PID控制使其稳定，然后再使用DMC算法。DMC的基本结构如图4-19所示。

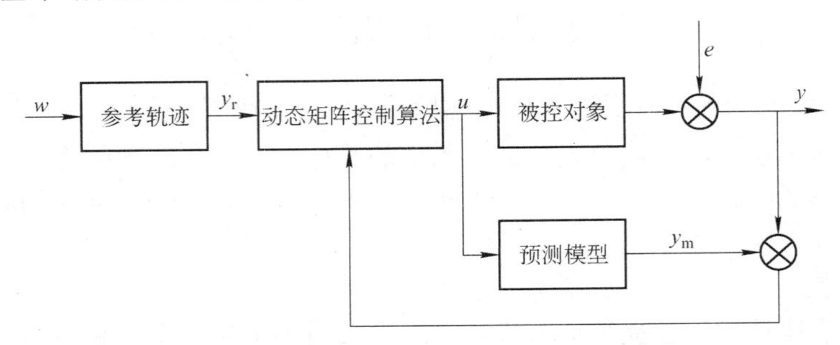

图4-19　DMC结构示意图

（1）预测模型

采用4.3.1小节描述的阶跃响应模型。

（2）滚动优化

动态矩阵控制算法采用了滚动优化目标函数。系统的模型预测是根据动态响应系数和控制增量来决定的，该算法的控制增量是通过使式（4-24）最优化准则的值为最小来确定的。目标是使系统在未来 $P(N \geqslant P \geqslant M)$ 时刻的输出值尽可能接近期望值。常用的目标函数为

$$J(k)=\sum_{j=1}^{P} q_j[y(k+j)-w(k+j)]^2+\sum_{j=1}^{M} r_j[\Delta u(k+j-1)]^2 \tag{4-24}$$

式（4-24）写成矩阵形式为

$$J=(\boldsymbol{Y}-\boldsymbol{W})^{\mathrm{T}}\boldsymbol{Q}(\boldsymbol{Y}-\boldsymbol{W})+\Delta\boldsymbol{U}^{\mathrm{T}}\boldsymbol{R}\Delta\boldsymbol{U} \tag{4-25}$$

式中，$\boldsymbol{W}=[w(k+1),w(k+2),\cdots,w(k+P)]^{\mathrm{T}}$，$w(k+j)$ 称为期望输出序列值。

在预测控制算法中，要求闭环响应沿着一条指定的、平滑的曲线到达新的稳定值，以提高系统的鲁棒性。一般取

$$w(k+j)=\alpha^j y(k)+(1-\alpha^j)y_{\mathrm{r}}，\quad j=1,2,\cdots,P$$

式中，$\alpha\ (0<\alpha<1)$ 为柔化系数，$y(k)$ 为系统实测输出值，y_{r} 为系统的给定值。

用最优预测值 $\hat{\boldsymbol{Y}}(k+1)$ 代替 $\boldsymbol{Y}(k+1)$，即将式（4-24）代入式（4-25）中，并令 $\dfrac{\partial J}{\partial\Delta\boldsymbol{U}}=0$，得 $\Delta\boldsymbol{U}=(\boldsymbol{A}^{\mathrm{T}}\boldsymbol{Q}\boldsymbol{A}+\boldsymbol{R})^{-1}\boldsymbol{A}^{\mathrm{T}}\boldsymbol{Q}(\boldsymbol{W}-\boldsymbol{Y}_0)$，此式与实际检测值无关，是 DMC 算法的开环控制形式。DMC 控制采用增量型算法，最优即时控制量 $\Delta u(k)$ 为

$$\Delta u(k)=\boldsymbol{c}^{\mathrm{T}}(\boldsymbol{A}^{\mathrm{T}}\boldsymbol{Q}\boldsymbol{A}+\boldsymbol{R})^{-1}\boldsymbol{A}^{\mathrm{T}}\boldsymbol{Q}(\boldsymbol{W}-\boldsymbol{Y}_0)=\boldsymbol{d}^{\mathrm{T}}(\boldsymbol{W}-\boldsymbol{Y}_0) \tag{4-26}$$

式中，$\boldsymbol{c}^{\mathrm{T}}=(1\ \ 0\ \ \cdots\ \ 0)$，$\boldsymbol{d}^{\mathrm{T}}=\boldsymbol{c}^{\mathrm{T}}(\boldsymbol{A}^{\mathrm{T}}\boldsymbol{Q}\boldsymbol{A}+\boldsymbol{R})^{-1}\boldsymbol{A}^{\mathrm{T}}\boldsymbol{Q}$。若要使输出值紧密跟踪期望值，则需采用闭环控制算式。

（3）误差校正

由于每次实施控制，只采用了第一个控制增量 $\Delta u(k)$，故对未来时刻的输出可用式（4-27）预测。式中，$\hat{\boldsymbol{Y}}_P=[\hat{y}(k+1),\hat{y}(k+2),\cdots,\hat{y}(k+P)]^{\mathrm{T}}$ 为在 k 时刻预测的有 $\Delta u(k)$ 作用时的未来 P 个时刻的系统输出，$\boldsymbol{Y}_{P0}=[y_0(k+1),y_0(k+2),\cdots,y_0(k+P)]^{\mathrm{T}}$ 为在 k 时刻预测的无 $\Delta u(k)$ 作用时的未来 P 个时刻的系统输出，$\boldsymbol{a}=[a_1,a_2,\cdots,a_P]^{\mathrm{T}}$ 为单位阶跃响应在采样时刻的值。

$$\hat{\boldsymbol{Y}}_P=\boldsymbol{a}\Delta u(k)+\boldsymbol{Y}_{P0} \tag{4-27}$$

由于对象及环境的不确定性，在 k 时刻实施控制作用后，在 $k+1$ 时刻的实际输出 $y(k+1)$ 与预测的输出 $\hat{y}(k+1)=y_0(k+1)+a_1\Delta u(k)$ 不一定相等，这就需要构成预测误差 $e(k+1)=y(k+1)-\hat{y}(k+1)$，并用此误差加权后修正对未来其他时刻的预测，即

$$\tilde{\boldsymbol{Y}}_P=\hat{\boldsymbol{Y}}_P+\boldsymbol{h}e(k+1) \tag{4-28}$$

式中，$\tilde{\boldsymbol{Y}}_P=[\tilde{y}(k+1),\tilde{y}(k+2),\cdots,\tilde{y}(k+P)]^{\mathrm{T}}$ 为 k 时刻经误差校正后所预测的 $k+1$ 时刻的系统输出；$\boldsymbol{h}=[h_1,h_2,\cdots,h_P]^{\mathrm{T}}$ 为误差校正向量，$h_1=1$。

经校正后的 $\tilde{\boldsymbol{Y}}_P$ 作为下一时刻的预测初值，由于在 $k+1$ 时刻的预测初值应预测 $k+2$，…，$k+P+1$ 时刻的输出值，故令

$$y_0(k+i)=\tilde{y}(k+i+1)，\quad i=1,2,\cdots,P-1 \tag{4-29}$$

由式（4-28）和式（4-29）得下一时刻的预测初值为

$$\begin{cases} y_0(k+i)=\hat{y}(k+i+1)+h_{i+1}e(k+i) \quad i=1,2,\cdots,P-1 \\ y_0(k+P)=\hat{y}(k+P)+h_P e(k+1) \end{cases} \tag{4-30}$$

这一修正的引入，使系统成为一个闭环负反馈系统，对提高系统的性能起了很大作用。

由此可见，动态矩阵控制是由预测模型、控制器和校正器三部分组成的，预测模型的功能在于预测未来的输出值，控制器则决定了系统输出的动态特性，而校正器则只有当预测误差存在时才起作用。

（4）动态矩阵控制算法实施步骤

1）通过阶跃响应实验获取被控对象的阶跃响应模型。

2）确定设计参数 T、P、$\boldsymbol{Q}$、M、$\boldsymbol{R}$、α 和 h_i。

3）离线计算 $\boldsymbol{d}^{\mathrm{T}}=\boldsymbol{c}^{\mathrm{T}}(\boldsymbol{A}^{\mathrm{T}}\boldsymbol{A}+\lambda\boldsymbol{I})^{-1}\boldsymbol{A}^{\mathrm{T}}$。

4）设置控制初值 u_0，检测实际输出 y_0，并设置预测初值。

5）计算控制增量 $\Delta u(k)=\boldsymbol{d}^{\mathrm{T}}(\boldsymbol{W}-\boldsymbol{Y}_0)$，计算控制量并输出。

6）计算输出预测值，检测实际输出，并计算预测误差。

7）预测值校正。

8）移位设置该时刻的预测初值。

9）计算控制增量 $\Delta u(k)=\boldsymbol{d}^{\mathrm{T}}(\boldsymbol{W}-\boldsymbol{Y}_0)$，计算控制量并输出。

10）计算输出的预测值，并返回 7）。

（5）动态矩阵控制参数选择

动态矩阵控制中用到的模型动态系数 a_i 受到采样周期 T 的影响，控制动态系数 d_i 受到 T、预测时域长度 P、控制时域长度 M、误差权矩阵 $\boldsymbol{Q}$、控制权矩阵 $\boldsymbol{R}$ 的影响，只是校正动态系数 h_i 的选择是独立的。

1）采样周期 T

采样周期 T 是一个重要的设计参数，既影响模型动态系数 a_i，又影响控制动态系数 d_i。一般来说，大的采样周期有利于控制的稳定，但不利于系统克服扰动。一般选择采样周期使得系统的模型维数 N 保持在 20～50 之间。

2）预测时域长度 P

预测时域长度 P 对于控制系统的动态特性、稳定性有着重要的影响。它的选择应该确保滚动优化真正有意义，应该包括所有对当前控制效果会产生较大影响的响应。一般 P 选为大于 $B(z^{-1})$ 的阶次。P 值小，快速性好，但是稳定性和鲁棒性较差；P 值大，稳定性好，但动态响应慢，降低了系统的实时性。实际应用时，先选取一个较大 P 值，再根据仿真结果，调节 P 值大小，直至满足要求。

3）控制时域长度 M

控制时域长度 M 表示所要计算和确定的未来控制量的数目，取值不大于 P。M 的选择对于跟踪控制具有很大的意义，在 P 确定的情况下，为改善系统的跟踪性能，需要增加控制步数 M 用于提高对系统的控制能力，使各采样点的输出误差尽可能小。M 值大，控制的机动性增强，但系统的稳定性和鲁棒性降低；M 值小，跟踪控制能力减弱，稳定性提高。因此 M 的选取，应兼顾快速性和稳定性。在实际控制时，可根据对象的动态特性初选。

4）误差权矩阵 $\boldsymbol{Q}$

误差权矩阵 $\boldsymbol{Q}$ 一般选为对角矩阵 $\boldsymbol{Q}=\mathrm{diag}(q_1,\cdots,q_P)$，权系数 q_i 的选择决定了相应误差项

在最优化指标中所占的比重。q_i 常用的选择方式如下：

① 等权选择，即 $q_1 = q_2 = \cdots = q_P$，这种选择使 P 项未来误差在最优化准则中占有相同的比重。

② 未来误差只考虑后几项的影响，即 $q_1 = q_2 = \cdots = q_l = 0$，$q_{l+1} = \cdots = q_P = q$ 表示最优化指标只强调从 $p_l + 1$ 时刻到 P 时刻的未来误差，试图在相应步数内尽可能将系统引导到期望值。

③ 对于具有纯滞后或非最小相位系统，$q_i = 0$（对应于 $a_i \leqslant 0$ 的 i），$q_i = q$（对应于 $a_i > 0$ 的 i）。

5）控制权矩阵 $\boldsymbol{R}$

控制权矩阵 $\boldsymbol{R}$ 为对角矩阵 $\boldsymbol{R} = \mathrm{diag}(r_1, \cdots, r_M)$，其中 r_i 常取同一系数，记作 r。在一定条件下，任何系统都可通过增大 r 得到稳定的控制，但过大的 r 虽然使系统稳定，动态响应却十分缓慢。因此，一般情况下 r 的取值通常很小。

6）校正动态系数 h_i

校正动态系数 h_i 的选择不取决于其他设计参数，它仅在对象受到不可知扰动或存在模型误差以使预测的输出值与实际值不一致时才起作用，而对定值或跟踪控制的质量没有明显的影响。h_i 通常根据对系统抗扰性及强壮性的要求进行选择。

① 选择 $h_1 = 1$，$h_2 = h_3 = \cdots = h_P = (1 - \alpha)$，$0 < \alpha < 1$。对于这种选择，系统的强壮性将取决于 α。α 越接近 1，表明校正越小，反馈越弱，系统越接近于开环控制，即使对较大的模型失配，亦能保持控制稳定，但对常值扰动的抑制作用弱；反之则 α 越接近 0，系统的强壮性将减弱，而抗干扰作用会加强。

② 选择 $h_i = 1 + \alpha + \cdots + \alpha^{i-1}$（$0 < \alpha < 1$，$i = 1, 2, \cdots, N$）。选用这种校正方式，将有利于常值扰动的抑制。在选择校正动态系数时，同时要兼顾抗干扰的快速性与系统的强壮性。由于 h_i 可独立于其他设计参数，因此在计算时可考虑在线设置与改变。

3．广义预测控制

随着工业过程的复杂化和对控制要求的提高，在选择校正参数时常会遇到难以兼顾抗干扰和鲁棒性的困难。如果在控制过程中能根据系统特性的变化及时调整模型以抑制扰动的影响，则可以使算法既有较好的控制性能又有较强的鲁棒性。为了解决这个问题，Richalet 等提出了大范围预测概念。在此基础上，Clarke 等提出了广义预测自校正器。该算法以 CARIMA 模型为基础，采用了长时段的优化性能指标，结合辨识和自校正机制，具有较强的鲁棒性及模型要求低等特点，并有广泛的适用范围。

（1）预测模型

广义预测控制采用 CARIMA 模型作为预测模型。CARIMA 模型描述见 4.3.1 小节。

（2）滚动优化

为增强系统的鲁棒性，在目标函数中考虑了现在时刻的控制 $u(k)$ 对系统未来时刻的影响，采用目标函数：

$$
\begin{aligned}
J(k) &= E\left\{ \sum_{j=N_1}^{P} q_j [w(k+j) - y(k+j)]^2 + \sum_{j=1}^{M} r_j \Delta u^2 (k+j-1) \right\} \\
&= E\left\{ \left\| \boldsymbol{W}(k) - \boldsymbol{Y}(k) \right\|_{\boldsymbol{Q}}^2 + \left\| \Delta \boldsymbol{U}(k) \right\|_{\boldsymbol{R}}^2 \right\}
\end{aligned}
\tag{4-31}
$$

式中，$\boldsymbol{W}(k)=[w(k+N_1),\cdots,w(k+P)]^{\mathrm{T}}$；$N_1$ 为最小预测长度；P 为预测长度的最大值，一般应大于 $B(z^{-1})$ 的阶数；M 为控制时域长度，即控制量实施 M 步后不再变化；q_i 为预测输出误差的加权系数，r_j 为大于零的控制加权系数，为简单起见，可以令 r_j 为常数。

目标函数中后一项的加入，主要用于压制过于剧烈的控制增量，以防止系统超出限制范围或发生剧烈振荡。为了柔化控制作用，控制的目的不是使输出直接跟踪设定值，而是跟踪参考轨线。参考轨迹由 $w(k+j)=\alpha^j y(k)+(1-\alpha^j)y_{\mathrm{r}}$ $(j=1,2,\cdots,n)$ 产生，其中 y_{r}、$y(k)$、$w(k)$ 分别为设定值、输出和参考轨线，α 为柔化系数且满足 $0\leqslant\alpha<1$。

广义预测控制问题可以归结为求 $\Delta u(k),\Delta u(k+1),\cdots,\Delta u(k+M-1)$ 使得目标函数 $J(k)$ 达到最小值的问题，这是一个优化问题。用最优预测值 $\hat{\boldsymbol{Y}}(k)$ 代替 $\boldsymbol{Y}(k)$，并令 $\dfrac{\partial J}{\partial\Delta\boldsymbol{U}}=0$ 可得

$$\Delta\boldsymbol{U}(k)=[\boldsymbol{G}_1^{\mathrm{T}}\boldsymbol{Q}\boldsymbol{G}_1+\boldsymbol{R}]^{-1}\boldsymbol{G}_1^{\mathrm{T}}\boldsymbol{Q}[\boldsymbol{W}(k)-\boldsymbol{G}_2\Delta\boldsymbol{U}(k-j)-\boldsymbol{F}\boldsymbol{Y}(k)$$

实际控制时，每次仅将第一个分量加入系统，即

$$\Delta u(k)=\boldsymbol{d}^{\mathrm{T}}[\boldsymbol{W}(k)-\boldsymbol{G}_2\Delta\boldsymbol{U}(k-j)-\boldsymbol{F}\boldsymbol{Y}(k)]$$

式中，$\boldsymbol{d}^{\mathrm{T}}=[\boldsymbol{G}_1^{\mathrm{T}}\boldsymbol{Q}\boldsymbol{G}_1+\boldsymbol{R}]^{-1}\boldsymbol{G}_1^{\mathrm{T}}\boldsymbol{Q}[1,0,\cdots,0]^{\mathrm{T}}$。

（3）在线辨识与校正

为了克服随机扰动、模型误差及慢时变的影响，广义预测控制采用了自校正的原理，通过在线估计预测模型的参数，修正控制律，从而实现反馈校正。将 CARIMA 模型：

$$A(z^{-1})y(k)=B(z^{-1})u(k)+\frac{\varepsilon(k)}{\varDelta}$$

展开可得

$$\begin{aligned}\Delta y(k)=&-a_1\Delta y(k-1)-a_2\Delta y(k-2)-\cdots-a_{n_A}\Delta y(k-n_A)+\\&b_0\Delta u(k-1)+b_1\Delta u(k-2)+\cdots+b_{n_B}\Delta u(k-n_B-1)+\varepsilon(k)\end{aligned}$$

将上式写成向量形式得

$$\Delta y(k)=\boldsymbol{\varPhi}^{\mathrm{T}}(k)\boldsymbol{\theta}(k)+\varepsilon(k)$$

式中，$\boldsymbol{\varPhi}^{\mathrm{T}}(k)=[-\Delta y(k-1),\Delta y(k-2),\cdots,\Delta y(k-n_A),\Delta u(k-1),\Delta u(k-2),\cdots,\Delta u(k-n_B-1)]$，$\boldsymbol{\theta}(k)=[a_1,a_2,\cdots,a_{n_A},b_0,b_1,\cdots,b_{n_B}]^{\mathrm{T}}$。

可以用带遗忘因子的递推最小二乘法估计预测模型的参数，算法如下：

$$\hat{\boldsymbol{\theta}}(k)=\hat{\boldsymbol{\theta}}(k-1)+\boldsymbol{K}(k)[\Delta y(k)-\boldsymbol{\varPhi}^{\mathrm{T}}(k)\hat{\boldsymbol{\theta}}(k-1)]$$

$$\boldsymbol{K}(k)=\boldsymbol{P}(k-1)\boldsymbol{\varPhi}(k)[\boldsymbol{\varPhi}^{\mathrm{T}}(k)\boldsymbol{P}(k-1)\boldsymbol{\varPhi}(k)+\mu]^{-1}$$

$$\boldsymbol{P}(k)=\frac{1}{\mu}[\boldsymbol{I}-\boldsymbol{K}(k)\boldsymbol{\varPhi}^{\mathrm{T}}(k)]\boldsymbol{P}(k-1)$$

式中，μ 为遗忘因子，$0<\mu<1$，一般取 $\mu=0.95$～0.98；$\boldsymbol{P}(k)$ 为正定矩阵；$\hat{\boldsymbol{\theta}}(0)=0$；$\hat{\boldsymbol{P}}(0)=\rho^2\boldsymbol{I}$，$\rho$ 为足够大的正数。

（4）广义预测控制设计步骤

1）初选控制参数：$\boldsymbol{Q}$、$\boldsymbol{R}$、P、M、y_{r}、α、$\hat{\boldsymbol{\theta}}(0)$、$\hat{\boldsymbol{P}}(0)$。

2）采集输入、输出样本 $\{\Delta u(k),\Delta y(k)\}$。

3）用递推最小二乘法估计模型参数，得到 $A(z^{-1})$、$B(z^{-1})$。

4）递推求解 Diophantine 方程，得到 $E_j(z^{-1})$、$F_j(z^{-1})$、$G_j(z^{-1})$。

5）计算 $\boldsymbol{G}_1$、$\boldsymbol{G}_2$、$\boldsymbol{F}$。

6）在线计算控制器参数 $\boldsymbol{d}^{\mathrm{T}}=[\boldsymbol{G}_1^{\mathrm{T}}\boldsymbol{Q}\boldsymbol{G}_1+\boldsymbol{R}]^{-1}\boldsymbol{G}_1^{\mathrm{T}}\boldsymbol{Q}[1,0,\cdots,0]^{\mathrm{T}}$。

7）得到控制增量 $\Delta u(k)$ 和控制输入 $u(k)=u(k-1)+\Delta u(k)$。

8）$k+1\rightarrow k$，进入下一周期预测计算和滚动优化。

4.3.3　预测控制算法仿真

MATLAB 的模型预测控制工具箱提供了一系列用于模型预测控制的分析、设计和仿真的函数。这里简单叙述传递函数已知，采用动态矩阵控制算法进行控制器设计与仿真步骤，共包括以下 4 个过程。

1）将通用传递函数模型转换为模型预测控制（Model Predictive Control，MPC）传递函数模型。通用传递函数模型与 MPC 传递函数模型的转换函数为 ploy2tfd( )，其调用格式为 g=ploytf2(num,den,delt,delay)。其中，num 为通用传递函数分子多项式的系数向量；den 为通用传递函数分母多项式的系数向量；delt 为采样周期，对于连续系统，delt=0；delay 为系统延迟。

2）将 MPC 传递函数模型转换为 MPC 阶跃响应模型。MPC 传递函数模型转换为 MPC 阶跃响应模型的函数为 tfd2step( )，该函数的调用格式为 plant=tfd2step(tfinal,delt,nout,g1)，或 plant=tfd2step(tfinal,delt,nout,g1,…,g25)。其中，tfinal 为阶跃响应的截断时间；deft 为采样周期；nout 为输出稳定性向量，对于稳定的对象，nout 等于输出的个数；g1, g2, … 为 SISO 传递函数，对应多变量系统传递函数矩阵的各个元素按行向量顺序排列构成的向量，其最大个数限制为 25；plant 为对象的阶跃响应系数矩阵。

3）利用 cmpc( )函数实现动态矩阵控制算法的控制器设计。cmpc( )函数的调用格式为 [y,u,ym]=cmpc(plant,model,ywt,uwt,M,P,tend,r,ulim,ylim,tfilter,dplant,dmodel,dstep)。其中，plant 为开环对象的实际阶跃响应模型；model 为辨识得到的开环对象阶跃响应模型；ywt 为二次性能指标的输出误差加权矩阵；uwt 为二次性能指标的控制量加权矩阵；M 为控制时域长度；P 为预测时域长度；tend 为仿真结束时间；r 为输出设定值或参考轨迹；ulim=[$u_{1\min}$,$u_{2\min}$,…,$u_{r\min}$, $u_{1\max}$,$u_{2\max}$,…,$u_{r\max}$,Δu_1,…,Δu_r]为控制变量的约束矩阵，包括控制变量的下界、上界、变化率；ylim=[$y_{1\min}$,$y_{2\min}$,…,$y_{m\min}$,$y_{1\max}$,$y_{2\max}$,…,$y_{m\max}$]为输出变量的约束矩阵；y 为系统的输出；u 为控制变量；ym 为模型预测输出。

4）将上述 3 步代码有序组合，即为预测控制 MATLAB 程序代码，并仿真运行代码。

例 4.3　对于双输入双输出的纯时延对象，其传递函数矩阵为

$$\boldsymbol{G}(s)=\begin{pmatrix}\dfrac{12.8\mathrm{e}^{-1s}}{16.7s+1} & \dfrac{6.6\mathrm{e}^{-7s}}{10.9s+1}\\ \dfrac{-18.9\mathrm{e}^{-3s}}{21.0s+1} & \dfrac{-19.4\mathrm{e}^{-3s}}{14.4s+1}\end{pmatrix}$$

采用动态矩阵控制方法进行控制，利用 Matlab 设计控制器以及进行仿真。

解：根据前述步骤完成本题。

第 1 步，应用 poly2tfd( )函数将通用传递函数模型转换为 MPC 传递函数模型。参考代码如下：

```
g11=poly2tfd(12.8, [16.7   1], 0, 1);
g12 = poly2tfd(6.6, [10.9   1], 0, 7);
g21 = poly2tfd(-18.9, [21.0   1], 0, 3);
g22 = poly2tfd(-19.4, [14.4   1], 0, 3);
```

第 2 步，将 MPC 传递函数模型转换为阶跃响应模型。参考代码如下：

```
delt=3;
ny=2;
tfinal=90;
model = tfd2step(tfinal, delt, ny, g11, g12,g21,g22);
```

第 3 步，设计模型预测控制器。参考代码如下：

```
plant=model;
p=6;                    %预测时域长度设为 6
m=2;                    %控制时域长度设为 2
ywt=[];
uwt=[1 1];              %设置输入约束和参考轨迹等控制器参数
r=[1 1];                %期望的输出
tend=30;                %仿真时间为 30
ulim=[-0.1 -0.1 0.5 0.5 0.1 100];
ylim=[];
[y,u,ym]=cmpc(plant,model,ywt,uwt,m,p,tend,r,ulim,ylim);
plotall(y,u,delt);      %画出输出量与控制量变化曲线
```


第 4 步，仿真。将上述 3 步的代码依次组合即是解决本题的 MATLAB 程序代码。仿真运行程序即可得到系统输出与控制量变化曲线。闭环系统的输出和控制量变化曲线如图 4-20 所示。

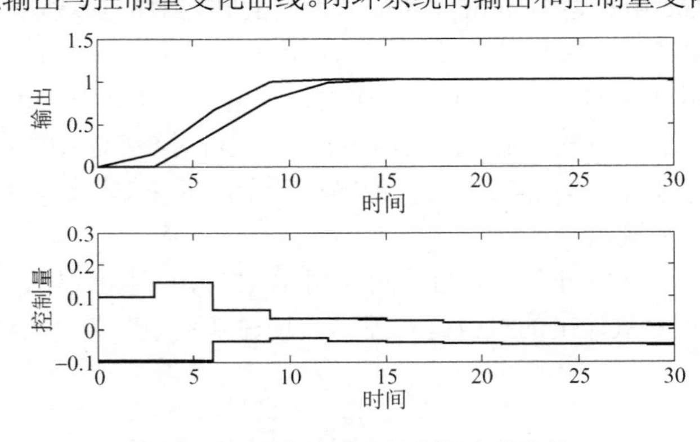

图 4-20　系统输出和控制量变化曲线

4.4　神经网络控制技术

神经网络控制技术是一种基于人工神经网络的智能控制技术。人工神经网络是受到人类

神经系统信息处理过程的启发而构建的，可以描述许多复杂的信息处理过程，也可以逼近任意的光滑非线性函数。因此，采用神经网络技术进行控制器设计，可以处理非线性系统的控制问题。

4.4.1　神经网络基础

1．生物神经元

神经元是构成神经系统的最基本单元，其结构如图 4-21 所示。人脑大约由 10^{11}～10^{12} 个神经元组成，其中每个神经元又和 10^4～10^5 个神经元连接，组成一个复杂的信息处理系统。

神经元由细胞体、轴突和树突等部分构成。细胞体是神经元的主体，它负责接收并处理从其他神经元传递来的信息。细胞体向外伸出许多纤维分支，其中最长的一个是轴突，其余的是树突。树突的长度一般较短，但分支很多。它用于接收来自其他神经元的神经冲动。突触位于轴突的终端，也是神经元之间相互连接的接口。神经元通过轴突上的突触与其他神经元的树突连接，以实现信息的传递。

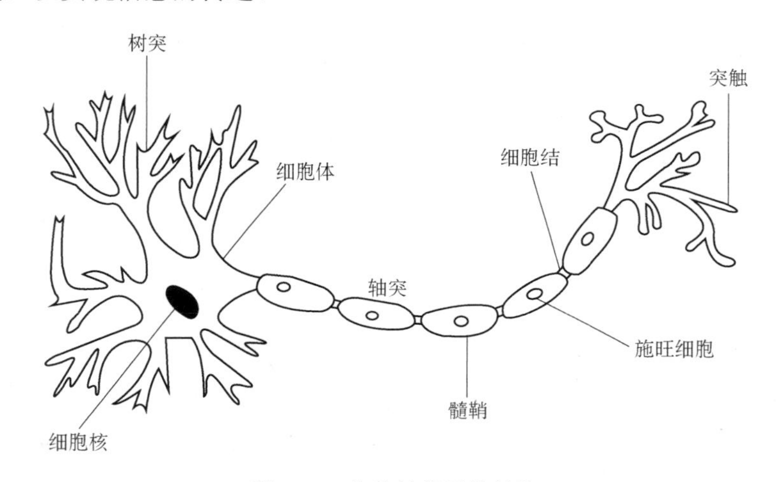

图 4-21　生物神经元的结构

神经元通常有两种状态：兴奋状态和抑制状态。如果输入信息刺激足够强，则神经元就会产生神经冲动，并通过轴突输出，这种状态称为兴奋状态。而抑制状态是指神经元对输入信息没有神经冲动因而没有输出的状态。

2．人工神经元

对生物神经元的工作方式进行抽象就可以得到人工神经元模型，如图 4-22 所示。它由连接权、求和单元和激活函数组成。

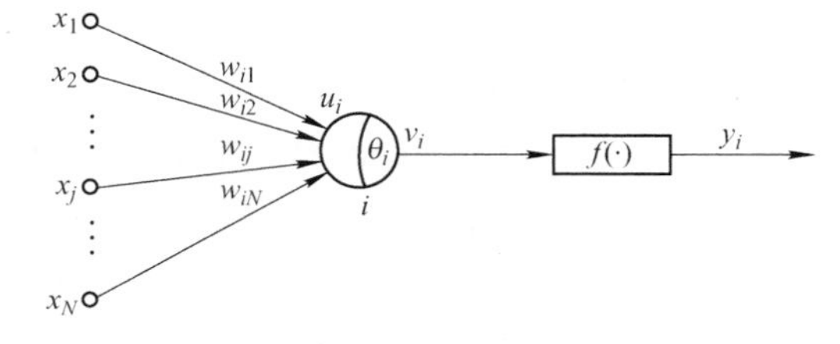

图 4-22　人工神经元模型

（1）连接权

连接权对应生物神经元的突触，各个神经元之间的连接强度由连接权的权值表示，权值为正表示激活，权值为负表示抑制。图 4-22 中 $w_{i1}, w_{i2}, \cdots, w_{iN}$ 表示神经元 i 的权值。

（2）求和单元

求和单元用于求取各输入信号 $x_1, x_2, \cdots, x_N$ 的加权和（线性组合）。线性组合结果

$u_i = \sum_{j=1}^{N} x_j w_{ij}$。

（3）激活函数

激活函数 $f(\cdot)$ 也称传输函数。激活函数将求和单元的计算结果进行非线性映射，所得结果即为神经元的输出。图 4-22 中激活函数的输入为 $v_i = u_i - \theta_i$，其中 θ_i 称为阈值，表示输入 u_i 大于阈值 θ_i 时神经元 i 被激活。因此，神经元 i 的输出为 $y_i = f(v_i) = f(\sum_{j=1}^{N} x_j w_{ij} - \theta_i)$。

3．人工神经网络的结构

单个人工神经元所表示的函数一般都很简单。如果将大量的神经元连接在一起组成网络，就可以得到人工神经网络。人工神经网络经过设计可以描述许多复杂的非线性函数，因而可以完成许多复杂的信息处理任务。人工神经网络按照网络结构可以分为以下两种类型：

（1）前馈型网络

前馈神经网络是最常见的一种神经网络，其结构如图 4-23 所示，各个神经元接收前一级神经元的输入，并将所计算的结果输出到下一级神经元。每一级神经元的状态只受前一级神经元影响，但不会反过来影响前一级神经元的状态，因而没有反馈。

（2）反馈型网络

反馈神经网络的结构如图 4-24 所示。在反馈网络中，输入信号决定反馈系统的初始状态，然后系统经过一系列状态转移后，逐渐收敛于一个平衡状态，这个平衡状态就是反馈网络所输出的结果。

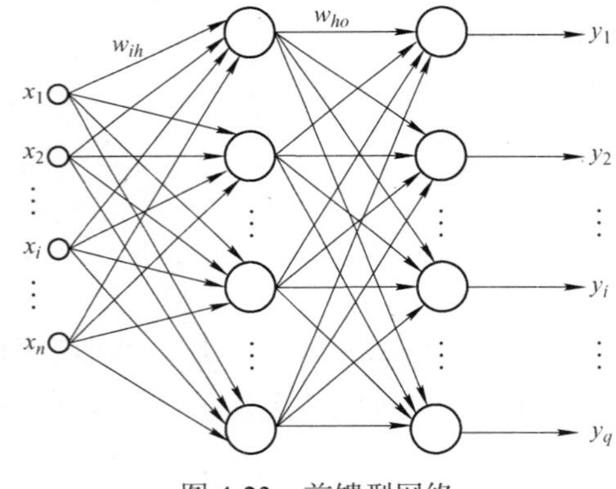

图 4-23　前馈型网络

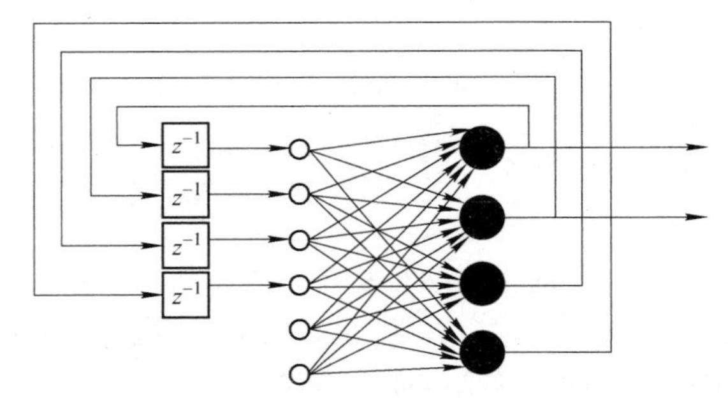

图 4-24　反馈型网络

4．神经网络的学习

神经网络的学习指的是权值的训练过程。由图 4-22 可知，每个神经元都有许多参数，因此，由许多神经元组成的神经网络就有大量的参数，这些参数称为神经网络的权值。权值设定在不同的值，神经网络输入和输出的映射关系就不同。神经网络的学习就是按照一定的学习规则修改权值，使神经网络以期望的方式对输入的信息进行反应。要进行学习，首先需要找一些例子提供给神经网络，这些例子称为样本。神经网络根据每一个样本数据计算输出，再根据输出结果和学习规则来调整权值，使得输出结果逐渐趋于期望的值。

（1）神经网络的学习方式

1）有监督学习。有监督学习又称有教师学习，对于每一个学习样本都有一个“教师”来告知正确答案。神经网络根据样本数据进行计算，比较计算结果与正确答案。若计算结果不符合要求，则根据学习规则调整权值。若计算结果符合要求，则不调整权值，接着学习下一个样本。

2）无监督学习。无监督学习又称无教师学习。对于某些事物，人们不期望对它们做任何判断，只是期望将相似的放在一起。比如，百度新闻每天都会搜索大量的新闻，然后把相似的聚在一起。这种情况下，样本就没有什么标准答案。神经网络在学习时完全按照输入数据的某些统计规律来调节自身参数或结构，没有目标输出。

3）强化学习。强化学习又称再励学习，这种学习介于有监督学习与无监督学习之间，外部环境对系统输出结果只给出评价而不给出正确答案，学习系统通过强化那些受奖励的动作来改善自身性能。下面以种西瓜为例来帮助大家理解。种瓜有很多步骤，要经过选种、定期浇水、施肥、除草、杀虫这么多操作之后最终才能收获西瓜。但是，人们往往要到最后收获西瓜之后，才知道种的瓜好不好。也就是说，人们在种瓜过程中执行某个操作时，并不能立即获得这个操作是否促进获得好瓜，仅能得到一个当前的反馈，如瓜苗看起来更健壮了。因此就需要多次种瓜，不断摸索，才能总结出一个好的种瓜策略，以后就用这个策略去种瓜。摸索这个策略的过程，实际上就是强化学习。

（2）神经网络的学习规则

1）Hebb 学习规则。Hebb 学习规则由 Donald O.Hebb 提出，其思想是如果两个神经元同时兴奋，则它们之间的突触连接加强。假设神经元 i 是神经元 j 的上层节点，分别用 v_i、v_j 表示两神经元的输出，w_{ij} 表示两个神经元之间的连接权，则 Hebb 学习规则可表示为 $\Delta w_{ij}=\eta v_i v_j$，其中 η 为学习速率。

2）δ 学习规则。δ 学习规则也称误差校正学习规则，它是根据神经网络的输出误差对神经元的权值进行修正，属于有教师学习。假设神经元 i 在 k 时刻的输入为 $x_1(k),\cdots,x_N(k)$，在 k 时刻的输出为 $\text{net}_i(k)=f(\sum_{j=1}^{N}x_j w_{ij}-\theta_i)$，而期望输出为 $y_i(k)$，则误差为 $e_i(k)=\text{net}_i(k)-y_i(k)$。$\delta$ 学习规则的权值调整公式为 $\Delta w_{ij}(k)=-\eta e_i(k)f'(\sum_{j=1}^{N}x_j w_{ij}-\theta_i)x_j(k)$，其中 $\eta>0$ 为学习速率。令目标函数为 $E=\sum_{i=1}^{N}e_i^2(k)$，根据梯度下降原理，采用 δ 学习规则可以使 E 逐渐减小，从而使得神经元 i 的输出趋于期望输出。

3）竞争式学习规则。竞争式学习规则是一种无导师的学习规则。在竞争学习时，网络各输出单元互相竞争，最后只有一个最强者被激活。最常用的竞争学习规则有以下 3 种：

Kohonen 规则：$\Delta w_{ij}(k)=\begin{cases}\eta(x_j-w_{ij})\\0\end{cases}$。

Instar 规则：$\Delta w_{ij}(k)=\begin{cases}\eta y_i(x_j-w_{ij})\\0\end{cases}$。

Outstar 规则：$\Delta w_{ij}(k)=\begin{cases}\eta(x_j-w_{ij})/x_j\\0\end{cases}$。

5．典型的神经网络模型

经过几十年的发展，神经网络理论已经十分丰富，许多神经网络模型先后发展起来。从早期的感知器、BP 神经网络（Back Propagation Neural Networks）、径向基函数神经网络（RBF Neural Networks）、霍普菲尔德神经网络（Hopfield Neural Networks）等，到近期被广泛关注的循环神经网络（Recurrent Neural Networks）、卷积神经网络（Convolutional Neural Networks）和深度神经网络（Deep Neural Networks）等。由于篇幅限制，这里只介绍其中几种模型。

（1）BP 神经网络

BP（Back Propagation）算法是 1985 年由 Rumelhart 和 McClelland 提出的，解决了多层网络中隐含单元连接权的学习问题。采用 BP 算法的神经网络称为 BP 神经网络，其基本思想是利用输出误差来估计输出层的直接前导层误差，再用计算得到的误差估计更前一层的误差，如此逐层反传，直至获得所有各层的误差估计。

BP 神经网络运行时，实际上包含了正向和反向传播两个阶段。在正向传播过程中，输入信息从输入层经隐含层逐层计算，并传向输出层，每一层神经元的状态只影响下一层神经元的状态。输出层将所计算的输出和期望的输出比较，如果在输出层不能得到期望输出，则转入反向传播过程，将误差信号沿原来的连接通道返回，通过修改各层神经元的权值，使误差值达到最小。

以单隐层 BP 神经网络为例。图 4-25 是单隐层 BP 神经网络的结构，包含输入层、隐含层和输出层。假设输入向量 $\boldsymbol{x}=\left(x_1,x_2,\cdots,x_n\right)$，隐含层输入向量 $\boldsymbol{h}_{\rm i}=\left(h_{{\rm i}_1},h_{{\rm i}_2},\cdots,h_{{\rm i}_p}\right)$，隐含层输出向量 $\boldsymbol{h}_{\rm o}=\left(h_{{\rm o}_1},h_{{\rm o}_2},\cdots,h_{{\rm o}_p}\right)$，输出层输入向量 $\boldsymbol{y}_{\rm i}=\left(y_{{\rm i}_1},y_{{\rm i}_2},\cdots,y_{{\rm i}_p}\right)$，输出层输出向量 $\boldsymbol{y}_{\rm o}=\left(y_{{\rm o}_1},y_{{\rm o}_2},\cdots,y_{{\rm o}_q}\right)$，期望输出向量 $\boldsymbol{d}=\left(d_1,d_2,\cdots,d_q\right)$，输入层与隐含层的连接权值为 w_{ih}，隐含层与输出层的连接权值为 w_{ho}，隐含层各神经元的阈值为 b_h，输出层各神经元的阈值为 b_o，样本数据个数 $k=1,2,\cdots,m$，激活函数为 $f(\cdot)$，误差函数 $e=\frac{1}{2}\sum_{o=1}^{q}\left(d_o(k)-y_{{\rm o}_o}(k)\right)^2$。BP 神经网络的设计可以按照以下步骤进行。

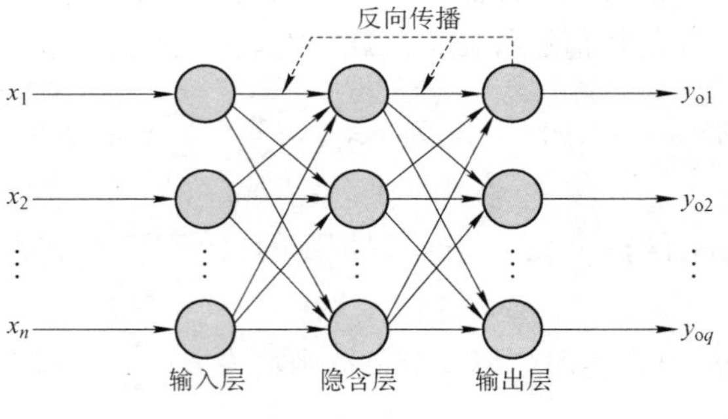

图 4-25　单隐层 BP 神经网络结构图

第 1 步，网络初始化，设定误差函数 e、计算精度值 ε、最大学习次数 M，采用区间 $(-1,1)$ 内的随机数分别给各连接权值赋值。

第 2 步，随机选取第 k 个输入样本及对应期望输出。

第 3 步，计算隐含层和输出层各神经元的输入和输出。

第 4 步，利用网络期望输出和实际输出计算误差函数对输出层的各神经元的偏导数 $\delta_o(k)$。

第 5 步，利用隐含层到输出层的连接权值、输出层的 $\delta_o(k)$ 和隐含层的输出计算误差函数对隐含层各神经元的偏导数 $\delta_h(k)$。

第 6 步，利用输出层各神经元的 $\delta_o(k)$ 和隐含层各神经元的输出来修正连接权值 $w_{ho}(k)$。

第 7 步，利用隐含层各神经元的 $\delta_h(k)$ 和输入层各神经元的输入修正连接权值 $\omega_{\rm ih}(k)$。

第 8 步，计算全局误差。

第 9 步，判断网络误差是否满足要求。若误差达到预设精度或学习次数大于设定的最大次数，则算法结束；否则，选取下一个学习样本及对应的期望输出，返回到第 3 步，进入下一轮学习。

（2）径向基函数神经网络

径向基函数（Radial Basis Function ，RBF）方法是 1985 年由 Powell 提出的。1988 年，Broomhead 和 Lowe 将 RBF 应用于神经网络设计，从而构成 RBF 神经网络。RBF 神经网络是一种局部逼近的神经网络，其网络结构如图 4-26 所示。

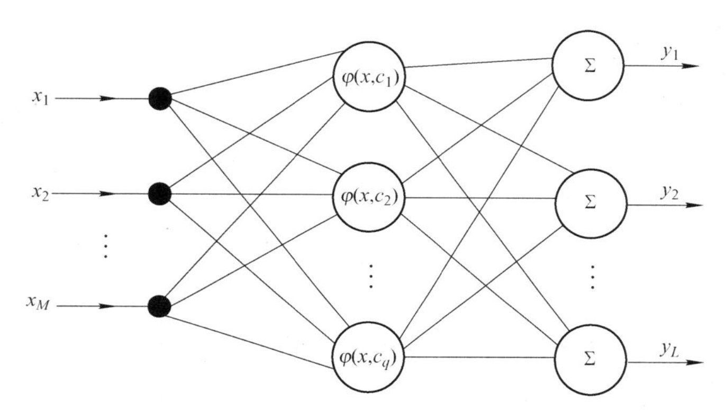

图 4-26　径向基函数神经网络结构图

RBF 神经网络的基本思想：用 RBF 作为隐单元的“基”构成隐含层空间，输入向量直接（不通过权连接）映射到隐含层空间，网络的输出是隐单元输出的线性加权和，而隐含层到输出层的权值是网络的可调参数。由此可见，网络由输入到输出的映射是非线性的，而网络输出对可调参数而言却是线性的。因此，网络的权就可由线性方程组直接解出或用最小均方方法计算得到，从而加快了学习速度并避免了局部极小问题。常见的径向基函数有 Gauss 函数、Reflected Sigmoidal 函数、Inverse Multiquadrics 函数，它们的曲线都是径向对称的。

以常用的 Gauss 函数为例。假设输入样本 $\boldsymbol{x}=[x_1,x_2,\cdots,x_M]^{\mathrm{T}}$，则 RBF 神经网络隐含层第 i 个节点的输出 u_i 为

$$u_i=\exp\left[-\frac{(\boldsymbol{x}-\boldsymbol{c}_i)^{\mathrm{T}}(\boldsymbol{x}-\boldsymbol{c}_i)}{2\sigma_i^2}\right],i=1,2,\cdots,q$$

式中，σ_i 为第 i 个隐节点的标准化常数；q 为隐含层节点数；$\boldsymbol{c}_i$ 为第 i 个隐节点高斯函数的中心向量，此向量 $\boldsymbol{c}_i=[c_{i1},c_{i2},\cdots,c_{iM}]^{\mathrm{T}}$ 是一个与输入样本 $\boldsymbol{x}$ 的维数相同的列向量。第 k 个输出节点的输出为

$$y_k=\sum_{i=1}^{q}w_{ki}u_i-\theta_k\ ,\quad k=1,2,\cdots,L$$

式中，w_{ki} 为隐含层到输出层的加权系数，θ_k 为隐含层的阈值。

设有 N 个训练样本，则系统对所有 N 个训练样本的总误差函数为

$$J=\sum_{p=1}^{N}J_p=\frac{1}{2}\sum_{p=1}^{N}\sum_{k=1}^{L}\left(t_k^p-y_k^p\right)^2=\frac{1}{2}\sum_{p=1}^{N}\sum_{k=1}^{L}e_k^2$$

式中，t_k^p 为在样本 p 作用下的第 k 个神经元的期望输出，y_k^p 为在样本 p 作用下的第 k 个神经元的实际输出。RBF 神经网络的学习过程分为无教师学习和有教师学习两个阶段。

1）无教师学习阶段。无教师学习阶段是对所有样本的输入进行聚类，求取各隐层节点的 RBF 的中心向量 $\boldsymbol{c}_i$。这里以 k 均值聚类算法调整中心向量为例，它的基本方法是将训练样本集中的输入向量分为若干族，在每个数据族内找出一个径向基函数中心向量，使得该族内各样本向量距该族中心的距离最小。步骤如下：

① 设定各隐节点的初始中心向量 $\boldsymbol{c}_i(0)$ 和停止学习的阈值 ε。

② 计算欧氏距离并求出最小距离的节点：

$$\begin{cases}d_i(k)=\left\|\boldsymbol{x}(k)-\boldsymbol{c}_i(k-1)\right\|,\quad 1\leqslant i\leqslant q\\ d_{\min}(k)=\min\{d_i(k)\}=d_r(k)\end{cases}$$

式中，k 为样本序号，r 为中心向量 $\boldsymbol{c}_i(k-1)$ 与输入样本 $\boldsymbol{x}(k)$ 距离最近的隐节点序号。

③ 调整中心：

$$\begin{cases}\boldsymbol{c}_i(k)=\boldsymbol{c}_i(k-1),\quad 1\leqslant i\leqslant q,i\neq r\\ \boldsymbol{c}_r(k)=\boldsymbol{c}_r(k-1)+\beta(k)[\boldsymbol{x}(t)-\boldsymbol{c}_r(k-1)]\end{cases}$$

式中，$\beta(k)=\dfrac{\beta(k-1)}{1+\operatorname{int}(k/q)^{1/2}}$ 为学习速率，$\operatorname{int}(\cdot)$ 表示取整运算。

对于全部样本反复进行②、③步，直至满足 $J=\sum_{i=1}^{q}\left\|\boldsymbol{x}(k)-\boldsymbol{c}_i(k)\right\|^2\leqslant\varepsilon$，则聚类结束。

2）有教师学习阶段。当 $\boldsymbol{c}_i$ 确定以后，就可以训练由隐含层至输出层之间的权值了。RBF 神经网络的隐含层至输出层之间的连接权值 w_{ki} 学习算法为

$$w_{ki}(k+1)=w_{ki}(k)+\eta(t_k-y_k)u_i(x(k))/u^{\mathrm{T}}(k)u(k)$$

式中，$u(k)=[u_1(x(k)),u_2(x(k)),\cdots,u_q(x(k))]^{\mathrm{T}}$；$u_i(x(k))$ 是以 c_i 为中心向量的高斯函数；η 为学习速率，t_k 和 y_k 分别为第 k 个输出分量的期望值和实际值。可以证明当 $0<\eta<2$ 时可保证该迭代学习算法的收敛性，而实际上通常取 $0<\eta<1$。向量 $\boldsymbol{u}$ 中元素为 1 的数量较少，其余元素均为零，因此在一次数据训练中只有少量的连接权值需要调整。正是由于这个特点，才使得 RBF 神经网络的学习速度较快。此外，由于当 $\boldsymbol{x}$ 远离 $\boldsymbol{c}_i$ 时，$u_i(x(k))$ 非常小，因此可作为 0 对待。因此，实际上只当 $u_i(x(k))$ 大于某一数值时才对相应的权值 w_{ki} 进行修改。经这样处理后 RBF 神经网络也同样具备局部逼近网络学习收敛快的优点。

（3）Hopfield 神经网络

Hopfield 神经网络是 1982 年由美国物理学家 Hopfield 提出的。Hopfield 神经网络是单层对称全反馈网络。依据网络的输出类型，Hopfield 网络可分为离散型和连续型两种，其中离散型主要用于联想记忆，而连续型主要用于优化计算。Hopfield 网络的学习训练是采用有监督的 Hebb 学习规则（用输入模式作为目标模式），在一般情况下，计算的收敛速度很快。

4.4.2 神经网络控制

神经网络控制是把神经网络算法应用于控制中，主要解决复杂的非线性、不确定系统的

控制问题。神经网络算法用来解决控制问题的方法有很多种，如采用神经网络来学习 PID 控制器中的参数，常见的有基于 BP 神经网络的 PID 控制、基于 RBF 神经网络的 PID 控制等，也可以基于神经网络构造自适应控制器、内模控制器、神经网络直接逆控制器、神经网络预测控制器等，神经网络也可以和其他智能算法结合，取长补短。比如，神经网络和模糊控制结合，就得到了模糊神经网络控制器。这里着重介绍基于神经网络的 PID 控制器的设计方法。

在 PID 控制中，调整好比例、积分和微分三者控制作用的关系是取得较好控制效果的关键。常规的 PID 控制器，比例、积分和微分之间的关系只能是简单的线性组合，难以适应复杂系统或复杂环境下的控制性能要求。而神经网络具有逼近任意非线性函数的能力，能够从变化无穷的非线性组合中找到三者控制作用既相互配合又相互制约的最佳关系。图 4-27 是神经网络 PID 控制的结构，图中控制器由经典的 PID 控制器和神经网络控制器两部分组成，通过神经网络来学习 PID 控制器的参数，从而优化 PID 控制的效果。

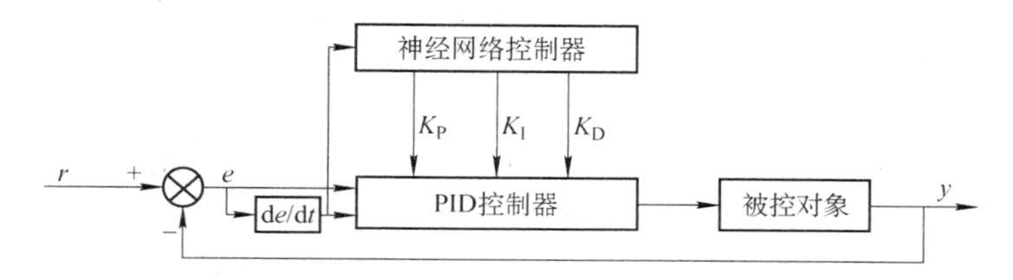

图 4-27　神经网络 PID 控制

下面以基于 BP 神经网络的 PID 控制算法为例介绍这类算法的设计步骤。经典的增量式数字 PID 控制算法为

$$\begin{cases} u(k)=u(k-1)+\Delta u(k) \\ \Delta u(k)=K_P(e(k)-e(k-1))+K_I e(k)+K_D(e(k)-2e(k-1)+e(k-2)) \end{cases}$$

采用三层 BP 神经网络结构。输入层神经元个数可根据被控系统的复杂程度，从如下参数中选取：系统输入 r、系统输出 y、系统误差 e 和误差变量 Δe，可在系统误差 e 的基础之上再加上其他参数输入，使 BP 神经网络能够适应更为复杂的系统的 PID 参数整定。隐含层神经元的个数视被控系统的复杂程度进行调整，一般系统复杂时，就需选用更多的隐含层神经元。输出层的神经元个数为 3 个，输出分别为 K_P、K_I 和 K_D。

隐含层神经元的激活函数一般选取正负对称的 Sigmoid 函数：

$$f_s^{(2)}(x)=\frac{e^x-e^{-x}}{e^x+e^{-x}}$$

由于 K_P、K_I 和 K_D 必须为正，则输出层神经元函数的输出值一般可以选取正的 Sigmoid 函数：

$$f_s^{(3)}(x)=\frac{1}{1+e^{-x}}$$

系统性能指标取为 $E(k)=\frac{1}{2}(r(k)-y(k))^2$。设输入层的神经元个数为 N，输出向量为 $\boldsymbol{O}^{(1)}$，隐含层的神经元个数为 H，输入权值矩阵为 $\boldsymbol{W}^{(2)}$，$\boldsymbol{W}^{(2)}$ 为 $H\times N$ 维向量，输出层的神经元个数为 3，输入权值阵设为 $\boldsymbol{W}^{(3)}$。令 $\boldsymbol{O}^{(1)}=[O_1^{(1)},O_2^{(1)},\cdots,O_N^{(1)}]^T$。设隐含层的输入向量为 $\boldsymbol{h}_i=\boldsymbol{W}^{(2)}\boldsymbol{O}^{(1)}$，则隐含层第 j 个神经元的输入、输出分别为

$$h_{ij}=\sum_{m=1}^{N}w_{ji}^{(2)}O_{\mathrm{i}}^{(1)}\text{，}\quad h=f_{\mathrm{s}}^{(2)}(h_{ij})$$

输出层的输入、输出分别为

$$\boldsymbol{I}^{(3)}=\boldsymbol{W}^{(3)}\boldsymbol{h}_{\mathrm{o}}\text{，}\quad \boldsymbol{O}^{(3)}=f_{\mathrm{s}}^{(3)}(\boldsymbol{I}^{(3)})=[K_{\mathrm{P}},K_{\mathrm{I}},K_{\mathrm{D}}]^{\mathrm{T}}$$

当输出计算出来以后，就可以根据计算得到 $u(k)$和 $\Delta u(k)$，控制输入作用于被控对象得到 $y(k)$，进而可以计算出 $E(k)$。按照梯度下降法修正网络权系数（修正的思路是修正后应能保证 $E(k)$ 逐渐减小），并且加一个使搜索加快收敛的惯性量，则输出层的权值调整规则为

$$\Delta W_{oj}^{(3)}(k)=-\eta\frac{\partial E(k)}{\partial W_{oj}^{(3)}}+\alpha\Delta W_{oj}^{(3)}(k-1)\text{，}$$

$$\frac{\partial E(k)}{\partial W_{oj}^{(3)}}=\frac{\partial E(k)}{\partial y(k)}\frac{\partial y(k)}{\partial\Delta u(k)}\frac{\partial\Delta u(k)}{\partial O_{o}^{(3)}(k)}\frac{\partial O_{o}^{(3)}(k)}{\partial I_{o}^{(3)}(k)}\frac{\partial I_{o}^{(3)}(k)}{\partial W_{oj}^{(3)}(k)}$$

式中，η 为学习速率，α 为平滑因子，$W_{oj}^{(3)}$ 为 $\boldsymbol{W}^{(3)}$ 的第 o 行和第 j 列。由于 $\dfrac{\partial y(k)}{\partial\Delta u(k)}$ 未知，通常由符号函数 $\mathrm{sgn}(\dfrac{\partial y(k)}{\partial\Delta u(k)})$ 来代替，所带来的误差可以通过调整 η 来补偿。对 $\Delta u(k)$ 求导得

$$\begin{cases}\dfrac{\partial\Delta u(k)}{\partial O_{1}^{(3)}(k)}=e(k)-e(k-1)\\[2mm]\dfrac{\partial\Delta u(k)}{\partial O_{2}^{(3)}(k)}=e(k)\\[2mm]\dfrac{\partial\Delta u(k)}{\partial O_{3}^{(3)}(k)}=e(k)-2e(k-1)+e(k-2)\end{cases}$$

若 $f_{\mathrm{s}}^{(3)}(x)$ 对应的梯度为 $\boldsymbol{g}^{(3)}(x)$，则 $\dfrac{\partial O_{o}^{(3)}(k)}{\partial I_{o}^{(3)}(k)}=g_{o}^{(3)}(x)$。注意到 $\dfrac{\partial I_{o}^{(3)}(k)}{\partial W_{oj}^{(3)}(k)}=h_{\mathrm{o}_j}$，令 $\delta_{o}^{(3)}=e(k)\mathrm{sgn}(\dfrac{\partial y(k)}{\partial\Delta u(k)})\dfrac{\partial\Delta u(k)}{\partial O_{o}^{(3)}(k)}g_{o}^{(3)}(x)$，则最终得到

$$\Delta W_{oj}^{(3)}(k)=\eta\delta_{o}^{(3)}h_{\mathrm{o}_j}+\alpha\Delta W_{oj}^{(3)}(k-1)$$

同理，可得隐含层的权值变量调整为

$$\Delta W_{oj}^{(2)}(k)=\eta\delta_{j}^{(2)}h_{\mathrm{i}_j}(k)+\alpha\Delta W_{oj}^{(2)}(k-1)$$

式中，$\delta_{j}^{(2)}=g_{j}^{(2)}(x)\sum\limits_{o=1}^{3}\delta_{o}^{(3)}W_{oj}^{(3)}(k)$。

基于 BP 神经网络的 PID 控制算法步骤可归纳如下：

1）事先选定 BP 神经网络的结构，即选定输入层节点数 M 和隐含层节点数 Q，并给出权系数的初值选定学习速率 η 和平滑因子 α，并令 $k=1$。

2）采样得到 $r(k)$和 $y(k)$，计算 $e(k)=z(k)=r(k)-y(k)$。

3）对 $r(k)$、$y(k)$、$u(k-1)$、$e(k)$进行归一化处理，作为神经网络的输入。

4）前向计算神经网络的各层神经元的输入和输出，神经网络输出层的输出即为 PID 控制器的 3 个可调参数。

5）计算 PID 控制器的控制输出 $u(k)$，作用于被控对象。

6）修正输出层的权系数。

7）修正隐含层的权系数。

8）置 $k=k+1$，返回到 2）。

4.4.3　神经网络算法仿真

神经网络算法的 MATLAB 仿真可以借助 MATLAB 的神经网络工具箱，也可以自己编写程序实现。下面给出一个基于 BP 神经网络的 PID 控制器的 MATLAB 仿真算例。

例 4.4　假设被控对象的模型为

$$y(k+1)=\frac{(1-0.1\sin(k))y(k-1)}{1+y^2(k-1)}+u(k-1)$$

采用基于 BP 神经网络的 PID 控制算法进行控制，使得输出为 1，利用 MATLAB 设计控制器并进行仿真。

解：该程序的编写可按照以下步骤进行。

第 1 步，神经网络初始化。首先要确定神经网络结构，即输入层、隐含层和输出层神经元的个数，然后给出各层权值的初始值，并选定学习速率和惯性系数。此外，还要对隐含层和输出层的输入、输出进行定义，即定义一些变量来表示隐含层和输出层的输入、输出。基于 BP 神经网络的 PID 控制，目的是利用神经网络来整定 PID 控制器的参数 K_P、K_I 和 K_D，该神经网络的输出有 3 个，所以输出层神经元的个数为 3。输入层神经元的个数为 4，分别用来输入被控对象的期望输出 $r(k)$、被控对象的实际输出 $y(k)$、误差 $e(k)=r(k)-y(k)$ 和 1（和神经元的第 1 个权系数相乘得到该神经元的阈值）。参考代码如下：

```
eta=0.20;                    %学习速率
alfa=0.05;                   %惯性系数
IN=4;                        %输入层神经元个数
H=5;                         %隐含层神经元个数
Out=3;                       %输出层神经元个数
wi=0.50*rands(H,IN);         %隐含层神经元的权值
wi_1=wi;                     %k−1 时刻隐含层神经元的权值
wi_2=wi;                     %k−2 时刻隐含层神经元的权值
wi_3=wi;                     %k−3 时刻隐含层神经元的权值
wo=0.50*rands(Out,H);        %输出层神经元的权值
wo_1=wo;                     %k−1 时刻输出层神经元的权值
wo_2=wo;                     %k−2 时刻输出层神经元的权值
wo_3=wo;                     %k−3 时刻输出层神经元的权值
Oh=zeros(H,1);               %隐含层的输出
```

```
I=Oh;                              %隐含层的输入
```

第 2 步，被控对象参数初始化。在被控对象的数学模型第 1 次迭代时，需要用到一些状态的初始值，如 $y(0)$、$y(-1)$、$u(0)$、$u(-1)$ 等。这些初始值需要在写被控对象的方程之前设定。

第 3 步，循环参数设置。其包括循环次数、步长等。

第 4 步，编写循环程序。对于第 k 步循环，首先计算被控对象的输出和期望的输出，参考代码如下：

```
y(k)= (1-0.1*sin(k*0.01))*y_1/(1+y_1^2)+u_1;       %y_1 代表 y(k−1)
r(k)=1.0;                                          %期望的输出
```

然后依次计算隐含层和输出层的输入、输出，参考代码如下：

```
xi=[rin(k),yout(k),error(k),1];
x(1)=error(k)-error_1;
x(2)=error(k);
x(3)=error(k)-2*error_1+error_2;
epid=[x(1);x(2);x(3)];
I=xi*wi';                                          %隐含层的输入
for j=1:1:H
    Oh(j)=(exp(I(j))-exp(-I(j)))/(exp(I(j))+exp(-I(j)));   %隐含层的输出
end
K=wo*Oh;                                           %输出层的输入
for l=1:1:Out
    K(l)=exp(K(l))/(exp(K(l))+exp(-K(l)));         %输出层的输出
end
```

输出层的输出即为 K_P、K_I 和 K_D。接着，根据所计算出的 K_P、K_I 和 K_D 可以得到控制输入 $u(k)$ 的增量 $u(k)-u(k-1)$，参考代码如下：

```
Kpid=[kp(k),ki(k),kd(k)];
du(k)=Kpid*epid;
```

然后拿 $y(k)$ 的增量 $y(k)-y(k-1)$ 除以 $u(k)-u(k-1)$，并依次计算输出层和隐含层的反传信号。最后，根据反传信号更新输出层和输入层的权值，参考代码如下：

```
for l=1:1:Out
    for i=1:1:H
        d_wo=eta*delta3(l)*Oh(i)+alfa*(wo_1-wo_2);
    end
end
    wo=wo_1+d_wo+alfa*(wo_1-wo_2);                 %输出层权值更新
for i=1:1:H
    dO(i)=4/(exp(I(i))+exp(-I(i)))^2;
end
    segma=delta3*wo;
```

```
for i=1:1:H
    delta2(i)=dO(i)*segma(i);
end
d_wi=eta*delta2'*xi;
wi=wi_1+d_wi+alfa*(wi_1-wi_2);                                      %隐含层权值更新
```

一次迭代结束，令 $k=k+1$ 进入下一次迭代。

第 5 步，画出仿真图形，观察控制效果。调整参数，寻找控制规律。

根据以上步骤编写程序，得到仿真结果如图 4-28 和图 4-29 所示。由图 4-28 可以看出，被控对象的输出误差很快收敛到 0，意味着其输出很快收敛到 1。图 4-29 给出了神经网络所计算出的 PID 控制器参数。

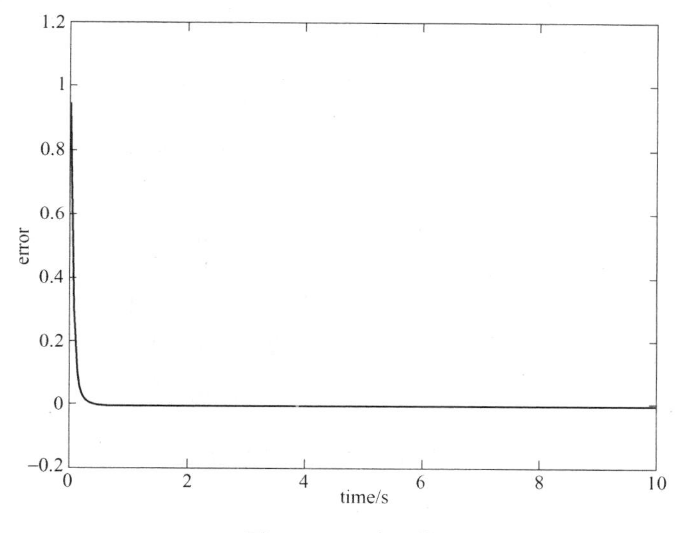

图 4-28　跟踪误差

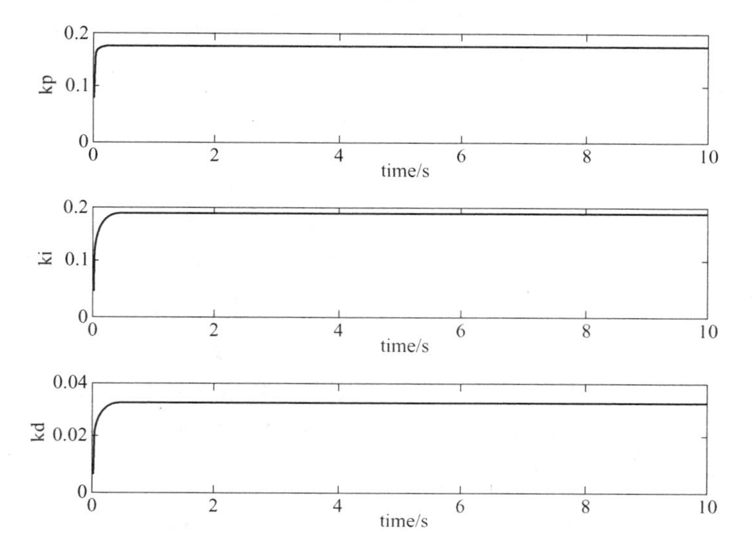

图 4-29　神经网络输出的 PID 参数

习　题

1．写出 Zadeh 定义的模糊集合表示方法。请根据定义写出一个模糊集合表示[体温稍偏高]这一模糊概念。

2．设论域$U=\{u_1,u_2,u_3,u_4,u_5\}$上有两个模糊子集，分别为

$$A=0.2/u_1+0.6/u_2+0.8/u_3+0.5/u_4+0.1/u_5$$

$$B=0.5/u_2+0.1/u_3+0.7/u_4$$

试计算：（1）$A\bigcup B$，$A\bigcap B$，$\overline{B}$；

（2）$A\cdot B$，$A\times B$。

3．设有模糊集合 X、Y、Z 分别为

$$X=\{x_1,x_2,x_3,x_4\}$$

$$Y=\{y_1,y_2,y_3\}$$

$$Z=\{z_1,z_2\}$$

并设$Q\in X\times Y$，$\underset{\sim}{R}\in Y\times Z$，$S\in X\times Z$，且 Q、R 分别为

$$Q=\begin{pmatrix}0.8 & 0.5 & 0.2\\ 1 & 0.8 & 0.3\\ 0.2 & 0.1 & 0.9\\ 0.3 & 0 & 0.7\end{pmatrix},\quad R=\begin{pmatrix}0.9 & 0.8\\ 0.5 & 1\\ 0.2 & 0\end{pmatrix}$$

（1）指出$Q\in X\times Y$表示什么意义，它还可以如何表达。

（2）写出 Q 中第 2 行第 2 列元素 0.8 的表达式。

（3）计算$Q\circ R$，并根据计算结果给出$\mu_{\underset{\sim}{S}}(x_3,z_2)$的值。

4．对洗衣机的洗涤调节一般为“如果衣服脏，那么洗涤时间应长，否则洗涤时间不必很长”。设论域 X=Y=[1,2,3,4,5]，$A\in X$，$B\in Y$，并且

$$A=[\text{衣服脏}]=\frac{1}{1}+\frac{0.5}{2}+\frac{0.1}{3}$$

$$B=[\text{洗涤时间长}]=\frac{0.3}{3}+\frac{0.8}{4}+\frac{1}{5}$$

求：（1）“如果衣服脏，那么洗涤时间应长，否则洗涤时间不必很长”的模糊关系。

（2）如果衣服不很脏，请利用模糊推理判定洗涤时间如何调节？

5. 试说明一个基本的模糊逻辑控制器由几部分组成？其中哪几部分是基于模糊逻辑的？

6．一条模糊控制规则为 IF E=PM or PB and EC= PM or PB THEN u = NB，其中 E、EC 分别为偏差与偏差变化率，u 为控制量输出，PM、PB、NB 分别为正中、正小与负中。请写出这条规则所对应的模糊关系 R。

7．假定被控对象的传递函数为$G_1(s)=\dfrac{\mathrm{e}^{-0.55s}}{(s+1)^2}$，利用 MATLAB 工具为系统设计模糊控制器使其稳态误差为零，超调量不大于 3%，输出上升时间不大于 15s。

8．简述模型预测控制的主要特点。

9．动态矩阵控制中，如果选择设计参数 $P=M$ ，$R=0$ ，$Q=I$ ，会导致什么形式的控制规律？

10．某对象的脉冲响应序列为（0.15，0.25，0.2，0.18，0.15，0.08），在预测时域为 3，控制时域为 2，$w=y_{\mathrm{r}}=10$ 的情况下，利用动态矩阵控制算法进行控制。假设已知对象实际输出为 $y(k)=9.0, y(k+1)=9.5$ ，且预测初值向量 $\boldsymbol{y}_{\mathrm{P0}}=[0.1,0.1,0.1]^{\mathrm{T}}$ ，请求出第 1 步、第 2 步的控制向量。

11．对单输入单输出的纯延时对象，其传递函数为 $G(s)=\dfrac{6\mathrm{e}^{-0.5s}}{3s+1}$ ，采用动态矩阵控制方法，利用 MATLAB 设计控制器并进行仿真。

12．简述有教师学习和无教师学习的区别。

13．简述 BP 神经网络的结构以及设计步骤。

14．简述神经网络 PID 控制与经典 PID 控制的区别。

第5章　计算机控制系统的设计

计算机控制系统的设计是一项复杂的工作，既是一个理论问题，又是一个工程问题，涉及自动控制技术、自动检测技术、计算机技术、仪器仪表技术、通信技术、微电子技术、软件工程技术等。本章在前几章内容的基础上，首先介绍计算机控制系统的设计原则与设计步骤，然后针对设计中控制主机、控制软件开发平台的选择、工业控制网络、数据预处理以及系统抗干扰与可靠性技术进行讨论，最后给出硬件与软件的详细设计过程。

5.1　设计原则与步骤

尽管计算机控制系统的对象各不相同，其设计方案和具体的性能指标也千变万化，但在系统的设计与实施过程中，还是有着许多共同的设计原则与步骤。

5.1.1　设计原则

1．满足生产过程的工艺要求

计算机控制系统是为生产过程的自动化而设计的，因此，必须满足被控对象提出的各种要求及性能指标。设计的系统所达到的性能指标不应低于生产所需的工艺要求，即保证工艺参数在生产的范围内，但也不要片面追求高性能指标。

2．满足安全可靠要求

系统的可靠性是指系统在规定的条件和规定的时间内完成规定功能的能力。安全可靠是计算机控制系统设计中必须考虑的问题。一方面，控制现场的恶劣环境以及现场周围的各种干扰信号时刻威胁着计算机控制系统的正常工作；另一方面，若计算机控制系统出现故障，轻者影响生产，造成产品质量不合格，重者会造成损坏设备事故以及人员伤亡事故，最终导致整个被控系统的失控。因此，设计中需要根据要求选用高性能的工业控制计算机承担控制任务；考虑各种安全保护措施，使系统具有诸如异常报警、事故预测、故障诊断与处理、安全联锁、不间断电源等功能；考虑配备后备装置，对一般的控制回路可选用手动操作作为后备，对必须采用自动控制的重要回路或特殊回路，可选用常规控制仪表做后备，对控制用的计算机可采用双机系统。

3．满足操作、维护与维修要求

一个好的计算机控制系统应具有友好的人机界面，方便操作，易于维护。

操作方便主要体现在操作简单且兼顾已有的操作习惯，信息显示直观形象，具有操作的鲁棒性，容易掌握系统使用方法。尽可能降低维护要求，减少维护费用。

维修方便要从软件与硬件两个方面考虑，目的是易于查找故障、排除故障。硬件上宜采用标准的功能模板式结构，便于及时查找并更换故障模板。模板上应安装工作状态指示灯和监测点，方便检修人员检查与维修。在软件上应配备检测与诊断程序，用于查找故障源。必要时还应考虑设计容错程序，在出现故障时能保证系统的安全。

4．满足实时性要求

实时性是工业控制系统最主要的特点之一。系统要能及时地响应内部和外部事件，并在规定的时限内做出相应的处理。系统处理的事件一般分为两类：一类是定时事件，如定时采样、运算处理、输出控制量到被控制对象等；另一类是随机事件，如出现事故后的报警、安全锁、打印请求等。对于定时事件，由系统内部设置的时钟保证定时处理。对于随机事件，系统应设置中断，根据故障的轻重缓急，预先分配中断级别，一旦事件发生，根据中断优先级别进行处理，保证最先处理紧急故障。

5．满足通用性要求以及适应发展的需求

通用性是指所设计出的计算机控制系统能根据各种不同设备和不同控制对象的控制要求，灵活扩充、便于修改。尽管控制的对象千变万化，但从控制功能上进行分析与归类，仍然存在共性。例如，计算机控制系统的输入/输出信号统一为-10～+10V（DC）或 4～20mA（DC）；控制算法有简单 PID、纯滞后补偿多回路 PID、预测控制、模糊控制、最优控制等。因此，在设计时应尽量考虑共性，采用积木式的模块化结构，能根据各种不同设备和对象的控制要求灵活地构成系统。

计算机控制系统的通用性设计具体体现在硬件与软件两个方面。硬件宜采用标准总线结构，配置各种通用的功能模板，并留有一定的冗余，在需要扩充时只需增加相应功能的通道或模板就能实现。软件如控制算法等也应采用标准模块化结构，能按控制需求选择各种功能模块灵活地构成整个控制系统软件。

从发展的角度考虑，所设计的系统应具备扩展功能，能满足生产发展和工艺改进的需求。

6．满足开放性要求

开放性要求硬件能提供各类标准的通信接口，如 RS-232C、RS-485 和现场总线接口等；软件要能支持各类数据交换技术，如动态数据交换（Dynamic Data Exchange，DDE）、用于过程控制的 OLE（OLE for Process Control，OPC）、开放的数据库连接（Open Data Base Connectivity，OBDC）等。这样构成的系统既可从外部获取信息，也可向外部提供信息，实现信息的共享和集成。

7．满足经济效益要求

在满足计算机控制系统的技术性能指标的前提下，尽可能降低成本，为用户带来良好的经济效益。其主要体现在：一方面，系统的性能价格比要尽可能高，投入产出比要尽可能低，回收周期要尽可能短；另一方面，从提高产品质量与产量、降低能耗、减少污染、改善劳动条件等经济、社会效益各方面进行综合评估。但由于计算机技术发展迅速，在设计时要有市场竞争意识和一定的预见性。

8．满足开发周期要求

缩短系统研发周期，减少研发资金投入是保证系统推广应用的重要保障。因此，在设计时，尽可能地使用成熟的技术，首选方案是购买现成的软件和硬件进行组装、调试。因为在短时间内开发一个能够稳定、可靠运行的软件或硬件产品是非常困难的。

5.1.2　设计步骤

系统设计步骤会因类型、控制对象、控制方法等的不同有所差异，但主要步骤大体相同。

1．分析控制对象和确定任务

在进行系统设计之前，要对被控对象进行调查研究，收集其相关资料，对其进行分析论证，深入了解被控对象的工艺流程和工艺要求，熟悉其工作过程。首先，根据实际应用中的问题，提出具体的控制要求，确定系统功能、性能、可靠性、可维护性和运行环境；然后，采用工艺图、控制流程图等描述控制过程和控制任务，确定系统应达到的性能指标，形成设计任务说明书，并提交任务提出方确认；最后，将双方确认的任务说明书作为整个控制系统设计的依据。

2．总体方案设计

依据设计任务说明书的技术要求、控制对象的特性和控制策略，开展系统的总体设计。总体设计包括以下内容。

（1）控制系统的性质和结构

根据系统的任务，确定系统的性质是数据采集处理系统还是对象控制系统。如果是控制系统，则应根据系统性能指标要求，决定采用何种控制形式，如用开环控制还是用闭环控制。

（2）硬件系统总体方案设计

根据控制要求、任务的复杂度、控制对象的地域分布等，设计硬件系统总体方案，包括以下几个方面。

1）确定控制方式。系统采用直接数字控制（DDC）、计算机监督控制（SCC）或者分布式控制方案等。

2）确定计算机类型。系统采用多计算机还是单计算机系统，选用工控机、PLC、单片机或是 ARM 等。

3）确定人机交互的方式。系统选用键盘、鼠标、轨迹球、触摸屏等方式输入，LED、LCD 或 CRT 等方式输出。

4）确定现场设备类型。系统选用数字量、模拟量等传感设备，选用电动、电气等执行机构或是混合。

5）确定控制机柜形式。根据场地等要求确定机柜形式。

6）确定抗干扰措施。整个系统是否需要考虑硬件抗干扰措施。

（3）软件总体方案设计

根据系统的任务，结合硬件系统方案，开展软件总体方案设计工作。

1）确定软件开发平台。根据已确定的硬件、功能要求、研发周期、直接成本等因素进行综合考虑，选用商业组态软件、Visual Basic、Visual C++、汇编语言、机器语言或图形化语言作为开发平台。例如，若采用组态开发应用软件，由于商业组态软件具有各种通信、数据库、运算、人机界面、实时曲线、历史曲线、报表等功能模块，则系统设计者能根据控制要求，选择所需的模块进行组态，在较短的时间内开发出目标系统软件；若采用汇编语言开发应用软件，则会增加软件开发工作量、延长开发时间等，但会降低直接成本。

2）确定软件开发方法。随着计算机控制系统功能的不断完善，应用软件开发的规模与复杂程度不断增加，这就要求在软件总体设计中确定开发方法。结构化软件设计方法就是一种常用的方法。

3）分解任务与确定控制策略。根据控制系统要求，分解软件任务，形成与硬件相配合的软件框架，确定所采用的控制策略。

4）绘制软件总体流程。计算机控制系统中一般包括系统初始化模块、人机界面模块、参数采集模块、控制算法模块、控制信号输出模块、显示打印模块、故障报警模块、自检诊断模块等。设计时可根据用户的要求，选择模块并进行有机地组合，形成应用软件流程。

5）编写软件设计文档与设计说明书。将软件的总体设计方案与软件流程写成文字，形成软件设计文档与软件设计说明书。

（4）其他设计

1）电源的配置。在考虑系统电源的组数、电压等级、容量等外，还须考虑电源的可靠性措施，如滤波、稳压、防雷电、防浪涌等。

2）抗干扰和可靠性。通过硬件和软件抗干扰方法提高系统可靠性。一般来说，硬件措施将绝大多数干扰拒之门外，软件措施作为第二道防线。

3．建模和确定控制方法

计算机控制系统控制效果的优劣，在很大程度上取决于采用的控制策略和控制算法是否合适，而很多控制算法是基于被控对象的数学模型的，因此，建立对象的数学模型和选择合适的控制算法对系统控制精度和性能起着决定性的作用。

4．硬件的具体设计

在硬件总体方案的框架下，选择计算机型号、系统总线、输入/输出接口配置、现场设备的数量与型号、通信接口等，并合理集成所选择的设备构成计算机控制硬件系统。

5．软件的具体设计

软件设计的基本步骤包括问题定义、细化设计、编制源程序、形成可执行代码及程序调试。

问题定义是根据要求明确软件应该完成的任务、与硬件电路的配合方式以及出错处理方法等，即完成由“需要做什么事情”到“该如何去做这些事”的工作。

细化设计是对软件总体流程框图进行自顶向下的划分，逐步定义软件的各级功能模块，直至底层模块的详细设计，最终形成详细的各个软件模块流程框图。

编制源程序是把定义的问题用编程语言对控制任务进行描述和安排。

形成可执行代码是依据所选的平台对源程序进行汇编、编译以及必要的连接，生成计算机可执行的目标代码。

程序调试是检验软件各个模块的功能以及整个软件正确性的手段。

6．系统调试

计算机控制系统经设计、实施、安装结束以后，可进入系统调试阶段。调试工作分为硬件系统调试、软件系统调试以及硬件与软件的联合调试 3 个部分。

7．系统投入运行

系统试运行前，需要制定一系列计划、实施方案、安全措施、分工合作细则等。在系统试运行中，设计人员与用户需要密切配合。系统试运行过程是从小到大、从易到难、从手动到自动、从简单回路到复杂回路逐步过渡的，仔细观察并记录系统运行的状态。若发现问题，认真地共同分析，找出问题的根源。一般系统试运行正常并运行一段时间后，即可组织验收工作。验收结束可交付系统，系统方可进入正式运行阶段。

5.2　控制主机

控制主机是计算机控制系统的主要硬件设备。工控机（Industrial Personal Computer，IPC）、可编程序控制器（PLC）、嵌入式系统、单片机等在计算机控制系统中得到广泛应用。本节重点介绍 IPC 和 PLC。

5.2.1 工业控制计算机

1. 工控机的特点

工业控制计算机简称工控机。通俗地说，工控机就是专门为工业现场而设计的计算机。工业现场一般具有强振动、多灰尘、高电磁干扰及连续作业等特点。因此，工控机与普通计算机相比具有以下主要特点。

1）可靠性高。控制系统要求工控机具有很高的可靠性，因为工控机需要用在持续工作的控制系统中。

2）实时性好。工控机应能实时地响应控制对象的各种参数的变化，这要求工控机具有很好的实时性。通常工控机配有多任务操作系统和中断系统。

3）环境适应性强。由于工业现场环境恶劣，要求工控机具有很强的环境适应能力。

4）丰富的输入/输出板卡。被控对象的物理量多种多样，这要求具有丰富的输入/输出配套板卡，如模拟量、数字量及开关量的输入/输出板卡。

5）系统扩展性与开放性好。采用开放性体系结构，便于系统扩充、软件升级和互换。

6）软件平台功能强。具有良好的人机交互、系统组态与生成、实时与历史数据以及报警信息的显示与记录、丰富的控制算法等功能。

7）系统通信功能强。网络型计算机控制系统已得到广泛的应用，也是发展趋势，这要求工控机具有远程通信功能。

8）冗余性。在可靠性要求很高的场合，要求有双机工作及冗余系统。比如，双控制站、双操作站、双网通信、双供电系统等，具有双机切换功能。

2. 工控机的结构

工控机采用便于安装的标准机箱，较为常见的是 2U、4U 标准机箱。机箱采用钢结构，有较高的防磁、防尘、防冲击的能力。图 5-1 是研华 IPC-610-L 工控机的主机箱结构。它支持 ATX 母板或多达 15 槽的 PICMG 无源底板，灵活的机械设计支持 300 W 单 PS/2 和冗余 ATX 电源等。独特的固定压条设计以及带有橡胶垫脚可以防止各种板卡受到冲击或振动造成的损坏。电源和 HDD 活动性通知改善了系统性能。前部可拆卸空气过滤器，方便系统维护。可锁前门，防止未经许可的访问。

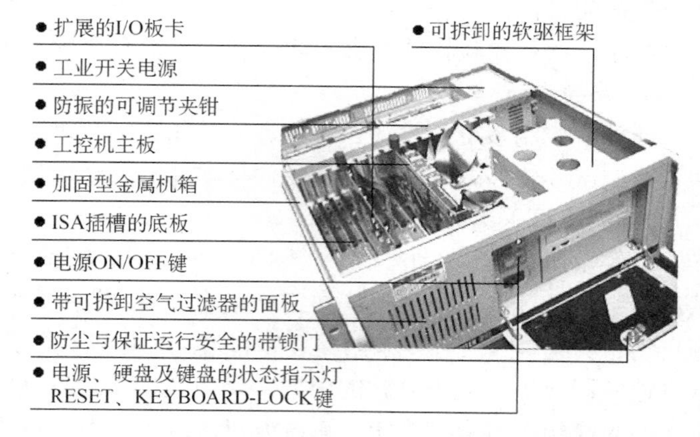

图 5-1 研华 IPC-610-L 工控机的主机箱结构

3. 工控机的组成

典型的工控机由加固型工业机箱、工业电源、主机板、系统总线、显示卡、硬盘驱动器、光盘驱动器、各类输入/输出接口板卡、磁盘系统、键盘、鼠标、轨迹球、显示器、打印机等组成。

主机板是工控机的核心，采用一体化主板，板内芯片都采用工业级芯片。工控机内部各组成部分以及工控机与其他计算机或设备的信息传送通常采用总线完成。系统总线分为内部总线与外部总线。

键盘、鼠标、轨迹球、显示器及打印机等构成人机接口设备。这些设备通过接口与计算机的总线相连。操作员通过人机接口设备完成与计算机之间的信息交换。人机接口设备既能设定、修改控制系统的运行参数，又能显示生产过程的各种数据和状态。

磁盘系统通常包含通用硬盘或采用 USB 的磁盘、半导体虚拟磁盘。

4．工控机的总线

（1）内部总线

内部总线是指计算机内部各功能模块间进行信息交换的总线，也称为系统总线。工业控制计算机采用内部总线母板结构，母板上包含多种功能模板插入接口插槽，各模板之间的信息传输通过内部总线进行。不同类型的计算机有各自的内部总线，应用较多的工控机内部总线有 ISA 总线、PCI 总线、STD 总线等。

针对 Intel8088 微处理器而设计的第一个标准总线是 PC/XT 总线。为兼容 Intel80286 16 位微处理器，在 PC/XT 总线基础上进行了扩充，形成了 PC/AT 总线。AT 总线也称 ISA（Industry Standard Architecture）总线标准。

PCI（Peripheral Component Interconnect）总线是局部总线，是介于 CPU 芯片级总线与系统总线之间的一种总线。外设通过 PCI 总线能够有效提高数据传输率。

PCI Express 是新一代的总线接口，称为第三代 I/O 总线技术。它采用了目前业内流行的点对点串行连接，比起 PCI 以及更早期的计算机总线的共享并行架构，每个设备都有自己的专用连接，不需要向整个总线请求带宽，而且可以把数据传输率提高到一个很高的频率，达到 PCI 所不能提供的高带宽。

（2）外部总线

外部总线是指用于计算机与计算机之间或计算机与其他智能外设之间的通信线路。常用的外部总线有 IEEE-488 并行总线、RS-232C 和 RS-422/RS-485 串行通信总线等。

5．输入/输出板卡

来自生产过程的输入信号需要进入工控机，同时工控机根据控制要求的处理结果需要输出，进而控制对象。这里输入/输出信号的连接通道由插入工控机底板的输入/输出板卡完成。输入/输出板卡包括模拟量输入/输出板卡、数字量输入/输出板卡及计数/定时板卡等。

选择模拟量输入板卡时可从输入信号量程、输入信号类型与通道数、分辨率、精度、转换速率、可编程增益及支持软件等方面综合考虑。选择模拟量输出板卡时可从分辨率、信号输出类型与数量、转换速率、支持软件等方面综合考虑。选择数字量输入/输出板卡时可从通道数、是否需要隔离等方面进行考虑。

图 5-2 是研华 PCIE-1756 板卡。该板卡提供了 64 个隔离数字量输入和输出通道。它具有 DC 2500 V 隔离保护，具有宽输入范围（DC 10～30 V）、宽输出范围（DC 5～40 V）、高灌电流（最大 500mA/通道）等特点，可以方便地用于工业自动化计算机控制系统。借助于最新的研华驱动程序 DAQNavi，用户可以轻松、高效地进行配置以及设置的编程。

图 5-3 是研华 PCI-1713 板卡。该板卡是一款 PCI 总线的隔离高速模拟量输入卡，它提供

了 32 路单端或 16 路差分模拟量输入或组合输入方式，12 位 A-D 转换分辨率，采样频率可达 100kS/s，DC 2500 V 隔离保护。每个输入通道的增益可编程，支持软件、内部定时器触发或外部触发采样模式。

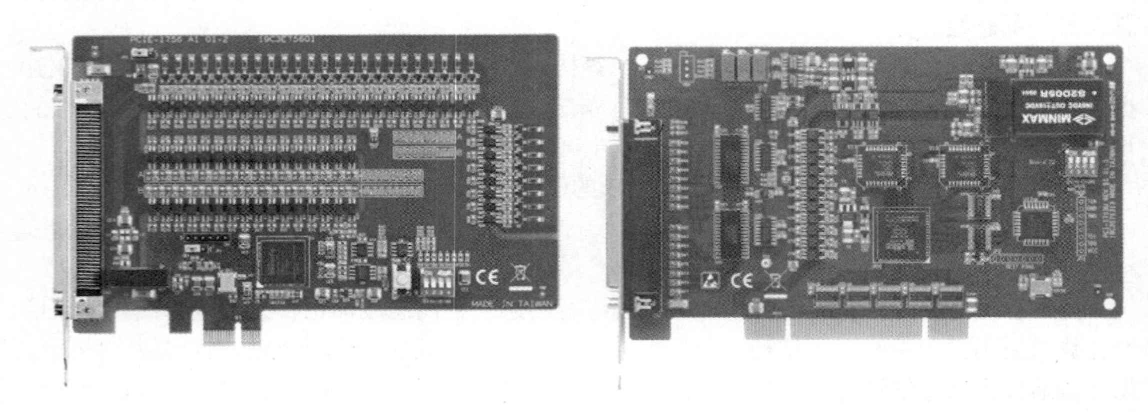

图 5-2　PCIE-1756 板卡实物图　　图 5-3　PCI-1713 板卡实物图

图 5-4 是研华 PCI-1727U 板卡。该板卡提供了 12 路 14 位模拟量输出，支持+/–10V、0～20mA 电流环。卡上的 DC-DC 转换器能够确保可靠的 10V 模拟量输出。每个模拟量输出通道都内建了一个熔体，可以对电路、PC 和外部设备起到保护作用。该板卡适用于多个 PID 控制回路的控制系统。除了提供模拟量输出之外，PCI-1727U 板卡还提供 16 路 TTL DI 和 16 路 TTL DO，非常适合于工业开/关控制应用中使用。

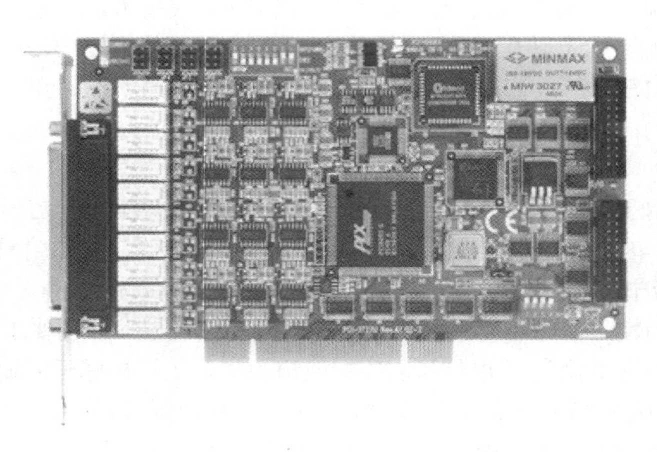

图 5-4　PCI-1727U 板卡实物图

5.2.2　可编程序控制器

PLC 是专为工业环境而设计制造的计算机，它具有丰富的输入/输出接口，并具有较强的驱动能力，能够较好地解决工业控制领域中普遍关心的可靠、安全、灵活、方便、经济等问题。

1．PLC 的特点

（1）可靠性高

PLC 最突出的特点之一是高可靠性。PLC 采取了以下措施提高其可靠性。

1）所有输入/输出接口电路均采用光隔离，使工业现场的外电路与 PLC 内部的电路在电气上实现隔离。

2）各种模块均采取了屏蔽措施，以防止电磁辐射干扰。

3）采用了优质的开关电源。

4）对采用的器件进行了严格筛选。

5）具有完整的监视和诊断功能，一旦电源或其他软、硬件发生异常情况，CPU 立即采取有效措施，防止故障扩大。

6）大型 PLC 还采用由双 CPU 构成的冗余系统以及容错技术，使可靠性进一步提高。

（2）功能齐全

PLC 不仅硬件配套齐，自身功能完善，接口功能丰富，而且 PLC 中的 CPU 处理速度进一步加快，与 PLC 连接的各种智能化模块不断推出。PLC 容易实现分散控制、集中管理以及设备的改造升级。

PLC 的基本功能包括开关量输入/输出、模拟量输入/输出、辅助继电器、状态继电器、延时继电器、锁存继电器、主控继电器、定时器、计数器、移位寄存器、凸轮控制器、跳转和强制 I/O 等。PLC 指令系统丰富，不仅具有逻辑运算、算术运算等基本功能，而且能以双精度或浮点形式完成代数运算和矩阵运算。

PLC 的扩展功能包括联网通信、成组数据传送、PID 闭环回路控制、排序查表、中断控制以及特殊功能函数运算等。

（3）应用灵活

除了单元式小型 PLC 外，绝大多数 PLC 采用标准的积木硬件结构和模块化软件设计，不仅可以适应大小不同、功能繁复的控制要求，而且可以适应各种工艺流程要求变更较多的场合。

（4）系统设计与调试周期短

PLC 的安装和现场接线很简单，可以按积木的方式扩充和删减其系统规模。由于它的逻辑、控制功能是通过软件完成的，因此允许设计人员在没有购买硬件设备之前，就进行“软接线”工作，从而缩短整个系统的设计、生产与调试周期。

（5）操作维修方便

PLC 采用电气操作人员习惯的梯形图形式编程，其内部工作状态、通信状态、I/O 点状态和异常状态均有醒目的显示。因此，操作人员、维修人员可以及时准确地了解机器故障点，利用替代模块或插件的办法迅速排除故障。

（6）体积小，重量轻，能耗低。

PLC 除具有上述主要优点外，其主要缺点是人机界面比较差、数据存储和管理能力较差。虽然一些大型 PLC 在这方面有了较大的发展，但价格较高。近几年，随着显示技术的迅速发展，大多数 PLC 都可以配套使用液晶显示和触摸屏，使人机界面得到改善。

2．PLC 的基本结构

（1）硬件结构

PLC 由中央处理器（CPU）、存储器、I/O 接口单元、I/O 扩展接口以及扩展部件、外设接口和电源等部分组成，各部分之间通过系统总线连接。按结构分类，PLC 可分为整体式 PLC

和模块式 PLC。对于整体式 PLC，常将 CPU、存储器、I/O 接口、I/O 扩展接口、外设接口以及电源等部分集成在一个机箱体内，构成 PLC 主机。对于模块式 PLC，CPU、存储器、I/O 接口、I/O 扩展接口、外设接口以及电源等各自做成独立的模块，用户根据需要进行配置。

（2）软件结构

PLC 的软件包括系统软件和应用软件。PLC 的系统软件一般包括系统管理程序、用户指令解释程序、标准程序库和编程软件等。它由 PLC 生产厂家编制，已固化在 PLC 内，随产品一起提供给用户。系统软件具有系统自检、时序控制、存储空间管理、用户程序开发与编译等功能。应用软件是用户根据生产过程工艺要求，按照所用 PLC 规定的编程语言而编写的应用程序。

3．西门子 PLC 的主要产品

PLC 生产厂家众多，产品种类繁多，目前国内使用的主要有美国的 AB 和 MODICON、德国的 SIEMENS、日本的 MITSUBISHI 等。其中，SIEMENS 的 SIMATIC S7 系列 PLC 在国内工控市场占有份额较大。SIMATIC S7 系列包括 S7-200 系列 PLC、S7-300 系列 PLC 和 S7-400 系列 PLC 等。

（1）SIMATIC S7-200 PLC

S7-200 PLC 是西门子公司生产的超小型化 PLC，由主机（基本单元）、I/O 扩展单元、功能单元（模块）以及外部设备（文本/图形显示器、编程器）等组成，可使用 STEP 7-Micro/WIN 工程软件，具有极高的性能价格比。它能提供不同的基本型号与 CPU 供选择使用，适用于各个行业及不同场合的自动检测、监测与控制的自动化。它的强大功能使其无论单机运行，还是连成网络都能实现较复杂的控制功能。其中 S7-200 PLC 中的 CPU224xp 的外观及其说明如图 5-5 所示。

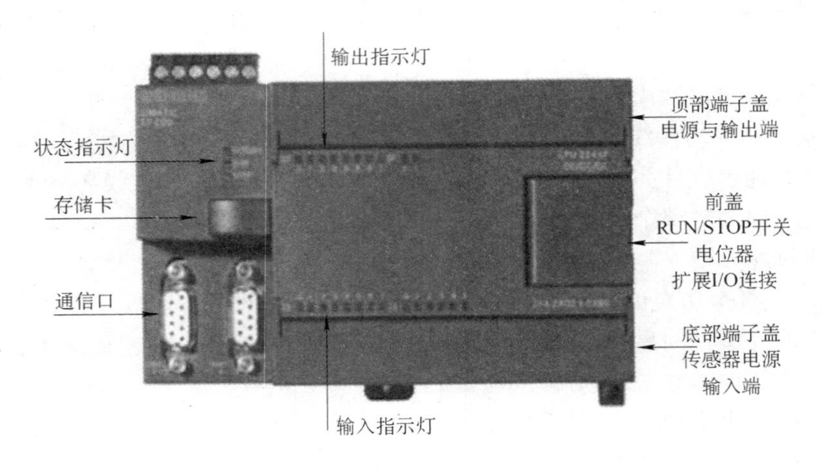

图 5-5　外观图

S7-200 PLC CPU 型号及其硬件配置见表 5-1。其中，CPU221 无扩展功能，适用于微型控制器；CPU222 有扩展功能，可连接 2 个扩展模块，适用于小点数控制的微型控制器；CPU224 是具有较强功能的控制器，可连接 7 个扩展模块；CPU226 适用于复杂的中小型控制系统，可连接 7 个扩展模块。扩展模块包括数字量输入模块 EM221、数字量输出模块 EM222、数字量输入/输出模块 EM223、模拟量输入模块 EM231、模拟量输出模块 EM232 等。

表 5-1 S7-200 PLC CPU 型号及其硬件配置

硬件	CPU221	CPU222	CPU224（CPU224xp）	CPU226
数字量输入/输出点	6/4	8/6	14/10（14/10）	24/16
模拟量输入/输出点	0/0	0/0	0/0（2/1）	0/0
存储空间 （用户程序区） （数据存储区）	6KB （4KB） （2KB）	6KB （4KB） （2KB）	13KB（20KB） （8KB）（12KB） （5KB）（8KB）	13KB （8KB） （5KB）
RS-485 通信/编程口	1	1	1（2）	2
高速计数器	4	4	6	6
高速中断	4	4	4	4
高速脉冲输出	2	2	2	2
实时时钟	可选	可选	集成的	集成的

高速计数器可实现高速计数功能，最高计数频率可达 30kHz。对于 CPU224xp 型的高速计数频率最高可达 100kHz。高速计数功能不占用 CPU 扫描时间。一般情况，使用单向编码器时最高频率为 30kHz，使用双向编码器时最高频率为 20kHz。

高速中断可作为报警输入，以极快的速度（中断触发后 200μs）对信号的上升沿做出响应。

2 路脉冲输出的最高频率可达 20kHz。具有脉宽调制（PWM）和脉冲序列输出（PTO）两种模式。高速脉冲输出对 CPU 扫描速度没有影响。

强大灵活的通信能力，支持 PPI（Point to Point Interface）通信协议、MPI（Multi Point Interface）通信协议、自由方式协议、PROFIBUS-DP 以及 AS-I 协议。PPI 通信协议是专门为 S7-200 开发的一种主-从通信协议，内置在 S7-200 CPU 中。主站向网络中的从站发出请求，从站不能发出请求，只能对主站发出的请求做出响应。PPI 协议物理上基于 RS-485 口，通过屏蔽双绞线就可实现 PPI 通信。PPI 协议最基本的用途是实现 PC 运行西门子 STEP7-Micro/WIN 编程软件时，上传和下载应用程序。MPI 是一种适用于小范围、少数站点间通信的网络，在网络结构中属于单元级和现场级。MPI 协议允许主-主通信或主-从通信。通信模块包括 CP243-2 AS-I 接口模块和 EM243-1 工业以太网模块等。

（2）SIMATIC S7-300 PLC

S7-300 PLC 是西门子公司生产的小型 PLC 系统，采用模块化结构设计方法，可满足中等性能要求的应用。各种单独的模块之间可进行广泛组合构成不同要求的系统。S7-300 PLC 的主要组成部分：导轨（RACK）、电源模块（PS）、中央处理单元模块（CPU）、接口模块（IM）、信号模块（SM）、功能模块（FM）。标准型 S7-300 PLC 的硬件结构如图 5-6a 所示，IM 是可选的，SM 中包含了数字量输入/输出、模拟量输入/输出，FM 包含计数、定位和闭环控制，CP 可以是点到点，或是 PROFIBUS，或是工业以太网。S7-300 PLC 提供了多种不同性能的 CPU，以满足用户不同的需求，包含标准型 CPU31x、紧凑型 CPU31xC、技术功能型 CPU31xT 以及故障安全型 CPU31xF，如 CPU312，CPU313C 等。S7-300 PLC 的实物图如图 5-6b 所示，CPU 模块面板布置示意图如图 5-6c 所示。

S7-300 PLC 的功能与特点如下：

1）具备高速（0.6～0.1μs）运算指令。其浮点数运算可有效地实现复杂的算术运算。

2）S7-300 操作系统内集成了人机界面服务。SIMATIC 人机界面（Human Machine Interface，HMI）从 S7-300 中取数据，S7-300 按用户指定的刷新速度自动地处理数据传送，这有效降低了人机对话的编程要求。

3）具备智能化的诊断系统。可连续监控系统的运行状态、记录错误和特殊事件，如超时、模块更换等。

4）具备多级口令保护功能。这可使用户高度、有效地保护其技术机密，防止未经允许的复制和修改。

5）采用模块化结构，并设有操作方式选择开关。操作方式选择开关像钥匙一样可以拔出。当钥匙拔出时无法改变操作方式，这能防止非法删除或改写用户程序。

6）具备强大的通信功能。可通过多种通信处理器连接 AS-I 总线接口和工业以太网总线系统；串行通信处理器用于连接点到点的通信系统；MPI 集成在 CPU 中，用于同时连接编程器、PC、人机界面系统及其他 SIMATIC S7/M7/C7 等自动化控制系统。带标准用户接口的软件工具方便用户给所有模块进行参数赋值。

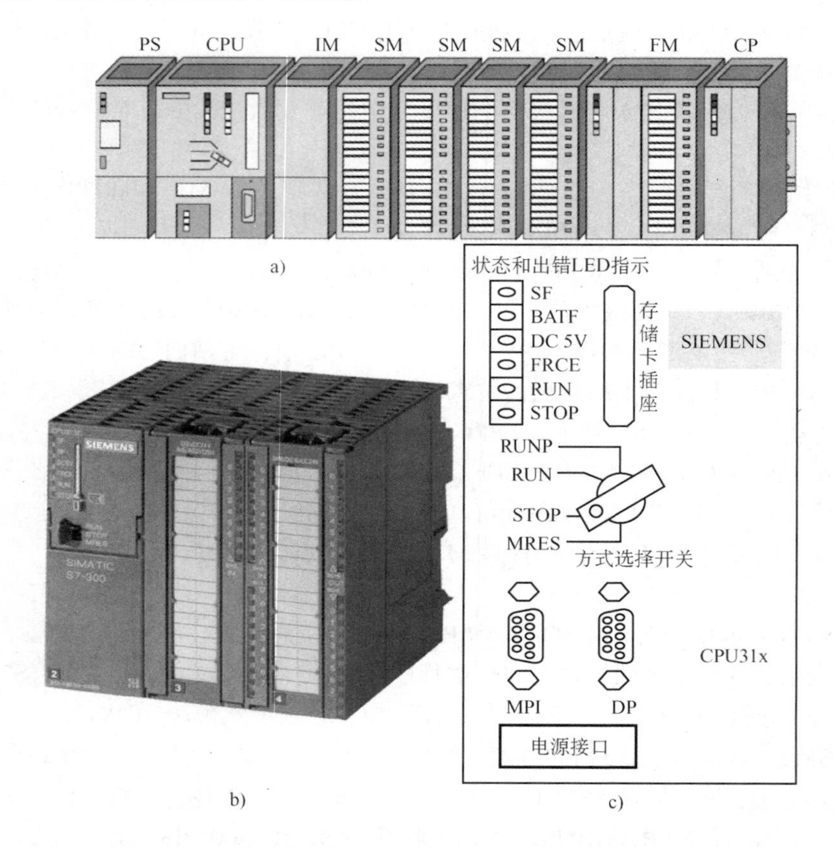

图 5-6　S7-300 PLC 标准硬件结构、实物图及 CPU 模块面板布置示意图

（3）SIMATIC S7-400 PLC

SIMATIC S7-400 PLC 包含标准型 S7-400、冗余型 S7-400H 和安全型 S7-400F/FH，是用于中、高档性能范围的可编程序控制器，其外观如图 5-7 所示。S7-400H V6 版本开始支持

PROFINET，并且不断推出支持系统冗余的 PROFINET IO 设备，使得 PROFINET IO 的冗余方案成为可能。

图 5-7　S7-400 实物图

SIMATIC S7-400 PLC 采用模块化无风扇的设计方式，可靠耐用，同时可以选用多种级别的 CPU，并配有多种通用功能的模板。用户设计系统采用模块化的方法，根据需要组合成不同的专用系统。一个系统包括电源模块、中央处理单元（CPU）、各种信号模块（SM）、通信模块（CP）、功能模块（FM）、接口模块（IM）、SIMATICS5 模块。在基本系统的基础上适当地增加模块，就能使系统升级，满足控制系统规模扩大或升级的需要。其主要特点如下：

1）处理速度极高。例如，CPU 416 执行一条二进制指令只需要 0.08μs。

2）存储器容量大。例如，CPU 417-4 的 RAM 可以扩展到 16MB，装载存储器可以扩展到 64MB。

3）I/O 扩展功能强，可以扩展 21 个机架。例如，CPU 417-4 最多可以扩展 262 144 个数字量 I/O 点和 16 384 个模拟量 I/O。

4）具有极强的通信能力，集成的 MPI 能建立最多 32 个站的简单网络。大多数 CPU 集成有 PROFIBUS-DP 主站接口，用来建立高速的分布式系统，通信速率最高可达 12Mbit/s。

5）集成的 HMI 服务。只需要为 HMI 服务定义源和目的地址，就可自动传送信息。

5.3　控制软件开发平台

控制软件是计算机控制系统必不可少的部分。开发控制软件是实施计算机控制系统的重要环节。控制软件开发平台的选择是计算机控制系统设计过程中的重要工作。由于选用的控制主机类型不同，其应用软件的开发平台就不同，即使是同一类型的控制主机，其开发平台也不一定相同。

5.3.1　工业组态软件

工业组态软件是以工控机为核心的计算机控制系统中，开发其应用程序的首选开发平台。组态的概念最早来自英文 Configuration，含义是使用软件工具对计算机硬件和软件的各种资源进行配置，以使计算机硬件或软件按照预先设置，自动执行特定任务，满足使用者的要求。

组态软件是 HMI 及监视控制与数据采集（Supervisory Control And Data Acquisition，

SCADA）软件，包含了数据采集与过程控制的专用软件。组态软件具有各种通信、数据库、运算、人机界面、实时曲线、历史曲线、报表等功能模块。它是在自动控制系统监控层一级的软件平台和开发环境，能以灵活多样的组态方式而不是编程方式提供良好的用户开发界面和简捷的使用方法，其预先设置的各种软件模块可以非常容易地实现和完成监控层的各项功能，并能支持各种硬件厂家的计算机和 I/O 设备，与高可靠的工控计算机和网络系统结合，可向控制层和管理层提供软、硬件的全部接口，进行系统集成。若设计者根据控制要求，采用组态软件，选择所需的模块进行组态，构成控制系统软件，则可极大减少软件编程工作量，能在较短的时间内开发出目标应用软件。

组态软件产品于 20 世纪 80 年代初出现，并在 80 年代末期进入我国。目前世界上有不少专业厂商包括专业软件公司和硬件/系统厂商生产和提供各种组态软件产品。国外的组态软件主要有 InTouch、iFIX、RSView32、WinCC 等。从 20 世纪 90 年代末国内开始研发组态软件，主要有 KingView（组态王）、MCGS、ForceControl（力控）等。组态王是目前国内应用较广的国产组态软件之一，它提供了资源管理器式的操作主界面，并且提供了以汉字作为关键字的脚本语言支持，还提供了多种硬件驱动程序。

组态软件基本上由图形界面系统、实时数据库系统、第三方程序接口、控制功能等组件组成。

1．通用组态软件的特点

1）封装性。采用一种方便用户的方法包装由组态软件完成的功能模块。

2）开放性。组态软件大量采用标准化技术，如 OPC、DDE、ActiceX 控件等，用户可以根据需要进行二次开发。

3）通用性。应用组态软件，不受行业限制。

4）方便性。解决界面及控制中的共性问题，供用户使用。

5）组态性。硬件、软件均具有组态性。

2．组态软件中解决的共性问题

1）数据采集与控制设备之间的数据交换问题。

2）来自设备的数据与计算机图形界面上各元素的关联问题。

3）报警及其处理问题。

4）历史数据的存储与查询问题。

5）各类报表的生成与打印输出问题。

6）提供灵活、多变的组态工具问题。

7）生成应用系统的问题。

8）与第三方程序的接口及数据共享问题。

3．组态软件的使用步骤

组态软件通过 I/O 驱动程序从现场 I/O 设备获得实时数据，处理后的数据一方面在屏幕上以图形方式直观显示，另一方面按照组态要求和操作人员的指令发送给 I/O 设备，对执行机构实施控制或调整控制参数。使用步骤如下：

1）收集 I/O 点的参数，并填写表格。

2）整理所使用 I/O 设备的相关信息，如生产商、种类、型号、通信接口类型与协议等。

3）收集所有的 I/O 标识，并填写表格。

4）根据工艺过程绘制、设计画面。

5）根据 1）的信息建立实时数据库，正确组态各种变量参数。

6）根据 1）与 3）的信息，在实时数据库中建立实时数据库变量与 I/O 点的一一对应关系，即定义数据连接。

7）根据 4）组态每一幅静态的操作画面。

8）将操作画面中的图形对象与实时数据库变量建立动画连接关系，规定动画属性和幅度。

9）对组态内容进行分段、调试。

10）系统运行。

4．iFIX 组态软件的简单说明

iFIX 是全球领先的 HMI/SCADA 自动化监控组态软件，已有超过 300 000 套以上的软件在全球运行。世界上许多成功的制造商都依靠 GE Fanuc 的 iFIX 软件来全面监控和分布管理全厂范围的生产数据。在冶金、电力、石油化工、制药、生物技术、包装、食品饮料、石油天然气等各种工业应用当中，iFIX 独树一帜地集强大功能、安全性、通用性和易用性于一身，使之成为任何生产环境下全面的 HMI/SCADA 解决方案。

iFIX 以 SCADA 为核心，实现包括监视、控制、报警、保存和归档数据、生成和打印报告、绘图和视点创建数据的显示形式等多种功能。在此仅简单介绍 6 方面功能。

（1）图形功能

iFIX 的图形功能强大，支持多种图形格式，其追加的图形库，内容丰富，解决了原来图形过大的问题。可同时使用 256 种颜色，其中有 64 种颜色可用彩色调色，组成各种调色方案，嵌入图形中不会因放大或缩小而失真。

（2）数据点管理

iFIX 提供了统一环境进行数据点的定义，而且提供了很多的数据类型，有很多现成的功能模块，如历史记录、趋势曲线、计算、PID、计时等模块。

（3）网络功能

iFIX 是基于节点的，寻找的是节点名，只要物理上保持连接就可以自动寻找网络节点，不必人工设定。它是第一个完全基于 Client/Server（C/S）的 HMI 软件，具有 C/S 架构软件的所有功能，可以监视远程节点的所有数据点而不用增加任何的 Tag，可以在线增加、修改、删除远程节点中的数据点，真正实现远程组态。

（4）通信功能

iFIX 是基于组件对象技术（COM、DCOM）的，针对工业应用的所有硬件几乎都有接口，应用的稳定性好，其通信设计方便。

（5）管理方面

安全管理：在工程管理上能满足工业生产的级别管理，是面向操作人员的级别控制，对操作系统的安全防护上，如不能重启动（锁 Ctrl+Alt+DEL、Windows 键）。

报警管理：iFIX 自身含有 Alarm ODBC，提供了一个历史报警的记录阅读程序，包含登录操作的纪录。

报表方面：iFIX 有内嵌的 VBA，带有 SQL 语言，全面支持 ADO、RDO，所以对常用的办公软件如 Office 以及一般的数据库软件如 SQL Server、Access、Oracle、FoxPro 等都能很好地访问和操作。

加锁方法：iFIX 采用硬件狗。

（6）先进技术

由于最终用户和系统集成商所需的解决方案变得越来越复杂，预期每个客户的不同需求变得更加困难。面对这些变化，iFIX 中加入了工业标准新技术，如 OPC、VBA（Visual Basic for Applications）、ActiveX，以提供一个强大的开发环境，达到用户的特殊需求。

iFIX 组态的详细说明与应用以及其他组态软件请参考相关文献资料。

5.3.2 PLC 软件开发环境

PLC 的应用软件是设计人员根据控制系统的工艺控制要求，依据 PLC 编程语言的编制规范，按照实际使用的功能需要来设计、编写完成的软件。软件的编写以及完成以前的调试过程均需要开发环境。把支持并实现这种开发环境的软件，称为编程软件。全球有众多的 PLC 厂家，每个厂家又有多种产品型号。不同厂家的 PLC 或是同一个厂家的不同型号 PLC 均有独自的编程软件。不同 PLC 之间的编程软件是不可以互用的，并且不同软件编制的程序也是不能互相直接采用的。这里仅对西门子公司的 STEP7 开发环境做简单介绍。STEP7 的基本功能是协助用户完成应用软件开发的任务。其他的开发环境及本软件的详细使用说明请参阅相关文献资料。

1．STEP7-Micro/Win 软件

STEP7-Micro/Win 编程软件是基于 Windows 的应用软件，它是专门为 S7-200 设计的 Windows 操作系统下运行的编程软件。它的功能强大，简单易学，使用方便。通过 PC/PPI 电缆，在 Windows 下实现与计算机的通信或实现多主站通信方式。

STEP7-Micro/Win 编程软件能够完成创建用户程序，修改与编辑原有的用户程序，设置 PLC 的工作方式、参数，上载与下载用户程序和监控程序运行等操作。其主界面包括菜单栏、工具栏、浏览栏、指令栏、用户窗口、输出窗口和状态栏。除菜单栏外，用户可以根据需要通过检视菜单和窗口菜单决定其他窗口的取舍和样式的设置。程序编辑过程中的各种操作：输入编程元件、插入与删除操作、使用符号表、局部变量表、编程语言转换、编译程序、程序下载与清除、添加注释等。其 PLC 符号表定义界面如图 5-8 所示。在符号列中输入符号名，在地址列中输入地址，在注释列中输入注释。

STEP7-Micro/Win 可为用户提供两套指令集：SIMATIC 指令集（S7-200 方式）和国际标准指令集（IEC 1131-3 方式）。通过调制解调器可以实现远程编程，采用单次扫描、强制输出等措施可实现程序调试和故障诊断。

2．STEP7 软件

STEP7 软件是用于 SIMATIC S7-300/400 创建 PLC 程序的标准软件，具有硬件配置和参数设置、通信组态、编程、测试、启动和维护、文件建档、运行和诊断等功能。它可使用梯形图、功能块图和语句表进行编程操作，采用文件块的形式管理用户编写的程序及程序运行所需的数据，组成结构化的用户程序，如图 5-9 所示。这样，PLC 的程序组织明确，结构清晰，易于修改。为支持结构化程序设计，STEP7 用户程序通常是由组织块（OB）、功能块（FB）或者功能块（FC）三种类型的逻辑块和数据块（DB）组成。OB1 是主程序循环块，在任何情况下，它都是需要的。功能块（FB、FC）实际上是用户子程序，分为带“记忆”的功能块 FB 和不带“记忆”的功能块 FC。FB 带有背景数据块，在 FB 结束时继续保持，即被“记忆”。

功能块 FC 没有背景数据块。数据块（DB）是用户定义的用于存取数据的存储区，可以被打开或关闭。DB 可以是属于某个 FB 的情景数据块，也可以是通用的全局数据块，用于 FB 和 FC。

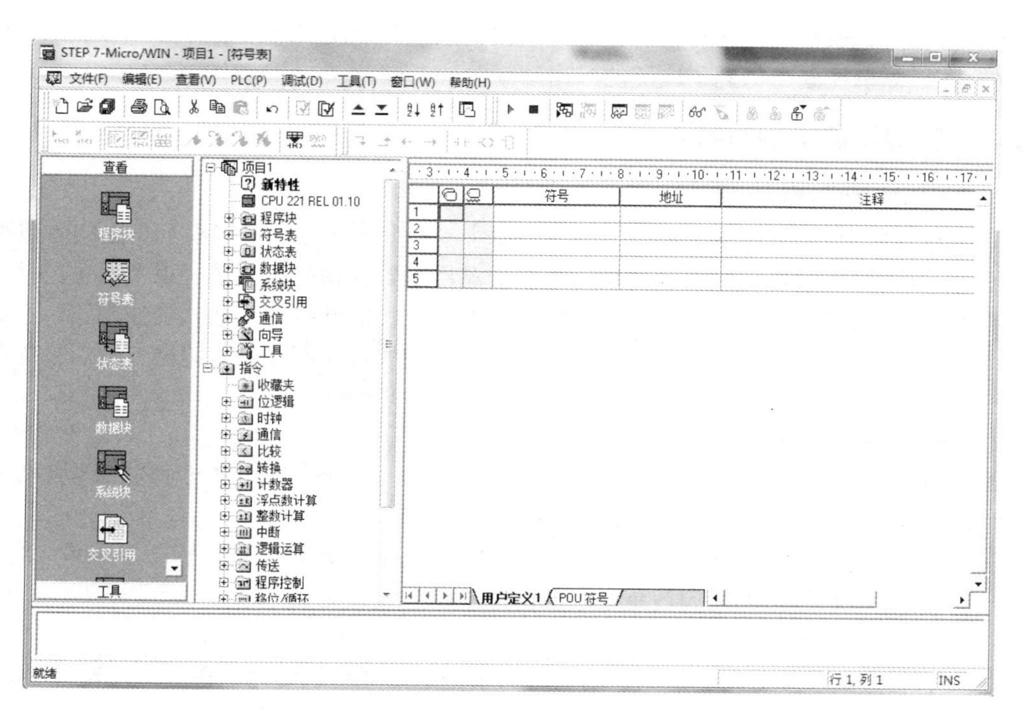

图 5-8　符号表定义界面

STEP7 可选择单次或多次扫描来监视用户程序。将 PLC 置于“STOP”模式，使用“Debug（调试）”菜单中的“一次扫描”命令，即是单次扫描方式。将 PLC 置于“STOP”模式，使用“Debug（调试）”菜单中的“多次扫描”命令，确定执行的扫描次数，然后单击“确认”按钮进行监视，即是多次扫描方式。STEP7 也可使用状态表来监视用户程序。在程序运行时，可以用状态表来读、写监视和强制 PLC 的内部变量。梯形图、语句表和功能块都可在 PLC 运行时监视程序的执行情况，监视各元件的执行结果、操作数的数值。

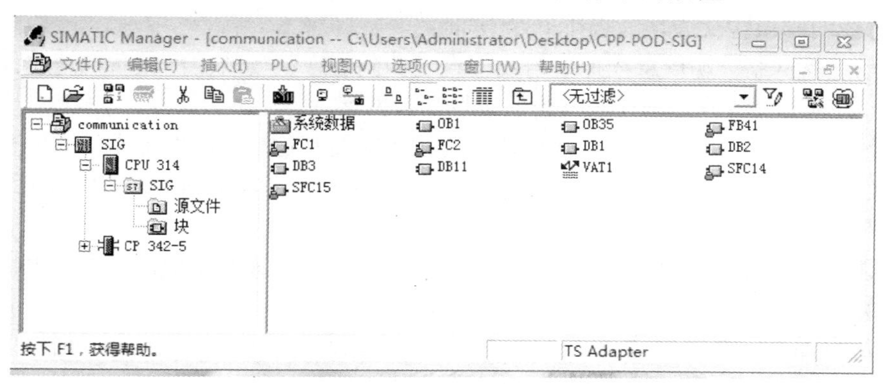

图 5-9　用户程序结构化

5.4 工业控制网络

随着计算机、通信、网络等信息技术的发展，以工业控制网络技术为基础的综合自动化网络平台在计算机控制中得到了广泛的应用。

5.4.1 控制网络的类型与特点

1．控制网络的类型

从工业自动化与信息化层次模型来看，控制网络可以分为现场总线网络和主干控制网络。现场总线控制网络能较好地解决物理层与数据链路层中媒体访问控制子层以及设备的接入问题。从网络的组网技术来看，控制网络可以分为共享式控制网络和交换式控制网络。在共享式控制网络结构中，以太控制网络应用最为广泛。交换式控制网络具有组网灵活、性能好、方便组建虚拟控制网络等优点，比较适合于组建高层控制网络。

2．控制网络的特点

1）具备较好的响应实时性。时效性是控制系统的最大特点，因此工业控制网络不仅要求传输速度快，而且要求响应实时性好。

2）具有较高的可靠性。要保证网络在工业控制现场正常运行，当现场设备或网络局部链路出现故障时，能在较短的时间内重建新的网络链路。

3）具有较好的开放性。工业控制网络尽量不采用专用网络。

4）具有较好的性能价格比。组建网络时力求简洁，减少软硬件开销，降低设备成本。

5.4.2 现场总线

现场总线控制网络在工业控制网络中得到了广泛应用。它主要解决现场的智能化仪器仪表、控制器、执行机构等设备之间的数字通信，以及现场设备与高级控制系统之间的信息传输问题。现场总线具有开放性、可操作性与互用性、对环境现场的适应性、系统结构的分散性以及现场设备的智能化与功能自治性等特点。典型的现场总线包括基金会现场总线（Foundation Fieldbus，FF）、LonWorks、PROFIBUS（Process Fieldbus）、CAN、HART 等。

1．现场总线的本质含义

现场总线的本质含义表现为以下 6 个方面：

1）现场通信网络：现场总线把通信线一直延伸到生产现场或生产设备，是过程自动化和制造自动化的现场设备或现场仪表互连的现场通信网络。

2）现场设备互连：现场设备或现场仪表通过传输线互连。现场设备或现场仪表包括传感器、变送器、执行器、服务器和网桥、辅助设备及监控设备等。传输线可以是双绞线、同轴电缆、光纤和电源线等。

3）互操作性：来自不同制造厂家的现场设备可以统一组态，构成所需的控制回路，共同实现控制策略。

4）分散功能性：各种现场仪表分散了原 DCS 控制站的功能。用户可灵活选用各种功能模块，可统一组态，构成所需的控制系统，实现彻底的分散控制。

5）通信线供电：允许现场仪表直接从通信线上摄取能量。

6）开放式互连网络：可与同层网络互连，也可与不同层网络互连。

2．典型的现场总线

（1）PROFIBUS

PROFIBUS 是德国国家标准 DIN 19245 和欧洲标准 EN 50170 的现场总线。PROFIBUS-DP、PROFIBUS-FMS（Fieldbus Message Specification）、PROFIBUS-PA（Process Automation）组成了 PROFIBUS 系列。DP 型用于分散的外围设备之间的高速数据传输，适用于加工自动化领域；FMS 型用于楼宇自动化、可编程序控制器、低压开关等场合；PA 型是用于过程自动化的总线类型。

PROFIBUS 采用了 OSI（Open System Interconnect）模型中的物理层、数据链路层，由这两部分形成了其标准的第一部分子集。DP 型隐去了 3～7 层，而增加了直接数据连接拟合作为用户接口；FMS 型隐去了 3～6 层，采用应用层作为标准的第二部分。

OSI 模型提供了一种功能结构的框架，从低到高依次是物理层、数据链路层、网络层、传输层、会话层、表示层和应用层。通常把 1～4 层协议称为下层协议，5～7 层协议称为上层协议。物理层：提供为建立、维护和拆除物理链路所需要的机械的、电气的、功能的和规程的特性；有关的物理链路上传输非结构的位流以及故障检测指示。数据链路层：在网络层实体间提供数据发送和接收的功能和过程；提供数据链路的流控。网络层：控制分组传送系统的操作、路由选择、拥塞控制、网络互连等功能，它的作用是将具体的物理传送对高层透明。传输层：提供建立、维护和拆除传送连接的功能；选择网络层提供最合适的服务；在系统之间提供可靠的透明的数据传送，提供端到端的错误恢复和流量控制。会话层：提供两进程之间建立、维护和结束会话连接的功能；提供交互会话的管理功能，如三种数据流方向的控制，即一路交互、两路交替和两路同时会话模式。表示层：代表应用进程协商数据表示；完成数据转换、格式化和文本压缩。应用层：提供 OSI 用户服务，如事务处理程序、文件传送协议和网络管理等。

PROFIBUS 的传输速率为 96～12kbit/s，最大传输距离在 12kbit/s 时为 1000m，可用中继延长。其传输介质可以是双绞线，也可以是光缆，最多可挂接 127 个站点。它支持主-从系统、纯主站系统、多主多从混合系统等传输方式。

（2）CAN

CAN 控制网络是由德国 Bosch 公司推出的，用于汽车检测与执行部件之间的数据通信。其总线规范已被 ISO 国际标准组织制定为国际标准，广泛应用于集散控制领域。它采用了 ISO/OSI 模型中的物理层、数据链路层和应用层，其最高通信速率可达 1Mbit/s（40m），直接传输距离最远可达 10km（5kbit/s），可挂接设备最多可达 110 个。CAN 可实现全分布式多机系统且无主、从机之分，每个节点均主动发送报文，用此特点可方便构成多机备份系统。CAN 采用非破坏性总线优先级仲裁技术，当两个节点同时向网络发送信息时，优先级低的节点主动停止发送数据，而优先级高的节点可不受影响地继续发送信息，按节点类型不同分成不同的优先级，可以满足不同的实时性要求。

CAN 支持 4 类报文帧：数据帧、远程帧、出错帧和超载帧。其采用短帧结构，每帧有效字节数为 8 个，这样传输时间短，受干扰的概率低，且具有较好的检错效果；采用循环冗余校验及其他检错措施，保证了极低的信息出错率。CAN 节点具有自动关闭功能，当节点错误严重的情况下，则自动切断与总线的联系，保证不影响总线的正常工作。

（3）FF

FF 协议是以美国 Fisher-Rosemount 公司为首且联合 Foxboro、横河、ABB、西门子等 80 家公司制定的 ISP 和以 Honeywell 公司为首且联合欧洲等地 150 家公司制定的 World FIP 为基础。这两大集团于 1994 年 9 月合并，成立了现场总线基金会，致力于开发国际上统一的现场总线协议。它以 ISO/OSI 开放系统互连模型为基础，取其物理层、数据链路层、应用层为 FF 通信模型的相应层次，并在应用层上增加了用户层。

FF 的主要技术：FF 通信协议；用于完成开放互连模型中第 2～7 层通信协议的通信栈；用于描述设备特征、参数、属性与操作接口的 DDL 设备描述语言和字典；用于实现测量、控制、工程量转换等应用功能的功能块；实现系统组态、调度、管理等功能的系统软件技术和构成集成自动化系统、网络系统的系统集成技术。

FF 分低速 H_1 和高速 H_2 两种通信速率。H_1 的传输速率为 31.25kbit/s，通信距离可达 1900m（可加中继器延长），能支持总线供电，支持本质安全防爆环境。H_2 的传输速率为 1Mbit/s 和 2.5Mbit/s，其通信距离分别为 750m 和 500m。物理传输介质可支持双绞线、光缆和无线发射，协议符合 IEC 1158-2 标准。

（4）LonWorks

LonWorks 局部操作网络是由美国 Ecelon 公司推出并由它与 Motorola、东芝公司共同倡导，于 1990 年正式公布而形成的。它采用了 ISO/OSI 模型的全部七层通信协议与面向对象的设计方法，通过网络变量把网络通信设计简化为参数设置。LonWorks 采用 LonTalk 协议。LonTalk 协议提供了 5 种基本类型的报文服务：确认（Acknowledged）、非确认（Unacknowledged）、请求/响应（Request/Response）、重复（Repeated）和非确认重复（Unacknowledged Repeated）。它的通信速率在 300bit/s～1.5Mbit/s 之间，直接通信距离可达 2700m（78kbit/s，双绞线）。它能支持双绞线、同轴电缆、光纤、射频、红外线、电力线等多种通信介质，并开发了相应的本质防爆安全产品。

LonWorks 技术的核心是具有通信和控制功能的 Neuron 芯片。集成芯片中含有 3 个 8 位 CPU，其中第 1 个用实现介质访问控制与处理，称为介质访问控制器；第 2 个负责网络通信控制，用于网络变量的寻址、函数路径选择、网络管理等，称为网络处理器；第 3 个负责执行操作系统与用户代码，称为应用处理器。芯片内还具有存储信息缓冲区，以实现 CPU 之间的信息传递，并作为网络缓冲区和应用缓冲区。

5.4.3 工业以太网

以太网（Ethernet）以其应用的广泛性和技术的先进性，在商用计算机通信领域以及过程控制领域的上层信息管理与通信中处于垄断地位。为促进以太网在工业领域的应用，国际上成立了工业以太网协会（IEA）、工业自动化开放网络联盟（IAONA）等组织，意在推进工业以太网技术的发展、教育和标准化管理，在工业应用领域的各个层次运用以太网。

1．工业以太网的关键技术

1）通信实时性。工业以太网采用星形网络结构、以太网交换技术，可以极大减少或完全避免冲突，增强以太网的通信确定性，为以太网技术应用于工业现场控制清除了主要障碍。

2）总线供电。工业以太网不仅要求总线传输信息而且要求总线向现场设备提供工作电源。

3）互操作性。在以太网+TCP（UDP）/IP 的基础上，制定统一并适用于工业现场控制的应用层技术规范。参考IEC相关标准，在应用层上增加用户层，对工业控制中的功能块进行标准化，通过规定它们各自的输入、输出、算法、事件、参数，并把它们组成可在某个现场设备中执行的应用进程，实现不同制造商设备的混合组态与调用。

4）网络生存性。工业以太网具有较高的可靠性、可恢复性和可维护性等。

5）网络安全性。采用网络隔离的方法，如采用具有包过滤功能的交换机，将内部控制网络与外部网络系统分开。此外还可引进防火墙机制，实现对内部控制网络访问的限制，提高网络的安全性。

6）本质安全与安全防爆技术。对用于工业现场的智能设备、通信设备均需采取一定的防爆技术措施保证其安全。

7）远距离传输。根据控制网络的现场要求选择合适的传输介质、通信设备组网满足各种测量和控制仪表的空间分布较散的要求。

2．常用工业以太网的协议

（1）Modbus/TCP

Modbus/TCP是MODICON公司在20世纪70年代提出的一种用于PLC之间通信的协议，是一种面向寄存器的主从式通信协议，具有简单实用、文本公开等特点。最早的Modbus协议是基于RS-232/422/485等低速异步串行通信接口。随着以太网的发展，将Modbus数据报文封装在TCP数据帧中，通过以太网实现数据通信。

（2）Ethernet/IP

Ethernet/IP是由美国Rockwell公司提出的以太网应用协议，它将ControlNET和DeviceNET使用的CIP（Control Information Protocol）报文封装在TCP数据帧中，通过以太网实现数据通信。满足CIP的3种协议共享相同的对象库、行规和对象，相同的报文可在3种网络中任意传递，实现即插即用和数据对象的共享。

（3）FF HSE

HSE是IEC 61158现场总线标准中的一种，其1～4层分别是以太网和TCP/IP，用户层与FF相同。

（4）PROFINET

PROFINET是在PROFIBUS的基础上纵向发展而形成的一种综合系统解决方案。PROFINET主要基于Microsoft的DCOM中间件，实现对象的实时通信，自动化对象以DCOM对象的形式在以太网上交换数据。

5.5　系统数据预处理技术

在计算机控制系统中，数据是建立动态数学模型或控制决策的基础，数据采集与预处理是获取正确、有效数据的重要环节。这里的数据预处理是指数据采集之后，数据使用之前对数据进行的一些处理。它可以去除原始数据中的噪声、识别异常数据、变换数据形式、修复遗漏数据。预处理是采取数据合理性的判断、数据格式与表达形式的调整等措施，保证数据的正确性和有效性以及更加符合控制系统的需要，为计算机控制系统提供更高质量的数据。不同的控制系统预处理的侧重点不同。这里仅介绍常规的数据合理性判别、简单数字滤波以及数据变换的方法。

5.5.1 采样数据的合理性判别与报警

计算机控制系统中，在每个采样周期各个通道的数据采样工作持续进行。对采样数据进行预处理，一方面可以避免系统在后续的数据处理中产生错误的结果，另一方面若发现采集模块或系统发生故障就能及时地报警，以便尽早排除故障，修复系统。最基本的方法如下：

1．限幅与报警

每个被测信号都有一定的量程范围，因此可以通过判断信号是否超过了规定的上下限（阈值），判别其合理性。为保险起见，对某些比较重要的参数，也可以设置 2 个阈值（上上限值、下下限值）。一种简单的操作措施：当检测到的采样值超过设定的阈值时，一方面将采样值进行限幅，另一方面及时给出相应的报警信息。例如，设某通道当前采样值为 $y(k)$，上限值为 y_H，下限值为 y_L，上上限值为 y_{HH}，下下限值为 y_{LL}，若 $y_L < y(k) < y_H$，则取 $y(k)$ 作为当前采样有效值；若 $y(k) > y_H$ 或 $y(k) < y_L$，则也取 $y(k)$ 作为当前采样有效值，但需要高报警或低报警；若 $y(k) > y_{HH}$，则取 $y(k) = y_{HH}$，同时高高报警；若 $y(k) < y_{LL}$，则取 $y(k) = y_{LL}$，同时低低报警。

2．信号的特征与规律

每个被测信号都有一定的特征与规律，因此可以通过被测量的固有特性判别采样数据的合理性。例如，可根据能量平衡、物料平衡、热量平衡、过程机理等客观规律和操作经验进行检查判别；也可以根据运算是否出现明显不合理的情况，如违反某种定理、被零除、负数被开方、数据溢出等进行判别。常用的处理方法：第一次出现故障时，维持前一次采样数据；如果连续出现同样错误，且出现的次数超出了设定的次数，则暂停此通道的数据采样，给出相应的报警信息，提醒操作人员检修。如果是重要的通道，则预先建立故障诊断系统，根据现场数据推测出故障产生的原因，提出解除故障的建议。对于特别重要的参数，如果有可能，还应设计容错系统，以保证整个控制系统的安全 。

5.5.2 数字滤波

尽管在信号入口处常采用能抑制高频干扰的 *RC* 低通滤波器，但数字滤波仍是数据预处理的重要工作之一。采用数字滤波算法克服随机干扰引入的误差具有以下优点：

1）数字滤波可靠性高，不存在阻抗匹配问题，尤其是数字滤波可以对频率很高或很低的信号进行滤波，这是模拟滤波器做不到的。

2）数字滤波是用软件算法实现的，多输入通道可用一个软件“滤波器”从而降低系统开支。

3）只要适当改变软件滤波器的滤波程序或运行参数，就能方便地改变其滤波特性。这对于低频、脉冲干扰、随机噪声等特别有效。

数字滤波有各种算法，如卡尔曼滤波（Kalman Filtering，KF）、扩展卡尔曼滤波（Extended Kalman Filtering，EKF）等。这里仅介绍最基本的几种数字滤波算法：程序判断法、算术平均滤波法、递推平均滤波法、加权递推平均滤波法、中值滤波法和一阶惯性滤波法。

1．程序判断法

程序判断法又称限速滤波法，其是把两次相邻的采样值相减，求出增量，采用绝对值表示，然后与两次采样允许的最大差值 ΔY 进行比较，ΔY 的大小由被测对象的具体情况而定。

若差值小于或等于 ΔY，则取本次采样的值；若差值大于 ΔY，则取上一次采样值作为本次采样值。即

$$\left|y(k)-y(k-1)\right|\begin{cases}\leqslant \Delta Y, 则 y(k)=y(k) \\ > \Delta Y, 则 y(k)=y(k-1)\end{cases} \tag{5-1}$$

式中，$y(k)$ 为第 k 次采样的值，$y(k-1)$ 为第 $k-1$ 次采样的值，ΔY 为相邻两次采样值允许的最大差值。

正确选择 ΔY 是该方法的关键。如果选取不当，非但达不到滤波效果，还可能降低系统控制品质。由于此法限制了两次采样值之间的最大差值，所以又称为限速（变化率）滤波法。

2．算术平均滤波法

算术平均滤波法就是连续取 N 次采样值，求它们的算术平均，将算术平均值作为本次的采样值。其数学表达式为

$$\overline{y}(k)=\frac{1}{N}\sum_{i=1}^{N}y(k-i) \tag{5-2}$$

此方法适用于滤去随机干扰信号的场合。算术平均滤波法对信号的平滑程度取决于 N，当 N 较大时，平滑度高，但灵敏度低；当 N 较小时，平滑度低，但灵敏度高。它适用于对流量、压力及沸腾状液面一类信号做平滑处理，因为这类信号的特性具有周期振荡现象。对于一般流量测量，通常取 N=8～12；若为压力，则取 N=4～8。

3．递推平均滤波法

递推平均滤波法是把 N 个采样数据看成一个队列，队列的长度固定为 N，每进行一次新的采样，把采样结果放入队尾，去除队中的首数据，把队列中的 N 个数据进行算术平均，就可得到新的滤波值。这样每进行一次采样，就可计算得到一个新的平均滤波值，其表达式为

$$\overline{y}(k)=\frac{1}{N}\sum_{i=0}^{N-1}y(k-i) \tag{5-3}$$

式中，$\overline{y}(k)$ 为第 k 次采样值经滤波后的输出，$y(k-i)$ 为未经滤波的第 $k-i$ 次采样值，N 为递推平均项数。即第 k 次采样的 N 项递推平均值是第 $k,k-1,\cdots,k-N+1$ 次采样值的算术平均。

递推平均滤波法对周期性干扰有良好的抑制作用，平滑度高，但灵敏度低；对偶然出现的脉冲干扰的抑制作用差，因此不适用于脉冲干扰比较严重的场合，而适用于高频振荡的系统。

4．加权递推平均滤波法

加权递推平均滤波是对 N 次连续的采样值，分别乘上不同的加权系数之后再求累加和。加权系数一般先小后大，以突出近期若干采样值的效果，加强系统对参数变化趋势的辨识。每个加权系数是小于 1 的正小数，且满足总和等于 1 的约束条件，这样，加权运算之后的累加和作为本次的有效采样值。其表达式为

$$\overline{y}(k)=\sum_{i=0}^{N-1}a_i y(k-i) \tag{5-4}$$

式中，$0\leqslant a_{N-1}\leqslant a_{N-2}\leqslant a_{N-3}\leqslant\cdots\leqslant a_0$，且 $a_0+a_1+\cdots+a_{N-1}=1$。选择恰当的 a_i 可以得到

更好的滤波效果。在工程应用中，常采用的一种系数为$a_0=\frac{1}{R},a_1=\frac{\mathrm{e}^{-\tau}}{R},\cdots,a_{N-1}=\frac{\mathrm{e}^{-(N-1)\tau}}{R}$，其中$R=1+\mathrm{e}^{-\tau}+\mathrm{e}^{-2\tau}+\cdots+\mathrm{e}^{-(N-1)\tau}$为控制对象的纯滞后时间，这种方法适用于纯滞后较大、采样周期较短的过程。

5．中值滤波法

中值滤波是对 N（N 一般取为奇数）次连续的采样值，按照从小到大次序进行排队，取出中间值作为本次采样的有效值。中值滤波能有效地克服因偶然因素引起的波动或采样器不稳定引起的误码等造成的脉冲干扰，对缓慢变化的过程参数有良好的滤波效果。

6．一阶惯性滤波法

一阶惯性滤波是以算法来实现典型 RC 低通滤波器的滤波方法，如式（5-5）所示。

$$y(k)=ay(k-1)+(1-a)x(k) \tag{5-5}$$

式中，$x(k)$为本次采样值；$y(k-1)$为前一次滤波的输出值；$y(k)$为本次滤波的输出值；a为滤波系数，且$0<a<1$。

由式(5-5)可以看出，滤波的输出值与滤波系数 a 相关，当$a\to 1$时，滤波器的输出值$y(k)$近似等于前一次的滤波器输出值$y(k-1)$；当$a\to 0$时，滤波器的输出值$y(k)$近似等于本次的采样值$x(k)$。也就是说，滤波系数 a 越大，则输出值与以前的历史值关系越大，滤波后产生的滞后现象越严重；滤波系数越小，滤波效果不明显。因此，在实际应用中需要根据情况，选取合适的滤波系数 a 值，使得被测参数不出现明显的纹波，同时又不严重滞后。

以上讨论的 6 种数字滤波是最基本的滤波方法。在实际应用中，应视具体情况选择合适的滤波方法，也可以是 2 种或 2 种以上的组合应用。例如，连续采样 m 次（m>3），对采样值按大小顺序排列，分别去掉首尾的 1/3 个大数和小数，再求剩余的 1/3 个大小居中的数值的算术平均，将平均值作为本次采样的有效值；或者去掉采样值中的最大值和最小值，求剩下的 m–2 个采样值的算术平均，将平均值作为本次采样的有效值。这就是将中值滤波与平均滤波方法结合使用。

5.5.3 数值变换

1．线性化处理

线性化处理也可称为非线性补偿处理。在计算机控制系统中，许多检测元件（如热敏电阻、光敏管、应变片等）和执行器（如电动机、液压马达等）具有不同程度的非线性特性，而在使用中又希望它们具有线性特性。这时可采用线性化处理方法完成非线性补偿。

采用软件进行“线性化”处理的常用方法有计算法、查表法和插值法。

（1）计算法

采用计算法进行非线性补偿要求输出电信号与输入的参数之间能够用确定的数学关系表示。根据明确的数学关系编制对应的程序，计算机就能对被测参数进行数值变换。

在实际工程中，被测参数和输出信号常常是一组测定的数据。这时如果想采用计算法进行线性化处理，则需要应用数值曲线拟合的方法对被测参数和输出量进行拟合，得出误差最小的近似表达式，然后再根据拟合的关系式进行计算。

（2）查表法

当输出电信号与输入的参数之间关系非常复杂，无法采用一般的数学关系表示，甚至无法建立相应的数学模型时，可以采用查表法完成非线性补偿。

查表法是把事先计算或测得的数据按一定顺序编制成表格，查表程序的任务就是根据被测参数的值或中间结果，查出最终所需要的结果。

查表法是一种非数值计算方法，利用这种方法可以完成数据补偿、计算、转换等各种工作。它具有程序简单、执行速度快等优点。表的排列不同，查表的方法也不同，常用的方法有顺序查表法、计算查表法、对分搜索法等。

（3）插值法

以某一输入、输出特性曲线（如电阻、温度特性曲线）图 5-10 为例说明插值法。由图 5-10 可以看出，当已知某一输入值 x 以后，要想求输出值 y 并非易事，因为其函数关系式 $y=f(x)$ 并不容易表示。为使问题简化，可以把该曲线按一定要求分成若干段，然后把相邻两分段点用直线连起来，用此直线代替相应的各段曲线，即可求出输入值 x 所对应的输出值 y。例如，设 x 在 (x_i,x_{i+1}) 之间，则对应的逼近输出值为

$$y=y_i+\frac{y_{i+1}-y_i}{x_{i+1}-x_i}(x-x_i) \tag{5-6}$$

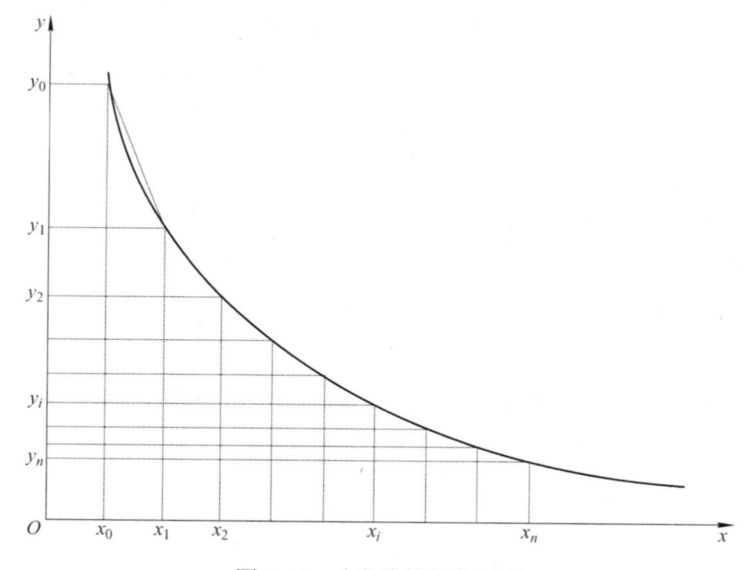

图 5-10　分段线性插值原理

2．工程量的转换

生产过程中的各种参数具有不同的量纲，如电压的单位为 V，电流的单位为 A，温度的单位为℃等。检测仪表的输出信号的变化范围不相同，如热电偶的输出为毫伏信号，电压互感器的输出为 0～100 V，电流互感器的输出为 0～5 A 等。这些具有不同量纲和数值范围的信号又经各种形式的变送器转化为统一信号范围，如 0～5 V，然后经 A-D 转换成数字量，进入计算机，这时计算机采集到的数值只代表参数值的相对大小。

在计算机控制系统中，尽管计算机采集的数字量不带量纲，但最后给出被测被控参数的数值必须是为操作人员所熟悉的工程量。这就需要将数字量转换为工程量。

（1）线性转换

线性参数是指一次仪表测量值与 A-D 转换结果具有线性关系，其转换公式为

$$y=\frac{(Y_{\mathrm{H}}-Y_{\mathrm{L}})(x-N_{\mathrm{L}})}{(N_{\mathrm{H}}-N_{\mathrm{L}})}+Y_{\mathrm{L}} \tag{5-7}$$

式中，y 为测量值的工程量，x 为测量值所对应的数字量，Y_{H} 为仪表参数量程的上限，Y_{L} 为仪表参数量程的下限，N_{H} 为仪表参数量程上限对应的数字量，N_{L} 为仪表参数量程下限对应的数字量。

（2）开方值转换

某些参数的工程量转换需要进行开方。例如，过程控制中，当用差压变送器来测量流量信号时，由于差压是与流量的二次方成正比，因此，进行流量工程量转换时需要对输入信号进行开方处理，这时的流量变换公式为

$$y=(Y_{\mathrm{H}}-Y_{\mathrm{L}})\sqrt{\frac{(x-N_{\mathrm{L}})}{(N_{\mathrm{H}}-N_{\mathrm{L}})}}+Y_{\mathrm{L}} \tag{5-8}$$

对于流量测量仪表，一般下限取为 0，此时 $Y_{\mathrm{L}}=0$，$N_{\mathrm{L}}=0$，因此，式（5-8）可改写为

$$y=Y_{\mathrm{H}}\sqrt{\frac{x}{N_{\mathrm{H}}}} \tag{5-9}$$

（3）热电偶与热电阻公式

热电偶与热电阻是最常用的传感器，计算机控制系统中针对热电偶与热电阻的热电势输入信号，通常采用式（5-10）将其转换成带温度量纲。

$$y=ax+b \tag{5-10}$$

式中，a、b 为已知的常数。

上面介绍的只是一些有关计算机控制系统中数据预处理的最常用的知识，在实际应用时还必须根据具体情况做具体的分析和应用。

5.6 系统抗干扰与可靠性技术

干扰是除有用信号以外的噪声或造成计算机设备不能正常工作的破坏因素。计算机控制系统的工作环境相对恶劣，干扰频繁，如果不加以抑制或采取措施，将会影响到控制系统的可靠性和稳定性。

计算机控制系统中，抗干扰的方法有硬件措施、软件措施，还有软硬件结合的措施。一般说来，硬件措施如果得当，可将绝大多数干扰拒之门外，但或多或少仍然有些干扰窜入计算机系统，引起不良后果，所以软件抗干扰措施作为第二道防线是必不可少的。硬件抗干扰措施的效率高，但会增加系统的投资和设备的负担。软件抗干扰措施往往是以 CPU 的开销为代价的，这会影响到系统的工作效率和实时性。因此，成功而有效的抗干扰措施是硬件和软件的有效结合。本节主要介绍一些常用的软硬件抗干扰技术。

5.6.1　干扰来源

干扰的来源是多方面的，计算机控制系统的主要干扰源为来自内部与外部两个方面。内部干扰主要是分布电容和分布电感引起的耦合感应、电磁场辐射感应、长线传输的波辐射、多点接地造成的地电位差引起的干扰、电子与电路元器件产生的噪声等。外部干扰主要是空间电场或磁场的影响。干扰传播的主要途径如下：

1）静电耦合。静电耦合是电场通过电容耦合途径串入其他线路。测量与控制信号都是通过传输线路传送的，并行的两根导线之间、变压器绕匝之间、电路板各印制电路之间，都存在因电容耦合而产生干扰的现象。

2）磁场耦合。两根平行导体 A、B 之间因磁场耦合产生的感应干扰这是磁场干扰。

3）公共阻抗耦合。当两个电路的电流流经一个公共阻抗时，一个电路在该阻抗上的电压降，必然影响另一个电路。

干扰类型可分为串模干扰、共模干扰以及长线传输干扰。

串模干扰也称为横向干扰或正态干扰，它是叠加在信号源上的干扰信号，干扰信号串联在信号源回路中。它可能是来自临近导线中的交流电产生的电磁干扰，也可能是 50 Hz 工频干扰、长线传输的互感或空间电磁干扰，通过分布电容耦合进入放大器。

共模干扰产生的主要原因是不同的“地”（计算机的“地”、信号放大器的“地”、现场信号源的“地”）之间存在共模电压，以及模拟信号系统对地存在漏阻抗。

长线传输干扰是指信号在长线中传输时，由于传输线的分布电容和分布电感的影响，信号会在传输线内部产生正向前进的电压波和电流波，称为入射波；另外，传输线的终端阻抗与传输线的波阻抗如果不匹配，那么当入射波达到终端时，便会引起反射；同样，反射波到达传输线始端时，如果始端阻抗也不匹配，也会引起新的反射。这种信号的多次反射现象使信号波形严重地畸变，并且引起干扰脉冲。

5.6.2　硬件抗干扰技术

1．串模干扰的抑制

串模干扰与被测信号所处的地位相同，因此一旦产生串模干扰，就不容易消除。所以应当首先防止它的产生。防止串模干扰的常用措施如下：

1）信号导线的扭绞。由于信号导线扭绞在一起能使信号回路包围的面积大为减少，而且两根信号导线到干扰源的距离大致相等，分布电容也能大致相同，所以能使由磁场和电场通过感应耦合进入回路的串模干扰大为减小。

2）屏蔽。为了防止电场的干扰，可以把信号导线用金属包起来。通常的做法是在导线外包一层金属网（或者铁磁材料），外套绝缘层。屏蔽的目的就是隔断“场”的耦合，抑制各种“场”的干扰。屏蔽层需要接地，才能够防止干扰。

3）滤波。对于变化速度很慢的直流信号，可以在仪表的输入端加上滤波电路，以使混杂于信号的干扰衰减到最小。但在实际的工程设计中，一般很少采用该方法，因为仪表的设计中就已经考虑滤波问题了。

上述的 3 种方法是针对于不可避免的干扰场形成后的被动抑制措施，但是在实际过程中，应当尽量避免干扰场的形成。例如，注意将信号导线远离动力线；合理布线，减少杂散磁场的产生；对变压器等电器元件加以磁屏蔽等，采取主动隔离的措施。

2．共模干扰的抑制

共模干扰只有转换成串模干扰才会影响系统。可以选择隔离技术，使共模干扰不能构成回路。对共模干扰的抑制措施主要有变压器隔离、光隔离、浮地屏蔽等。

3．长线传输干扰的抑制

对长线传输干扰的抑制主要是考虑消除长线传输中的波反射或将它抑制到最低限度，采用的方法主要有终端阻抗匹配或始端阻抗匹配。

4．信号线的选择和敷设

在计算机控制系统的设计与实施中，如果能合理地选择信号线，并在实际施工中正确地敷设，则能在相当的程度上抑制干扰；反之，不但不能抑制干扰，还会给系统引入干扰，造成不良的影响。

（1）信号线的选择

对信号线的选择，一般从实用、经济和抗干扰三方面考虑，其中抗干扰能力应放在首位。在不降低抗干扰能力的条件下，尽量选用价格便宜、敷设方便的信号线。在对信号精度要求比较高或干扰现象比较严重的现场，采用屏蔽信号线是提高抗干扰能力的可行途径。

从信号线价格、强度及施工方便等因素出发，信号线的截面积在 2 mm^2 以下为宜，一般采用 1.5 mm^2 和 1.0 mm^2 两种。多股线电缆因为其可挠性好、适宜于电缆沟有拐角和狭窄的地方等优点而更多地被采用。

（2）信号线的敷设

选择了合适的信号线还必须合理地进行敷设才能达到抗干扰的目的。在信号线的敷设中要注意以下内容：

模拟信号线与数字信号线不能合用同一股电缆，要绝对避免信号线与电源线合用同一股电缆。

信号电缆与电源电缆必须分开，并尽量避免平行敷设。如果因为现场条件有限，信号电缆与电源电缆不得不敷设在一起时应满足：电缆沟内设置隔板，且隔板与大地连接；电源电缆使用屏蔽罩；电缆沟内用电缆架或在沟底自由敷设时，信号电缆与电源电缆间距要大于15cm；如电源为交流电压 220 V、交流电流 10 A 且电缆无屏蔽时，两者间距应在 60 cm 以上。

信号线的敷设尽量远离干扰源，如避免敷设在大容量变压器、电动机等电气设备的近旁。如果有条件，应将信号线单独穿管配线，在电缆沟内从上到下依次架设信号电缆、直流电源电缆、交流低压电缆、交流高压电缆等。

屏蔽信号线的屏蔽层一定要一端接地，同时避免多点接地。

5.6.3 系统供电与接地技术

1．供电技术

计算机控制系统一般由交流电网供电（AC 220 V，50 Hz）。电网的干扰、频率的波动将直接影响到系统的可靠性与稳定性。此外，在系统正常运行过程中，计算机的供电不允许中断，否则不但会使计算机丢失数据，而且还会影响生产。因此，必须考虑采取电源保护措施，防止电源干扰，并保证不间断地供电。

（1）供电系统

计算机控制系统的供电一般采用图 5-11 所示的结构。交流稳压器的设置是为了抑制电网电压波动的影响，保证交流 220 V 供电。低通滤波器设置的目的是保证交流电网频率为 50 Hz 的基波通过，滤除其中混杂的部分高频干扰信号。直流稳压电源或开关电源则是产生计算机控制系统所需的各种电压。开关电源采用调节脉冲宽度的办法调整直流电压，以开关方式工作，功耗低，对电网电压的波动适应性强，抗干扰性能好。

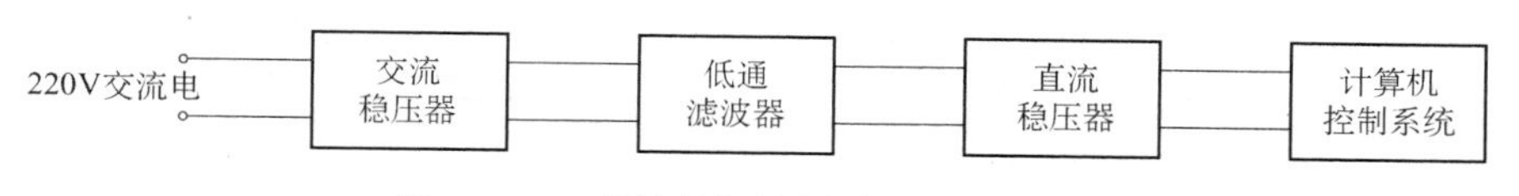

图 5-11　一般计算机控制系统的供电结构

（2）电源异常的保护

由于计算机控制系统的供电不允许中断，一般采用不间断电源（Uninterruptible Power Supply，UPS）。正常情况下由交流电网供电，同时给电池组充电。如果交流电供电中断，电池组经逆变器输出交流代替外界交流供电，这是一种无触点的不间断的切换。UPS 用电池组作为后备电源，如果外界交流电中断时间长，就需要大容量的蓄电池组。此外为了确保供电安全，可以采用交流发电机，或第二路交流供电线路。

2．接地技术

系统接地的目的：一是抑制干扰，使计算机系统稳定地工作；二是保护计算机、电气设备以及操作人员的安全。通常接地可分为保护接地和工作接地两大类。保护接地主要是为了避免操作人员因绝缘层的损坏而发生触电危险以及保证设备的安全；工作接地主要是为了保证控制系统稳定可靠地运行，防止地形成环路引起干扰。这里主要介绍工作接地。

（1）接地系统分析

计算机控制系统中的“地”有多种，地线主要有模拟地、数字地、安全地、系统地、交流地。

模拟地是系统中的传感器、变送器、放大器、A-D 和 D-A 转换器中模拟电路的零电位。由于模拟信号往往有精度要求，有时信号比较小，且直接与生产现场相连，必须认真对待。

数字地是计算机中各种数字电路的零电位。为避免对模拟信号造成数字脉冲的干扰，数字地应与模拟地分开。

安全地又称为保护地或机壳地，其目的是让设备机壳（包括机架、外壳、屏蔽罩等）与大地等电位，以免因机壳带电而影响人身及设备安全。

系统地是上述几类地的最终回流点，直接与大地相连。由于地球是体积非常大的导体，其静电容也非常大，电位比较恒定，所以人们将它的电位作为基准电位，即零电位。

交流地是计算机交流供电电源地，即动力线地，其地电位很不稳定。在交流地上任意两点之间很容易有几伏至几十伏的电位差存在，会带来各种干扰。因此交流地绝对不允许与上述几类地相连，并且交流电源变压器的绝缘性能要好，以绝对避免漏电现象。

根据接地理论，低频电路（频率小于 1 MHz）应单点接地，高频电路（频率大于 10 MHz）应就近多点接地。介于低频与高频之间时，单点接地的地线长度不得超过波长的 1/20，否则应采用多点接地。单点接地的目的是避免形成地环路，地环路产生的电流会引入到信号回路内形成干扰。

在计算机控制系统中，对上述各类地一般采用分别回流法单点接地，如图 5-12 所示。回流线往往采用由多层铜导体构成的汇流条而不是一般的地线，这种汇流条的截面呈矩形，各层之间有绝缘层，可以减少自感。在要求较高的系统中，分别采用横向及纵向汇流条，机柜内各层机架间分别设置汇流条，以最大限度地减少公共阻抗的影响。在空间上将数字地汇流条与模拟地汇流条间隔开来，以避免通过汇流条间电容产生耦合。安全地（机壳地）始终是与信号地（数字地、模拟地）浮离开的。这些地只在最后汇聚一点，并常常通过铜接地板交汇，然后用线径不小于 300 mm^2 的多股铜软线焊接在接地板上后深埋于地下。

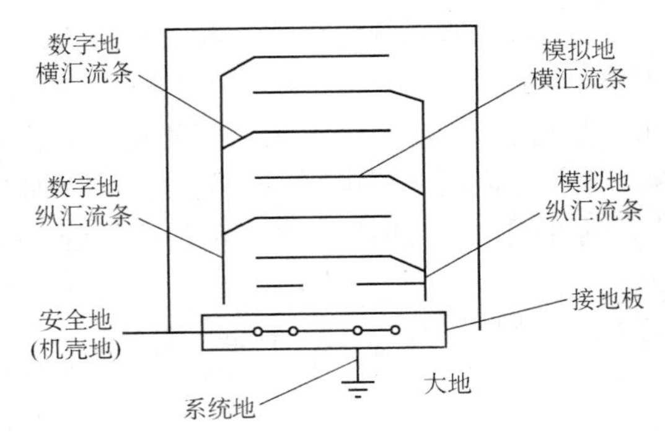

图 5-12　分别回流法接地示例

（2）低频接地技术

由于实际的计算机控制系统中信号频率大部分都在 1MHz 以下，因此这里只讨论低频接地。

1）单点接地方式。信号地线的接地方式应采用单点接地，常用的有串联接地（或称共同接地）和并联接地（或称分别接地）两种接法。图 5-13 是一种串联单点接地方式，从防止噪声的角度看，这种方式是不合理的，因为地线电阻 r_1、r_2 和 r_3 是串联的，各电路相互之间会产生干扰。当各电路的电平相差不大时，这种方式还可勉强使用；但当各电路的电平相差很大时就不能再使用了，因为高电平将会产生很大的地电流并干扰到低电平电路。采用这种接地方式还应注意将低电平的电路放在距接地点最近的地方，即图 5-13 中最接近地电位的 A 点上。

图 5-14 是一种并联单点接地方式。并联接地方式在低频时最适用，因为各电路的地电位只与本电路的地电流和地线阻抗有关，不会因地电流而引起各电路间的耦合，其缺点是需要连很多根地线。

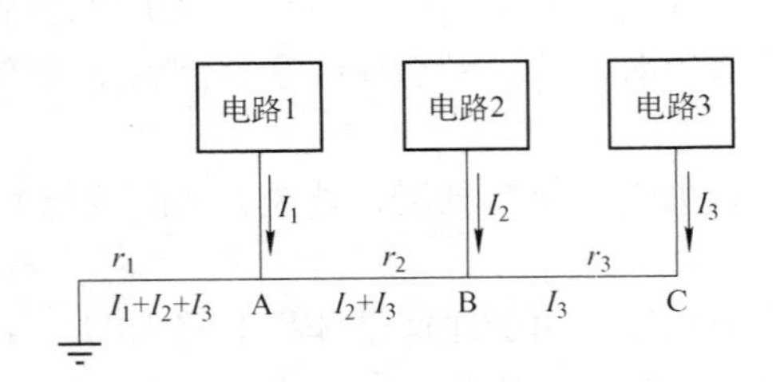

图 5-13　串联单点接地方式

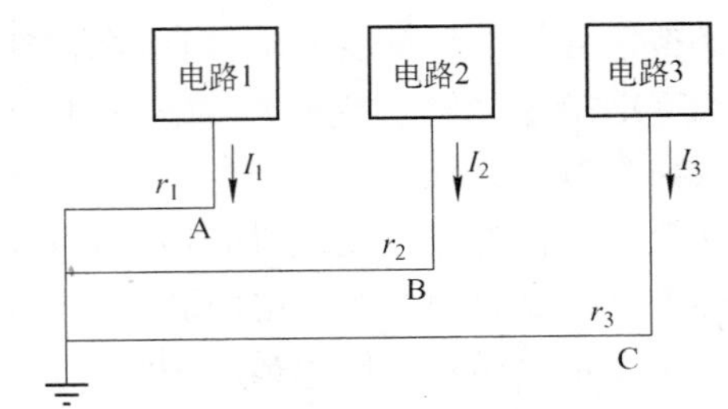

图 5-14　并联单点接地方式

2）实用低频接地方式。一般采用串联一点接地的综合接法，即分组接法，将低电平电路经一组共同的地线接地，高电平电路经另一组共同地线接地，也就是说保证同一组中的电路功率、噪声电平相差不大。

为避免噪声耦合至少有 3 种分开的地线，如图 5-15 所示，一种是低电平电路地线（称为信号地线，如数字地、模拟地等），一种是继电器、电动机、电磁开关等强电元器件的地线（称为噪声地线），再一种是机壳、仪器柜的外壳地线（称为金属件地线）。如果仪器设备使用交流电源，则电源地应与金属地相连。在系统连接时，要把这 3 种地线在一点接地，可解决计算机控制系统的大部分接地问题。

（3）输入通道的接地技术

1）电路一点地基准。实际的模拟输入通道可以简化成由信号源、输入馈线和输入放大器三部分组成。这部分接地常见的错误是将信号源与输入放大器分别接地形成双端接地。由于各处接地体几何形状、材料、埋地深度不可能完全相同，土壤的电阻率等因地层结构各异也相差较大，导致接地电阻和接地电位不尽相同。这种接地电位的不相等，不仅产生磁场耦合的影响，而且还会引起环流噪声干扰。正确的接地方法是单端接地，即当接地点位于信号源端时，放大器电源不接地；当接地点位于放大器端时，信号源不接地。

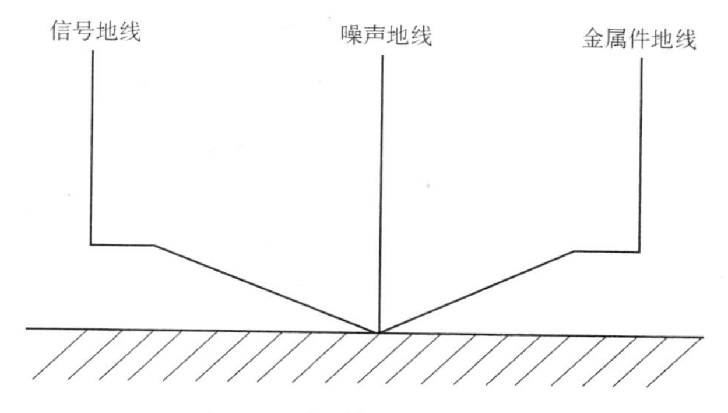

图 5-15　实用低频接地技术

2）电缆屏蔽层的接地。当信号电路是一点接地时，低频电缆的屏蔽层也应一点接地。如欲将屏蔽一点接地，则应选择较好的接地点。

（4）主机外壳接地

为了提高计算机的抗干扰能力，将主机外壳作为屏蔽罩接地，而把机内器件与外壳绝缘，绝缘电阻大于 50 MΩ，即机内信号地浮空，如图 5-16 所示。这种方法安全可靠，抗干扰能力强，但制造工艺复杂，一旦绝缘电阻降低就会引入干扰。

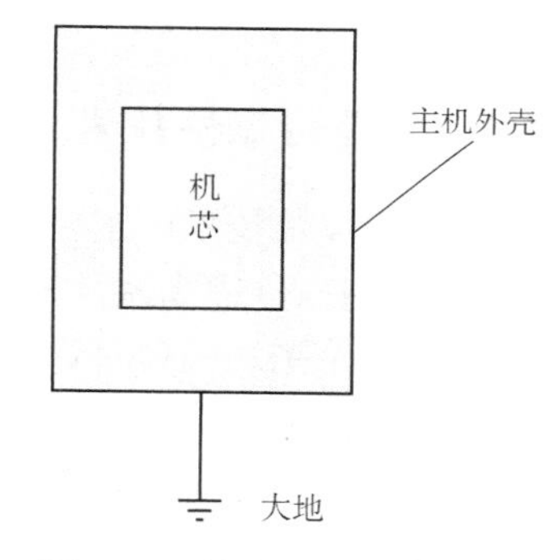

图 5-16　外壳接地，机芯浮空

（5）多机系统的接地

在计算机网络系统中，多台计算机相互通信，资源共享。如果接地不合理，将使整个网络系统无法正常工作。若几台计算机的距离比较近（如安装在同一机房内），可采用类似图 5-17 所示的多机一点接地的方法。各机柜用绝缘板垫起来，以防多点接地。对于远距离的计算机网络，则通过隔离的办法把地分开，如采用变压器隔离技术、光隔离技术和无线电通信技术等。

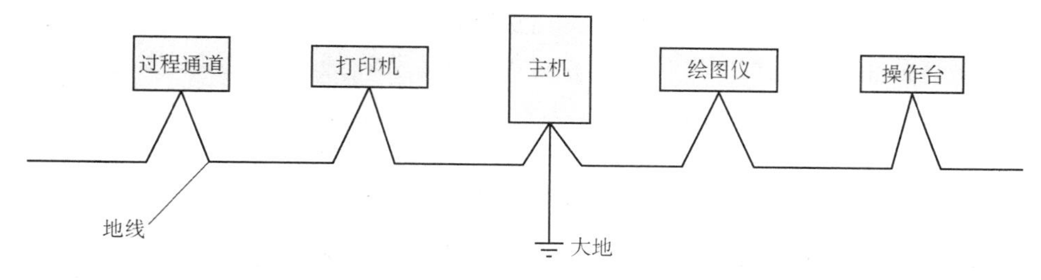

图 5-17　多机系统的接地

3．防雷设计

根据雷电电磁脉冲理论和实践证明，计算机控制系统设备损坏的主要原因是由雷电感应浪涌电压造成的。雷电感应浪涌电压是一种产生在微秒至毫秒之间的尖峰冲击电压，即瞬态过电压。它可以通过电源线、通信线和信号线把感应浪涌电压波引入设备内部，分别损坏电源模块、通信模块、I/O模块，致使系统产生误动作，甚至瘫痪。

当雷击发生在输电线路或在输电线路附近时，将在输电线路上形成雷电冲击波，雷电冲击波容易与工频回路耦合，从而进入计算机控制系统的电源模块。采用三级浪涌电压保护器（也叫瞬态过电压保护器）是计算机控制系统目前比较理想的防雷保护措施。三级浪涌电压保护器的分布：第一级在变压器二次侧、进线柜断路器后的三根相线和中性线上，分别对地并联，主要泄放外线等产生的较强过电压，其雷通量大，但是这些避雷器启动电压高而且有较大的分散电容，与负载之间成为分流的关系，从而使加在下一级设备上的残压高，一般为避雷器启动电压的2～2.5倍；第二级在PLC或UPS等专用配电母线处的三根相线和中性线上，分别对地并联，主要泄放第一级残压，分流配电线路上传输过程中的感应或耦合过电压和其他用电设备的操作过电压，有效抑制各种电磁干扰；第三级在主机、UPS或其他自控设备接线板熔断器后的相线和中性线上，分别对地并联，主要泄放前面的残压，进一步保护设备不受过电压的干扰。

注意，防雷的首要原则是将雷电流直接接引至地下泄放，因而应采用上面提供的正确的接地方法。

5.6.4　软件可靠性技术

软件可靠性技术，主要有以下两个方面的内容。

1．通过软件提高系统的可靠性

提高整个系统的可靠性，不仅要提高元器件质量，采用硬件可靠性技术，而且还应该采取软件可靠性措施。

系统应该有实时自诊断软件模块，以便在系统运行过程中及时检测可能发生的故障或错误，对能够自动处理的问题可以采取自动修复等措施予以处理，对无法自动处理的故障或错误则通过报警来通知人工检修，对极限情况采取报警的同时应关闭系统的输出。这种自诊断工作往往需要硬件予以支持，因此系统硬件设计阶段就应充分考虑这一内容。

对于系统输入通道的信号，采取重复读取的方式处理，必要时应进行滤波处理，以去除干扰的作用。为防止干扰使系统输出通道的信号发生变化，即使控制运算所得的输出量的值没有变化，也应在每一工作循环刷新控制输出，以防因干扰而改变。

对于系统通信通道，要在传输的数据上增加冗余的错误校验位或校验和等，以便接收端能够确认数据是否在传输过程中发生错误。对关键的数据，还应采取重复发送、互相应答等方式进行传送。

硬件冗余技术、“看门狗”抗干扰技术等往往也需要软件配合实现。这时，软件的任务是在发生故障时保护现场、切换故障装置、恢复现场、重入控制循环等。

2．提高软件自身的可靠性

提高软件自身的可靠性，可从以下几个方面入手。

（1）改进软件设计的管理工作

软件编制开发是一项复杂的脑力劳动，它有自己独有的特点，进行软件总体设计时，应对任务进行周密细致地调查研究，制定严格的计划；对整个软件任务进行分析，将其分解成相对独立的若干功能模块，并明确每个模块的任务、功能及与其他模块的接口方式；软件应该具有良好的可读性和可装配性，软件的设计说明、测试记录等资料必须完整保存，以便进一步改进、完善。

（2）采取结构化的设计方法

把整体的软件设计分散成各子系统的设计，各自独立，又共享资源。这种分散结构的软件设计既有利于设计工作的开展也有利于整个软件的调试。例如，把整体软件设计分为控制器模块、历史数据模块、打印模块、报警事件模块等子系统的软件设计。

（3）容错技术

软件容错技术是指对误操作不予响应的技术。这里的不予响应是指对于操作人员的误操作，例如，若操作人员不按设计顺序进行操作，则软件不应输出操作指令，或者只输出有关提示操作出错的信息。实现软件容错包含故障检测、损坏估计、故障恢复以及缺陷处理 4 个基本过程。

要防止软件出错，首先应当严格按照软件工程的要求进行软件开发，然后弄清软件失效的机理，并采取相应的措施。软件失效的机理：由于软件错误引起软件缺陷，当软件缺陷被激发时产生软件故障，严重的将导致软件失效。因此软件容错的作用是及时发现软件故障，并采取有效的措施限制，减小乃至消除故障的影响，防止软件失效的产生。软件容错的众多研究基本上沿袭了硬件容错的思路。目前软件容错基本方法有恢复块方法和Ⅳ文本方法。前者对应于硬件动态冗余，后者对应于硬件静态冗余。

（4）养成良好的编程习惯

在编制软件时，应该尽量少用或不用全局变量，避免一个模块有多个入口或出口，变量的命名也非常重要，应避免使用语义含混的简单符号，而应使变量的名称与其功能乃至类型相对应。

（5）软件验证工具和技术的研究

一个高质量的软件在初步编制完毕后还需要进行大量的工作来验证其正确性，这一工作的费用约占全部软件成本的一半。传统的软件验证方法只是验证原设计的要求和所完成的功能，这并不能全面验证软件的可靠性，因此最近又提出了以软件结构为对象（而不是以功能为对象）的验证方法，要验证全部软件，在验证过程中应使用每个结构元素，只要对软件做了修改，就必须重新测试软件中的每个结构元素。完成结构验证后，对可能残留的错误，应针对错误的原因进行追溯和测试。

需要指出的是，任何软件都不可能一次就成功，而是通过测试—修改—再测试过程的反复进行，才逐步予以完善的，因此，软件测试应遵循先测试各子程序，再测试模块，最后进行整个软件系统联调的步骤进行。这样可以及早发现问题并修改，也可降低测试工作量和费用。

5.7　硬件与软件的具体设计

系统的初步总体设计方案确定后就可进行具体的详细设计，包括硬件具体设计与软件具体设计。

5.7.1　硬件的具体设计

1．主机选择工控机的控制系统的硬件设计

（1）主机机型与系统总线的选择

在总线式工控机中，因采用的CPU不同而形成了许多机型，设计时应根据要求从CPU、主频、内存、硬盘、显示卡及显示器等方面进行合理选择。

采用总线结构可以简化硬件设计。一方面，用户可根据需要直接选用符合总线标准的功能模块，而不必考虑模板插件之间的匹配问题；另一方面，设计完成的系统具有较好的可扩展性和更新能力，按照总线标准研制的新功能模板插入总线槽中即可使用，出现的新器件按总线标准研制成各类插件，即可取代原来模板而升级系统。

（2）输入/输出通道模板的选择

根据系统控制要求，选择合适通道数的数字量输入/输出、模拟量输入/输出模板。系统中的输入/输出模板可按需要进行组合，不管哪种类型的系统，其模板的选择与组合均由被控系统的输入参数和输出控制通道的种类和数量来确定。

应用计算机对生产现场设备进行控制，除了主机之外，还必须配备连接计算机与被控对象并进行它们之间信息传递和变换的 I/O 接口。对于总线式的工控机，生产厂家通常以功能模板的形式生产 I/O 接口，其中最主要的有模拟量输入/输出（AI/AO）模板、数字量输入/输出（DI/DO）模板，此外还有脉冲计数/处理模板、多通道中断控制模板、RS-232/RS-422 通信模板等，以及信号调理模板、专用接线端子板等。AI/AO 模板包括 A-D 板、D-A 板及信号调理电路等。AI 模板输入信号可能是0～±5V、0～10mA、4～20mA，以及热电偶、热电阻和各种变送器的输出信号。AO 模板输出信号可能是0～5V、4～20mA 等。选择 AI/AO 模板时必须注意分辨率、转换速度、量程范围等技术指标。

DI/DO 模板种类很多，常见的有 TTL 电平的 DI/DO 和带光隔离的 DI/DO。一般情况下，与工控机共地装置的接口可选用 TTL 电平，其余的则选用光隔离型。若是大功率（容量）的 DI/DO 系统，则选用大容量的 TTL 电平的 DI/DO，而将光隔离及驱动功能安排在工控机总线之外的非总线模板上，如继电器板等。

总之，控制系统中的 I/O 接口模板的类型、组合、数量等应该按具体被控系统的输入参数、输出参数的种类、数量、控制要求，并适当考虑系统未来升级的需求来确定。

（3）变送器和执行机构的选择

根据被测量的种类、量程及被测对象的介质类型和环境系统的控制精度要求以及项目投资等多种因素，选择变送器和执行机构的具体型号。

1）变送器。变送器是将包括温度、压力、流量、液位以及各种电量的被测物理变量转换为可以远程传送的统一标准电信号（如 0～±10V、4～20mA 等）的仪表，其输出信号与被测变量之间存在一定规律的关系。工控机采样变送器输出的信号并进行处理。常用的变送器有 DDZ-I 型、DDZ-II 型以及新发展起来的 DDZ-S 型等。其中，DDZ-I 型的输出是 0～10mA（DC），采用四线制 220V 供电；而 DDZ-II 型的输出是 4～20mA（DC），采用二线制 24V（DC）供电（本质防爆安全型）；DDZ-S 型是在前两种的基础上，采用模拟技术与数字技术相结合而开发出的新一代变送器。近年来，现场总线在变送器中也得到了较多的应用。

2）执行机构。执行机构是控制系统中必不可少的组成部分，其作用是接收计算机发出的控制信号，并把它转换成调整机构的动作，使生产过程按预先规定的要求正常运行。执行机构分为气动、电动、液压三种类型。气动执行机构的特点是结构简单、价格低、防火防爆；电动执行机构的特点是体积小、种类多、使用方便；液压执行机构的特点是推力大、精度高。

（4）其他设备的选择

其他设备指的是现场控制系统中一些必不可少的辅助设备，如流量泵、计量泵、安装移动成分仪表的扫描机架及其控制箱等。再如，为保证计算机与外部设备同步，需要用锁存电路和定时选通缓冲电路来协调。此外，在硬件工程设计中需要考虑控制室内的装修、空调设备等。

2．主机选择 PLC 的控制系统的硬件设计

（1）PLC 控制系统硬件的设计原则

1）最大限度地满足被控对象的要求。

2）确保计算机控制系统的可靠性。

3）力求控制系统简单、实用、合理。

4）适当考虑被控系统升级和被控对象工艺改进需要，在 I/O 接口、通信能力等方面留有余地。

（2）PLC 控制系统的设计过程

PLC 种类很多，不同类型的 PLC 在性能、适用领域等方面是有差异的，它们在设计内容和设计方法上也会有所不同。但是，其设计过程基本类同。

1）分析被控对象的工艺特点和要求，拟定 PLC 系统的控制功能和设计目标。深入了解被控生产对象的工艺过程和特点，将复杂的生产工艺过程分解为若干个工序，再将每个工序分解为若干个具体步骤。这样可把复杂的任务简单化、明确化和清晰化。在此基础上，制定保证设备和生产过程本身正常运行所必需的控制功能，如顺序控制、回路控制、联动控制等，同时制定为提高系统的可靠性、可操作性而设置的功能，如人机交互、紧急事件处理、信息管理等功能。

2）细化 PLC 系统设计要求。确定数字量输入总点数、数字量输出总点数、模拟量输入通道总数和模拟量输出通道总数以及它们的端口分配；明确特殊功能总数与类型；明确对通信能力的要求以及通信距离；划分 PLC 功能；确定 PLC 的分布和安装位置等。

3）PLC 系统的选型。在满足控制要求的前提下，对系统所涉及的硬件设备进行选型。PLC 硬件设备的选型应该追求最佳的性能价格比。设备选型主要从 CPU、I/O 配置、通信、电源等方面进行考虑。

4）绘制 PLC 系统及其现场仪表接线图，编制 I/O 分配表。根据系统设计要求绘制接线图与 I/O 分配表。

5）设计安全回路。安全回路是能够独立于 PLC 系统进行应急控制的回路或手动操作系统。安全回路一般以确保人身安全为第一目标，保证设备的运行安全为第二目标进行设计，这在很多国家和国际组织发表的技术标准中都有明确的规定。

一般来说，安全回路起安全保护作用的情况如下：

① 设备发生紧急异常状态；

② PLC 失控；

③ 操作人员需要紧急干预。

安全回路设计内容包含：

① 定义故障形式、紧急处理要求和重新启动特性；

② 确定控制回路和安全回路之间逻辑和操作上的互锁手段；

③ 设计后备手动操作回路；

④ 确定其他与安全和完善运行有关的要求。

（3）PLC 硬件系统简单布局示例

PLC 简单控制系统硬件布局示例如图 5-18 所示。图中包含了 PLC 组件 CPU、DI、DO，装配 PLC 组件的导轨，供 PLC 工作的电源 PS，安装了 STEP7 软件的编程设备，用于连接 PLC 与编程设备的电缆。

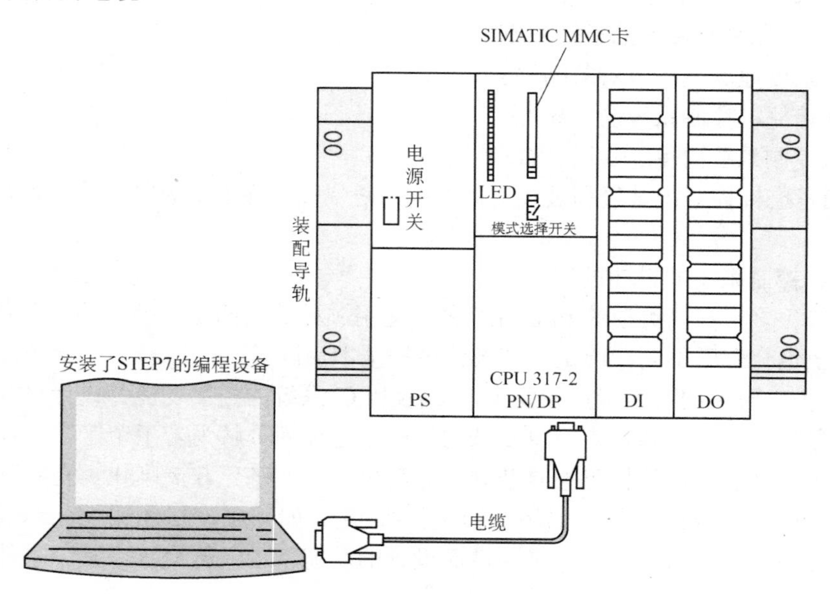

图 5-18　PLC 简单控制系统硬件布局示例

PLC 硬件系统装配步骤如下：

1）安装装配导轨并接地。把螺钉固定在装配导轨上，并将导轨连接到保护导体上。

2）将模块安装到装配导轨上。将选择的组件逐个安装至装配导轨上。一般来说，从左至右为电源、CPU、输入/输出等其他模块。

3）接线。为电源、CPU、输入/输出等模块接线。

4）硬件调试。以图 5-18 为例，使用 PG 电缆将编程设备连接到 PLC 的 CPU。关闭 CPU 的前面板盖，并将 CPU 上的模式选择开关设置为 STOP。连接供电线路，接通电源模块，此时电源上的 DC 24V LED 亮起，CPU 上的所有 LED 亮起，短时间后熄灭。SF LED 和 DC 5V LED 持续常亮。随后，STOP LED 缓慢闪烁，表明 CPU 存储器需要复位。将 SIMATIC MMC 卡插入 CPU。执行 CPU 存储器复位：将模式开关旋到 MRES，直到 STOP LED 闪烁 2 次后变为常亮，然后松开模式开关；随后，在 3s 内将模式开关旋回 MRES，STOP LED 开始快速闪烁，CPU 执行存储器复位；松开模式开关，当 STOP LED 再次常亮，CPU 便已完成存储器复位。启动编程设备，从 Windows 桌面上运行 SIMATIC Manager，将打开一个含有 SIMATIC Manager 的窗口。

经过以上 4 个步骤之后，就可以在 STEP 7 的组态中配置硬件，然后就可对控制系统进行编程了。

5.7.2　软件的具体设计

在计算机控制系统中，计算机除了具备控制功能之外，还要具备管理功能。计算机控制系统的硬件系统一旦确定，其性能主要取决于应用软件。

1．工控机控制系统的软件细化设计

依据软件总体设计方案，具体细化工作如下：

（1）问题定义

在需求分析的基础上，采取自顶向下、逐步求精的设计模式完成问题定义。通过这一步骤，完成应用软件划分成若干个相对独立的功能模块，再将功能模块划分成功能更细、数量更多的小模块的任务。这样，相对独立的功能模块可以分配给多个软件开发人员，实现并行开发软件，能有效缩短开发周期，提高编程效率。尤其对较大规模的系统来说更是有效。需要注意以下几方面：

1）定义与软件相关的硬件。依据计算机控制系统中的被控对象，确定哪些设备和器件直接与软件相关，这些设备采用什么方式与主机进行信息传递等。

2）定义各个模块之间的接口。系统各个模块之间存在着各种因果关系，互相之间需要进行各种信息的传递，因此需要定义各模块间的接口。例如，数据采集模块的输出信息是数据处理模块的输入，而数据处理模块的输出又是显示模块、打印模块、控制模块等的输入。这些关系不仅体现在程序流程上，而且也体现在信息传输接口上。

3）定义数据结构。对于当今的软件设计而言，几乎每一个软件设计者都需要依赖别人写的类库或框架，这种借助并复用他人提供的基础设施、框架以及类库的好处在于使自己能够专注于应用本身的逻辑当中。实施中需要考虑数据的存放格式，即数据结构。例如，不同模块中共用的同一参数只取一个名称，以保证其相同的格式。

4）定义控制顺序。需要确定具体的控制顺序。对过程控制来说，其控制要求往往相当苛刻。根据硬件设备对时序的要求，处理好控制顺序。

（2）模块算法细化设计

1）数据采集与数据处理模块。不管是何种性质的计算机控制系统，都会涉及数据采集与处理模块。数据采集程序主要包括多路信号的采样、输入变换、存储等。输入信号的点数根据控制系统的需求选取，并适当给出冗余。数据处理程序包括各种数字滤波、线性化处理和非线性补偿、标度变换、系统状态信号与报警信息处理等。

设计者应清楚每个采样信号的量程范围以及工程单位。数据采集与处理模块中的子模块可作为公用程序模块被调用。

2）实时时钟与中断处理模块。实时性是计算机控制系统的一个重要特点。实时时钟则是计算机控制系统中一切与时间有关过程的运行基础。时钟有两种，即绝对时钟与相对时钟。绝对时钟与当地时间同步，有年、月、日、时、分、秒等功能。相对时钟与当地时间无关，一般只需时、分、秒，某些场合需要精确到更小的时间单位。

计算机控制系统中的实时任务包括周期性任务与临时性任务。例如，每天固定时间启动、固定时间撤销的任务就属于周期性任务，其重复周期是一天。再如，操作者预先设定启动和撤销时间，由系统时钟执行，仅一次有效，就属于临时性任务。

控制系统中时常有多个实时任务，如定时采样、定时显示打印、定时数据处理等，这些任务都有各自的启动和撤销时刻，需要利用实时时钟来实现。一般的处理方法是在系统中建立表格：任务启动时刻表和任务撤销时刻表。表格按作业顺序进行编号。为使任务启动和撤销及时准确，这一过程通常由中断处理模块来完成。此外，事故报警、掉电检测及处理、重要事件处理等随机发生的事件处理也常常需要使用中断技术，由中断处理模块来完成以便计算机能对事件做出及时响应。

3）控制算法。控制算法程序是实现某种控制规律的计算，产生控制量。它通常是根据偏差量进行计算。常用的控制算法有 PID 控制、串级控制、前馈控制、纯滞后补偿控制、预测控制、模糊控制、解耦控制、最优控制等。作为用户，可以选择这些控制算法现成的软件模块，也可以自己编制，根据不同回路的控制特点，选择合适的一种或几种实现。

4）控制量输出。控制量输出程序实现对控制量的处理，如上下限和变化率处理、控制量的变换及输出，并驱动执行机构和电气开关动作。控制量输出程序包括模拟量输出和开关量输出两种。其中，模拟量由 D-A 转换模板输出，一般为标准 4～20mA 信号，该信号驱动执行机构如各种调节阀动作；开关量由 DO 模板输出，驱动各种电气开关。

5）数据通信模块。随着现代化工业的发展，数据通信已越来越多地用于计算机控制系统。在计算机集散控制、现场总线控制、工业监控网络、企业综合自动化 CIMS 等系统中经常需要用到数据通信功能，完成计算机与计算机之间、计算机与智能设备之间的实时信息传递和交换。因此，数据通信软件也是实时过程控制软件的一部分。

6）系统出错处理模块。出错处理就是在系统运行期间发现或检测出错误后系统所采取的必要的处理措施。首先需要了解故障定义及故障模型，然后确定出错处理方案，详细地列出各种错误以及显示错误的方法。根据这些编写出错处理模块。

7）系统自检模块。根据不同设备的可测试性，选择不同的检测方案和流程，完成对不同被测模块的自检测。整个系统自检模块包括系统管理的自检测与硬件模块的自检测。系统管理的自检测软件用于管理不同的自检测模块以及记录检测结果。硬件模块的自检测软件用于对被测模块进行错误检测并生成检测数据。

（3）编制源程序

依据各模块功能编制源程序，测试各模块功能。将各模块功能按照设计的流程进行有序的集合。

（4）形成可执行代码与调试代码

依据所选编写代码的平台，选择工具对源程序进行汇编、编译及其连接，排除语法错误，即可生成可执行代码。

调试代码的顺序：由低层至上层功能，由小模块至大模块，直至整个应用软件。

2．PLC 控制系统的软件设计

PLC 程序设计的基本过程如图 5-19 所示。

1）前期工作：制定控制方案、制定抗干扰措施、编制 I/O 分配表、定义程序及数据结构、定义软件功能模块。在软件设计过程中，设计人员往往容易忽视这些前期工作内容。事实上，这些工作对提高软件开发效率、保证应用软件的可维护性、缩短调试周期都是非常必要的，特别是对较大规模的 PLC 系统更是如此。

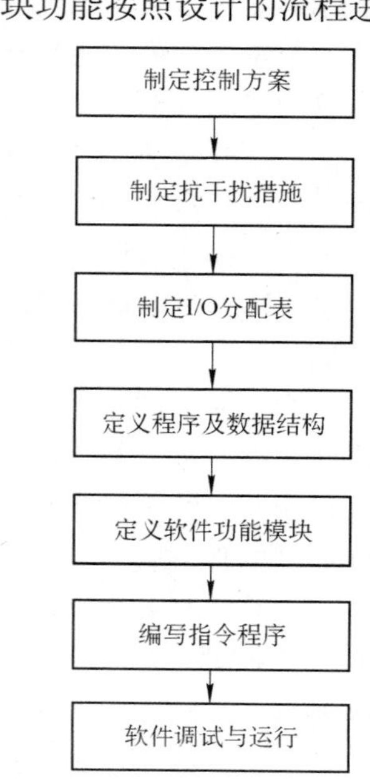

图 5-19　PLC 程序设计的基本过程

2）应用软件的开发与调试：根据系统要求编制软件

规格说明书和设计说明书，然后编写应用软件的指令程序，开发与调试 PLC 应用软件。在任务的实施与实现过程中，若发现不合理的地方，需要及时进行修正。

根据功能的不同，PLC 应用软件可以分为基本控制程序、中断处理程序和通信服务程序 3 个部分。其中基本控制程序是整个应用软件的主体，它包括信号采集、信号滤波、控制运算、结果输出等内容。

对于整个应用软件来说，程序结构设计和数据结构设计是程序设计的主要内容。合理的程序结构不仅决定着应用程序的编程质量，而且还对编程周期、调试周期、可维护性都有很大的影响。

3）编写使用说明书、系统安装和投运：程序开发及调试工作正常结束后，编写系统使用说明书，安装系统，投入试运行，组织验收，交付用户。

习　　题

1. 简述计算机控制系统的设计原则。
2. 简述计算机控制系统的设计步骤。
3. 简述工控机的特点。
4. 简述 PLC（可编程序控制器）的特点。
5. 写出几种常用的现场总线的名称。
6. 写出几种常用的工业组态软件的名称。
7. 简述工业以太网的特点。
8. 以基于 PC 总线板卡与工控机构成的计算机控制系统为例，简述计算机控制系统硬件的具体设计步骤。
9. 选择一个具体、熟悉的计算机控制系统，在硬件与控制任务明确的前提下，简述计算机控制系统软件的具体设计步骤。
10. 在计算机控制系统中采用数字滤波的优点是什么？常用的数字滤波方法有哪些？
11. 试画出中值滤波实现框图并编写该滤波程序。
12. 计算机控制系统中一般有哪几种地线？请画出多点接地和单点接地示意图。
13. 在计算机控制系统中通常采用哪些可靠性技术？

第 6 章 计算机控制系统的设计与应用实例

本章以锅炉控制、船舶可调桨螺距控制、大型耙吸式挖泥船集成控制系统以及荷兰博瑞斯自动化公司的 Mega-Guard 船舶自动化与综合导航系统为例说明计算机控制系统的设计与应用。

6.1 锅炉控制系统

在工业中，锅炉既可提供动力源也可提供热源，因而得到广泛应用。这里以锅炉控制为例说明以工控机作为控制主机的计算机控制系统的设计。

6.1.1 锅炉工艺流程

锅炉根据用途、燃料性质以及压力高低等不同有多种类型，其工艺流程也多种多样。图 6-1 给出了工业燃气锅炉的工艺流程。

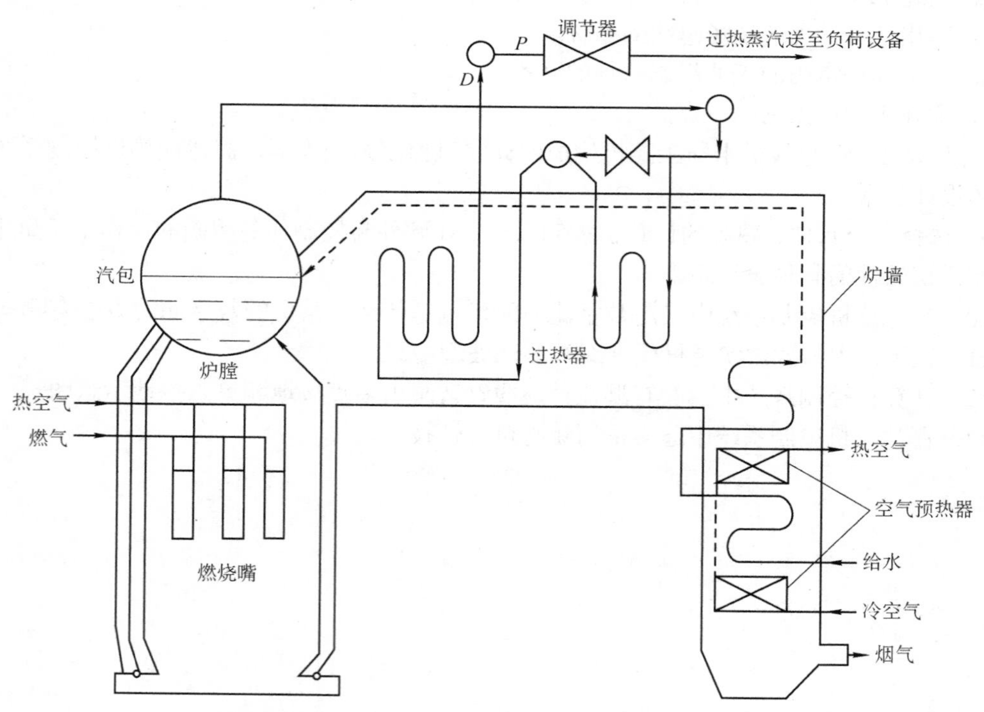

图 6-1 工业燃气锅炉的工艺流程

由图 6-1 可知，水泵和给水调节阀将水送入蒸汽发生系统的汽包；冷空气经过空气预热器加热后变为热空气；热空气和燃气按一定比例送入燃烧室燃烧，生成的热量传递给蒸汽发生系统，产生饱和蒸汽；饱和蒸汽经过过热器，形成一定温度的过热蒸汽 D，汇集至蒸汽母管；压力为 P 的过热蒸汽经负荷设备调节阀供给生产负荷设备使用。与此同时，燃烧过程中产生的烟气，一方面将饱和蒸汽变成过热蒸汽，另一方面经预热锅炉给水和空气预热器预热空气，最后经引风机送往烟囱，排入大气。

6.1.2 锅炉控制对象分析

根据生产实际的需要，锅炉需运行在安全经济的条件下，并提供一定指标（压力、温度等）的蒸汽，具体地说包含以下 6 个方面。

1）锅炉提供的蒸汽流量能够满足负荷变化或保持给定负荷的需求；

2）锅炉供给负荷设备使用的蒸汽压力应保持在一定的范围内；

3）过热蒸汽温度应保持在一定的范围内；

4）汽包中的水位应保持在一定的范围内；

5）锅炉燃烧运行应保持经济和安全；

6）炉膛负压应保持在一定的范围内。

分析锅炉的工艺流程和生产需求时，主要输入变量有锅炉给水、燃料量、减温水、送风、引风等，主要输出变量有汽包水位、蒸汽压力、过热蒸汽温度、炉膛负压、烟气温度等。其中，给水量的变化会影响汽包水位、蒸汽压力和过热蒸汽温度；同样，燃气量的变化会影响蒸汽压力、汽包水位、过热蒸汽温度、过剩空气和炉膛负压；蒸汽负荷的变化也会引起汽包水位、蒸汽压力和过热蒸汽温度等的变化。因此，锅炉设备是一个多输入、多输出且相互关联的控制对象，锅炉控制对象变量关系简图如图 6-2 所示。为了实现锅炉控制的上述 6 点要求，目前在工程上做了相应的处理，将锅炉设备控制划分为锅炉汽包水位控制、锅炉燃烧控制和过热蒸汽温度控制。

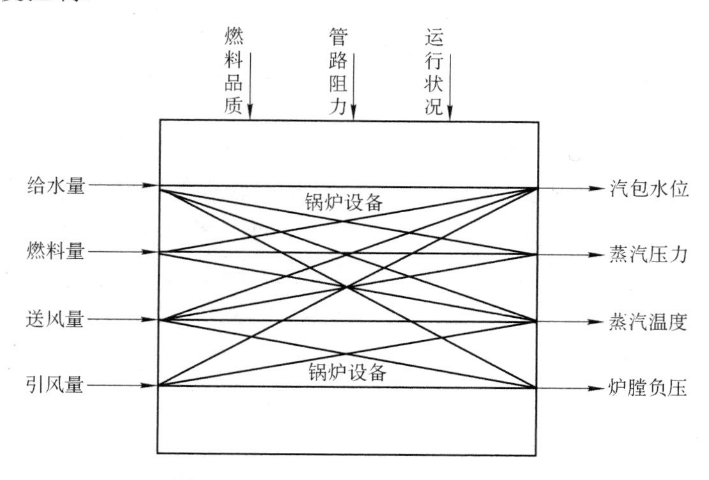

图 6-2 锅炉控制对象变量关系简图

1. 锅炉汽包水位控制

汽包水位是锅炉运行的主要指标，是一个重要的被控变量，维持汽包水位在一定的范围内是保证锅炉安全运行的首要条件。汽包及蒸汽管中贮藏着蒸汽和水。汽包的流入量是给水量，流出量是蒸汽负荷量。当给水量等于蒸汽负荷量时，汽包水位维持恒定不变。当给水量与蒸汽负荷量不等时，汽包水位就会发生变化。汽包水位过低或过高产生的后果极为严重，所以必须严格加以控制。工业锅炉汽包水位自动控制的目标是使给水量跟随锅炉蒸汽负荷量的变化，维持汽包水位在工艺允许的范围内。

1）若汽包水位过低，汽包内水量较少，而蒸汽负荷量很大，则水的汽化速度快，汽包水位下降速度也快。此时，如果不能及时控制汽包水位维持在一定范围，那么就会使汽包内的水全部汽化，致使锅炉烧坏和爆炸。

2）若汽包水位过高，则会影响汽包的汽水分离，产生蒸汽带液的现象，使过热器管壁结垢导致损坏，同时过热蒸汽温度急剧下降，影响运行的安全性和经济性。

2．锅炉燃烧控制

锅炉燃烧自动控制的基本任务是在满足蒸汽负荷要求的基础上保证经济燃烧和锅炉的安全运行。影响锅炉燃烧的因素多，锅炉燃烧过程控制复杂，但最主要的目标是使锅炉出口蒸汽压力稳定。当负荷扰动而使蒸汽压力变化时，通过调节燃料量或送风量使之稳定。调节控制时注意以下两个问题：

1）燃料量与空气量保持一定比值，或者烟道气中含氧量保持一定的数值。不能由于空气不足而使烟囱冒黑烟，也不能因空气量过多而增加热量损失。增加燃料时空气量应先加大，减少燃料时空气量也要相应减少，保证燃气良好燃烧。

2）排烟量与空气量相配合，以保持炉膛负压不变。如果负压太小，甚至为正，则炉膛内热烟气往外冒出，影响设备与工作人员的安全；如果负压太大，会使大量冷空气漏进炉内，从而增加热量损失，降低燃烧效率。

3．锅炉过热蒸汽温度控制

锅炉过热蒸汽系统的控制任务是维持过热器出口蒸汽温度在允许的范围内，并保护过热器管壁温度不超过允许的工作温度。锅炉过热蒸汽系统包括一级过热器、减温器、二级过热器等。

过热蒸汽温度自动控制是锅炉自动化的重要任务之一，它的控制干扰因素多，困难较大。其主要干扰因素包括以下两方面：

1）过热器作为控制对象，它是一个具有较大延迟的多容惯性环节。在发生扰动后，其温度往往不会立即变化。此外，测量温度的传感元件也有较大的惯性，动态特性较差。

2）造成过热器出口蒸汽温度变化的扰动因素多，而且各种扰动因素之间又相互影响，使对象的动态过程十分复杂。影响过热器出口蒸汽温度的因素包括蒸汽流量的变化、燃烧工况的变化、锅炉给水温度的变化、进入过热器蒸汽热焓的变化、流经过热器的烟气温度及流速的变化、锅炉受热面结垢等。

6.1.3 控制规律的选择

1．锅炉汽包水位控制

锅炉汽包水位高度是确保安全生产和提供优质蒸汽的重要参数。锅炉汽包水位控制方案框图如图 6-3 所示，这是前馈与串级控制组成的复合控制系统。蒸汽流量、汽包液位和给水流量经过控制算法运算后控制给水阀，锅炉汽包水位控制过程如图 6-4 所示。这种控制方法能有效维持汽包水位在工艺要求的范围内。

2．锅炉燃烧控制

在锅炉燃烧控制系统中，通过调节燃料量维持蒸汽压力的恒定，调节送风量以保证燃烧的经济性，调节引风量以维持炉膛负压的稳定。

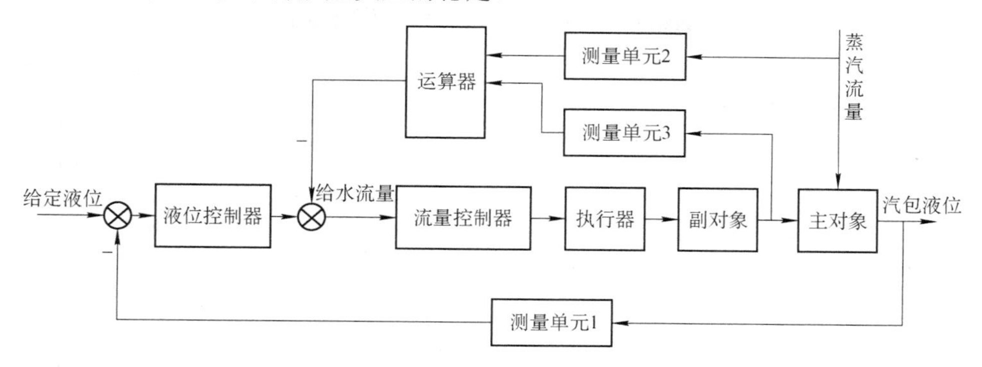

图 6-3　锅炉汽包水位控制方案框图

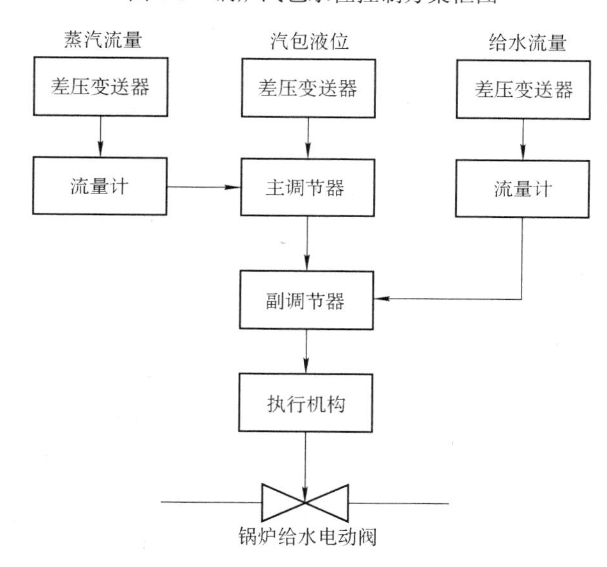

图 6-4　锅炉汽包水位控制过程

锅炉燃烧自动控制过程如图 6-5 所示。由汽包压力、蒸汽流量、含氧量、送风量以及炉膛负压物理量经过运算，调节控制炉排电动机、送风机和引风机达到自动控制锅炉燃烧过程的目的。

汽包蒸汽压力控制炉排的给进速度，即燃料量的多少。针对锅炉系统负荷变化较大的特性，采用在汽包压力控制回路中引入蒸汽流量作为前馈信号。从蒸汽压力的动态特性可知，蒸汽负荷的改变最终必将造成燃料量的变化，将蒸汽流量作为前馈信号能够使燃料量尽快跟上负荷的变化。

为保证燃料的充分燃烧，送风量的大小应该与燃料量做协调变化。为此，汽包压力调节器的输出信号作为前馈信号被引至送风副调节器。送风调节采用串级控制方式，其主调节信号为烟气中的氧含量，副调节器信号为送风量，调节器的输出通过变频器调节控制电动机转速。为保证引风机能快速跟随送风量的变化，采用将送风调节器的输出信号引入引风调节器作为前馈信号。如果锅炉的漏风量小，氧分析仪的测量信号准确，这样的燃烧控制系统可以明显改善锅炉的热效率，进而取得较好的经济效益。

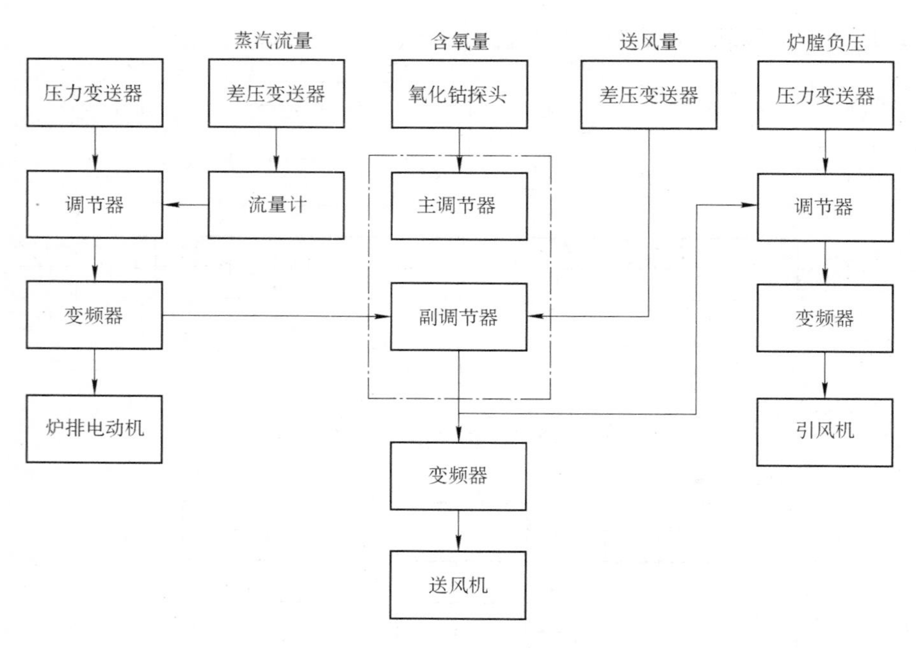

图 6-5 锅炉燃烧自动控制

3. 过热蒸汽温度控制

过热蒸汽温度控制方法较多，如改变烟气热量控制过热器出口蒸汽温度、改变减温水的流量控制过热器出口蒸汽温度等。采用改变烟气热量控制过热器出口蒸汽温度的方法其工艺投资较大。这里采用改变减温水的流量控制过热器出口蒸汽温度方案。过热蒸汽温度控制一般采用串级控制，其控制过程如图 6-6 所示。采用过热器出口蒸汽温度作为主信号，减温器出口温度作为副信号，通过调节减温器电动阀来控制蒸汽温度。

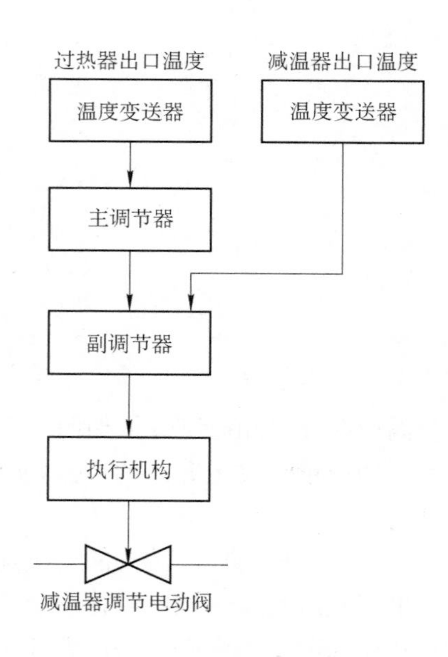

图 6-6 过热蒸汽温度串级控制

6.1.4 锅炉控制系统总体设计

锅炉计算机控制系统由锅炉本体、一次仪表、控制系统、上位机、手/自动切换操作、执行机构及阀、电动机等部分组成。一次仪表将锅炉的温度、压力、流量、含氧量、转速等物理量转换成电压、电流等再经接口送入计算机。控制系统包括手动和自动操作部分。手动控制时由操作人员手动控制，用操作器控制变频器、滑差电动机以及阀等；自动控制时由计算机发出控制信号，经过执行部件进行自动操作。

控制系统采用 DDC 方案，实现对整个锅炉的运行进行监测、报警、控制，以保证锅炉正常、可靠地运行。计算机选择工控机，另配键盘、LCD 显示器、打印机、控制台上的各种开关及按钮、数码显示器、指示灯、数据采集卡、执行机构等。外部设备通过相应的接口与工控机相连。此外，为保证锅炉运行的安全，对锅炉水位、锅炉汽包压力等重要参数设置常规仪表及报警装置，以保证水位和汽包压力有双重甚至三重报警装置，以免锅炉发生重大事故。

锅炉计算机控制系统的总体设计框图如图 6-7 所示。检测的主要信号包括锅炉汽包水位、蒸汽温度、蒸汽压力、送风量、给煤量、烟气含氧量、炉膛负压等；控制的主要信号包括水泵调节阀、引风机挡板、鼓风机挡板和炉排速度等。

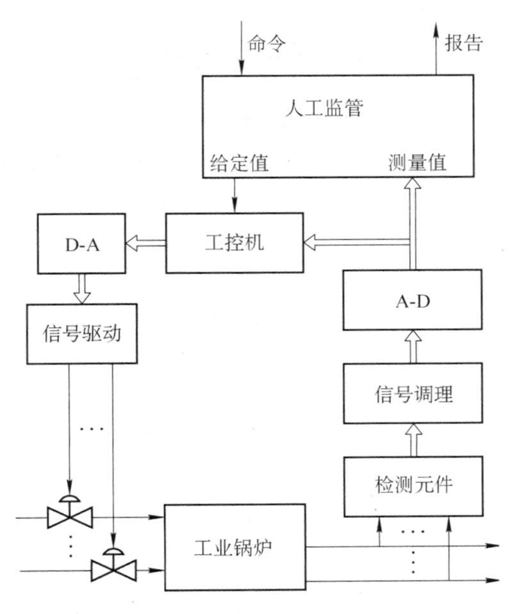

图 6-7 锅炉控制系统总体设计框图

6.1.5 系统硬件设计

根据系统总体方案，可以画出该控制系统的硬件组成框图，如图 6-8 所示。操作台是人工监管的重要位置，能进行手/自动控制的选择、给定值的设置、设备运行状态的监视等。A-D、D-A 以及 I/O 通道选用工控机对应的板卡，按照满足要求且适当预留备用量的原则进行选择。LCD 显示器主要体现计算机控制系统的人机交互界面，应满足系统功能要求。

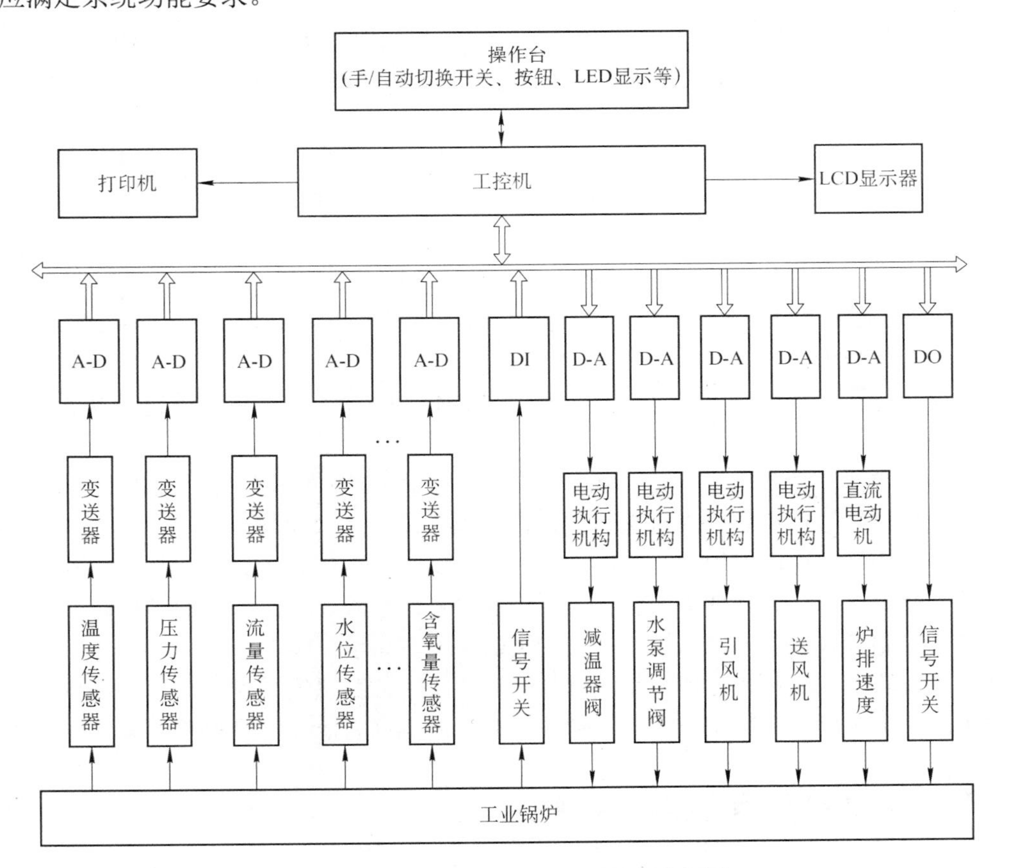

图 6-8 工业锅炉计算机控制系统硬件框图

6.1.6 检测装置和执行机构

温度检测采用 KYW 系列一体化温度变送器，输入量程为–200～+500℃，输出为二线制 DC 4～20mA 的电流信号。压力检测采用 PTKR501 气压差传感器，产品采用进口铝合金外壳、进口微差压芯片，两个压力接口为 M10 螺纹和旋塞结构，可直接安装在测量管道上或经过引压管进行连接，测量范围为 0～300MPa，输出为二线制 DC 4～20mA 的电流信号。液位检测采用 DBS500 系列投入式静压液位变送器，采用扩散硅或陶瓷敏感元件的压阻效应，将静压转成电信号，经过温度补偿和线性校正，输入量程为 0.3～10m，输出为二线制 DC 4～20mA 的电流信号。含氧量检测采用 ZO-302 氧化锆氧量分析仪（恒温式），由分析仪和烟道氧传感器两个部分组成。测量范围：0.1ppm～25%氧含量；基本误差：P 大于 0.1%±2.0%FS；响应时间：T90 小于 5s；重复性：P 大于 0.1%±1.0%FS；温控精度：700℃±3℃；输出信号：4～20mA。执行机构采用 Z941H-25 电动闸阀，通径为 DN100，输入控制信号为 4～20mA。

6.1.7 系统软件设计

在了解控制对象的特性、工艺流程与控制要求以及硬件设计的基础上，进行系统软件的设计。这里采用 VC++作为系统软件开发平台。

软件具备的主要功能如下：

1）能实时检测锅炉的水位、压力、炉膛负压、烟气含量、测点温度、给煤量等参数值，计算相关的深层次的参数值，显示参数值或在锅炉结构示意界面的相应位置上显示参数值，并以一定的格式存储数据。

2）根据给定值、控制要求、控制算法，控制锅炉的正常运行以及故障的相关处理。

3）能以实时或设定的时间区域显示数据曲线，直观反映参数的变化过程，也为进一步分析工艺提供依据。

4）能实时显示报警信息，并以一定方式记录和显示报警信息。

5）能按要求生成报表，可以按需要随时打印或定时打印，便于详细了解系统运行状况，进行事故追查和分析。

6）能修改各种运行参数的控制值，修改系统的控制参数，便于系统的调试以及提高系统软件的适应性。

依据系统软件的主要功能，采用模块化的设计思想，锅炉监控软件的架构如图 6-9 所示，由锅炉模型与控制策略模块、人机接口软件模块以及硬件接口软件模块组成。其中锅炉模型与控制策略模块是监控软件的核心，其控制策略流程如图 6-10 所示，需要与其余两个模块进行信息的交互。人机接口软件模块包含了实时监控界面模块、实时数据曲线模块、历史数据曲线模块、控制参数设置模块、报表生成模块以及报警显示模块。

硬件接口软件模块包含了模拟量测量与滤波模块、数字量测量模块、模拟量与数字量的控制模块。其中，测量模块完成锅炉控制效果的反馈信息的拾取，控制模块执行控制算法。

6.2 船舶可调螺距螺旋桨控制系统

船舶在实际航行中，常常需要调整航向和航速以保证航行安全或开展某些特种作业。船船航速控制是船舶航行自动化的重要部分。安装可调螺距螺旋桨（简称调距桨，Controllable Pitch Propeller，CPP）的船舶，可以通过控制螺距和转速实现航速控制。本节以调距桨控制为例说明以 PLC 为控制主机的计算机控制系统的设计。

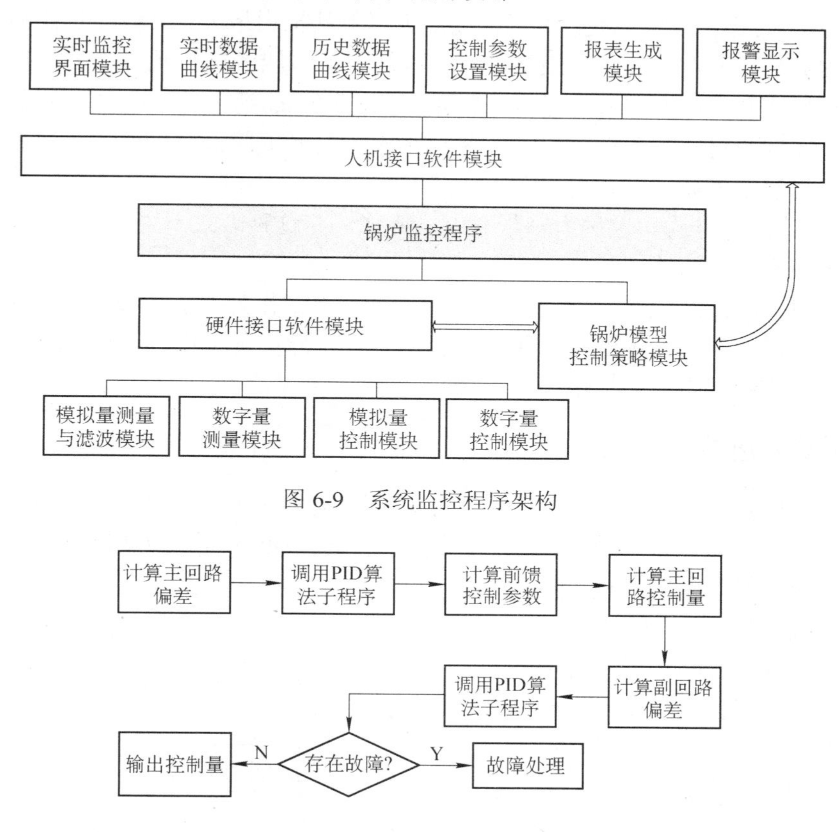

图 6-9　系统监控程序架构

图 6-10　控制策略流程

6.2.1　调距桨及其控制方式

1．调距桨

螺旋桨是一种反作用式推进器，当螺旋桨转动时，螺旋桨推水向后或向前，并受到水的反作用力而产生向前或向后的推力，使船舶前进或后退。螺旋桨是由数片桨叶固定在共同的桨壳上所构成的。当桨壳与桨叶铸成同一整体时，螺旋桨的螺距固定不变，称为定距桨。安装定距桨的船舶，只能通过调节转速改变推力，进而改变船速。而当桨叶与桨壳分开制造，采用螺钉将桨叶安装到桨壳上时，桨叶能在桨壳上旋转，螺旋桨的螺距可变，称为调距桨。安装调距桨的船舶，改变转速或螺距均能改变推力，从而改变船速。调距桨的螺距改变是通过液压装置系统改变桨叶的角度来实现的。调距桨具有充分利用船舶主机功率、延长主机寿命、提高船舶操纵性能等优点。但相比定距桨推进装置的控制系统，调距桨推进装置的控制系统具有较复杂的控制要求以及较好的控制性能。

2．调距桨控制方式

调距桨控制方式包含自动负荷控制方式、恒定转速控制方式和备用控制方式。

1）自动负荷控制（Automatic Load Control，ALC）方式。ALC 方式采用单一操纵手柄来设定主机的负荷和转速，其操作控制方便，并且在各种工况下均能获得较高的效率和良好的操纵性能，因此，目前船舶大多数采用这种控制方式。负荷和转速的设定原则是使推进系统（主机和螺旋桨）的综合效率最高，保证在额定工况下其推力最大。具体的负荷和转速设定可以从调距桨的最高效率曲线获得。最高效率曲线是大量实船测试得到的相关数据经综合整理得到的某一类机桨联合控制曲线，包含主机负荷与转速、船速以及螺距之间的曲线。自动负荷控制的基本原理是将实际负荷与设定负荷相比较，根据负荷偏差自动调节调距桨的螺距，直到实际负荷与设定负荷相等。

2）恒定转速控制方式。也称为轴带发电机方式。在这种方式下主机转速保持恒定不变，仅通过调节螺距来改变船速。

3）备用控制方式。这是应急操作时的控制方式，通常作为上述两种控制方式的备用。当螺距控制系统出现故障，而电源和螺距液压驱动系统仍能正常工作时，可利用驾驶台上的应急操纵按钮直接控制调距桨的螺距。

6.2.2 调距桨航速控制原理

船舶在航行时受到阻力作用，为使船舶在相应的航速下航行，需要主机输出能量。主机是船舶的心脏，是船舶航行所需的动力机，根据主机机型不同可分为柴油机、蒸汽轮机、燃气轮机等。本节主机是指柴油机。传动设备将主机输出的能量传递给调距桨。调距桨完成将旋转形式的能量转换成推力的任务。推力克服船舶航行时所受到的阻力，保证船舶以一定的速度航行。调距桨船舶的航速控制原理如图 6-11 所示，可以通过控制转速和螺距两个因素来控制船舶航速。

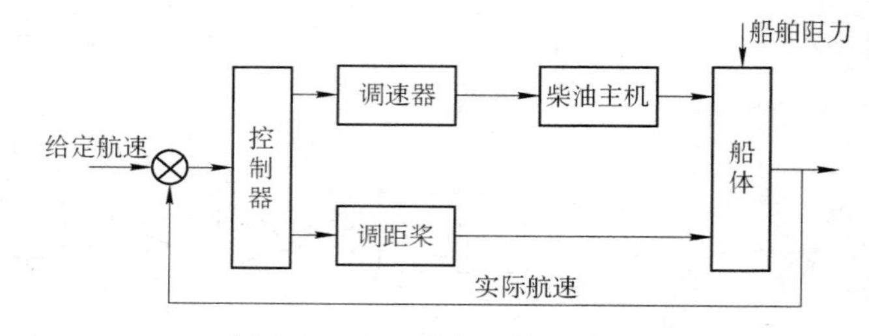

图 6-11 调距桨航速控制原理

6.2.3 调距桨控制系统结构

调距桨控制系统结构框架如图 6-12 所示，主要部分包括电源、调距桨遥控系统、本地控制站、安全系统和报警系统等。

1）电源。依据船级社船舶推进装置的要求，为保证供电的可靠性，需要提供两路独立的供电网络。另外，还需要提供不间断电源，在主配电板和应急配电板都失效的情况下，不间断电源能提供足够长时间的供电。

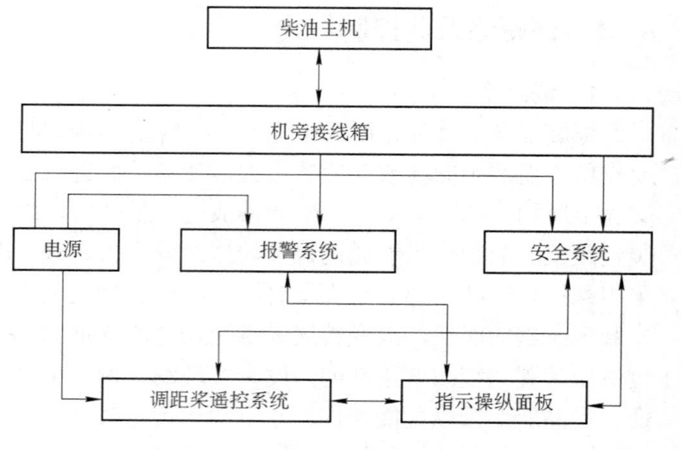

图 6-12 调距桨控制系统框图

2）调距桨遥控系统。调距桨遥控系统是调距桨控制系统的核心。其功能、结构以及设计在本节的后续部分将进行详细介绍。

3）本地控制站。本地控制站的主要任务是对重要的运行参数进行监视，并在主机维修或者在安全控制系统出现故障的应急情况下，对主机进行操作。

4）安全系统。安全系统监测所有主机运行的数据（如速度、压力、温度信号等），在主机超出限制的情况下，能够自动地降低负荷和安全停机。

5）报警系统。报警系统监视包括主机、调距桨系统、齿轮箱、离合器、泵等各种重要参数。报警系统独立于安全系统工作，安全系统出现故障时，报警系统仍然能够监视所有的运行参数和信号报警。所有重要的运行参数以及故障引起的报警信号经过串联的总线接口传输到报警系统。

各个系统相互独立又有联系，主机、速度控制系统、报警系统、安全系统以及调距桨遥控系统通过统一总线连接在一起。

6.2.4　调距桨遥控系统总体设计

1．遥控系统结构

调距桨遥控系统主要由驾驶室的操控台（简称驾控）、集控室的操控台（简称集控）、调距桨遥控系统控制箱、螺旋桨伺服电子装置（闭环放大和螺旋桨指示电子装置）和主机转速控制系统等组成，如图 6-13 所示。

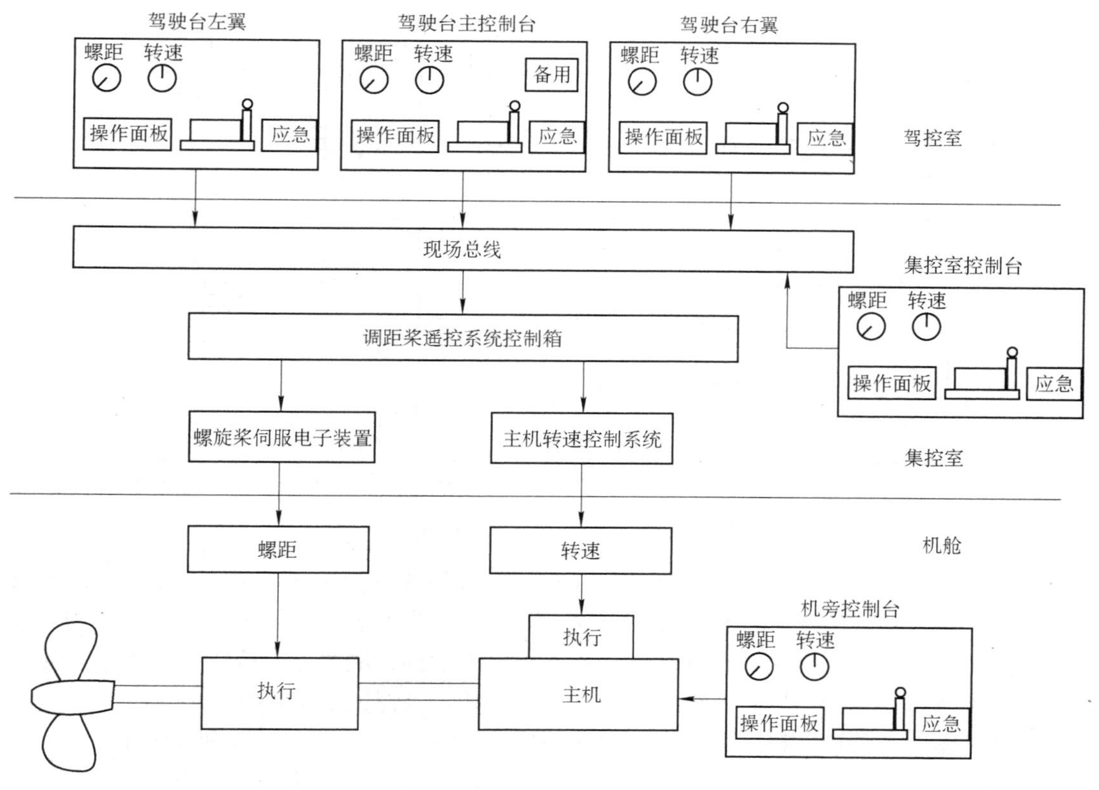

图 6-13　调距桨遥控系统框图

图 6-13 中，驾驶台和集控室操作面板主要完成控制指令的发送、操作模式的选择、控制

参数的设定、运行参数的显示和报警等功能。调距桨遥控系统控制箱也称主控制单元，是整个控制系统的核心部分，包含了主控制用的可编程序控制器。可编程序控制器根据操作模式、设定参数以及控制要求，经控制算法运算后给出最佳的控制信号。输出的控制信号分别传送到螺旋桨伺服电子装置和主机转速控制系统，以实现螺距和转速的控制。

2．调距桨遥控系统主要控制功能

1）能够操纵驾驶室和集控室的操纵杆对主机的转速和调距桨的螺距进行控制。

2）具有自动负荷控制功能，能够根据主机负荷自动调整螺距，保证主机在恶劣工况下不超负荷运行。

3）能够实时显示主机转速和螺距。

3．驾驶台和集控室控制台

为了便于远程操纵，驾驶室和集控室都设有控制台操纵面板。控制命令可以通过控制台操纵面板传送到相应的控制器，要求在同一时刻只有其中一个控制台上的命令起作用。驾驶台有 3 个控制台：主控制台、左翼控制台、右翼控制台；集控室有一个控制台。

（1）驾驶台主控制台

驾驶台主控制台由螺旋桨仪表盘、操纵杆面板以及推进控制面板 3 个独立的面板组成，如图 6-14 所示。

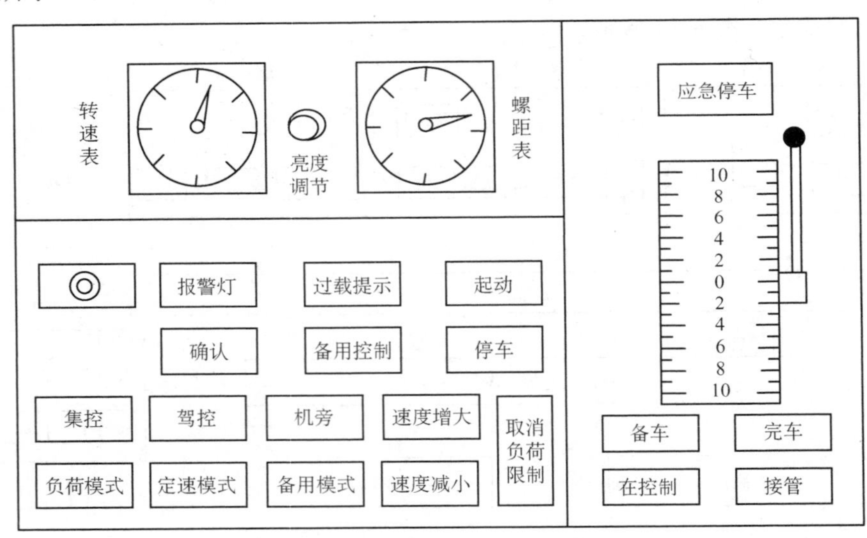

图 6-14　驾驶台主操作面板

图 6-14 左上部分为螺旋桨仪表盘，用于指示螺旋桨转速和螺旋桨螺距，这两个仪表独立于遥控系统工作，仪表盘上的调光器可调节螺旋桨仪表盘和操纵杆面板的亮度。图 6-14 右半部分为操纵杆面板，包含车钟和副车钟功能，由操纵手柄、应急停车按钮、备车按钮及其指示灯、完车按钮及其指示灯、在控制按钮及其指示灯和接管按钮及其指示灯组成。

车钟是船舶驾驶台与机舱联系用车的一种最重要的手段。一般来说，船舶车钟有微速进、前进一、前进二、前进三、停车、微速退、后退一、后退二、后退三共 9 种。副车钟包含备车、完车等。在用车之前是要备车的，备车是指船舶开航前，为使主机处于随时能够使用的状态而进行准备工作的操作过程。备车的目的是使船舶动力装置处于随时可起动和运转状态。

完车是驾驶台给机舱发出靠泊完成，主机可以关停的指令。

图6-14左下部分为推进控制面板，包含控制模式与控制地的选择以及起停等功能，由控制按键和指示灯组成，包含集控室按钮及指示灯、驾驶室按钮及指示灯、机旁按钮及指示灯、分开控制按钮及指示灯、定速控制按钮及指示灯、联合控制按钮及指示灯、速度增加按钮、速度减小按钮、备用控制按钮、取消负荷限制按钮、消音和报警确认按钮、报警指示灯、过载指示灯和蜂鸣器。负荷模式、定速模式以及备用模式对应本节开头介绍的调距桨控制3种方式。停车是指船舶在航行时，驾驶台通过车钟给机舱发出的主机停止运转的指令。

（2）驾驶台侧翼控制台

驾驶台侧翼控制台分为左翼和右翼，只有螺旋桨仪表盘、操纵杆面板，如图6-15所示。驾驶台主控制台和侧翼控制台控制权的切换通过电力轴系统来实现，电力轴系统也称作同步系统。操作面板上的“在控制”按钮起作用时，对应的操纵手柄起作用，其余手柄的控制杆跟随主操纵手柄的控制杆运动。比如，当控制权在驾驶室的主控制台时，首先驾驶台主控制台选择“在控制”按钮，确认后，主控制台手柄的控制杆起作用，其余的手柄控制杆将自动跟随着驾驶台主控制杆移动。这个电力轴系统设计确保了当手柄选择到“在控制”时将作为主控制杆，其余的控制杆将跟随主控制杆的位置，避免了在改变控制位置时手柄的不同步。

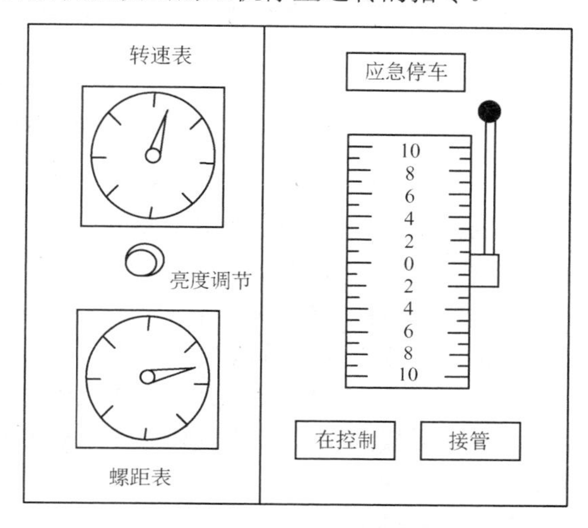

图6-15　驾驶台侧翼操作面板

（3）集控室控制台

集控室控制台由螺旋桨仪表盘、操纵杆面板、推进控制面板3个独立的面板组成，其结构和驾驶台主控制台基本相同。集控室控制台如图6-16所示。

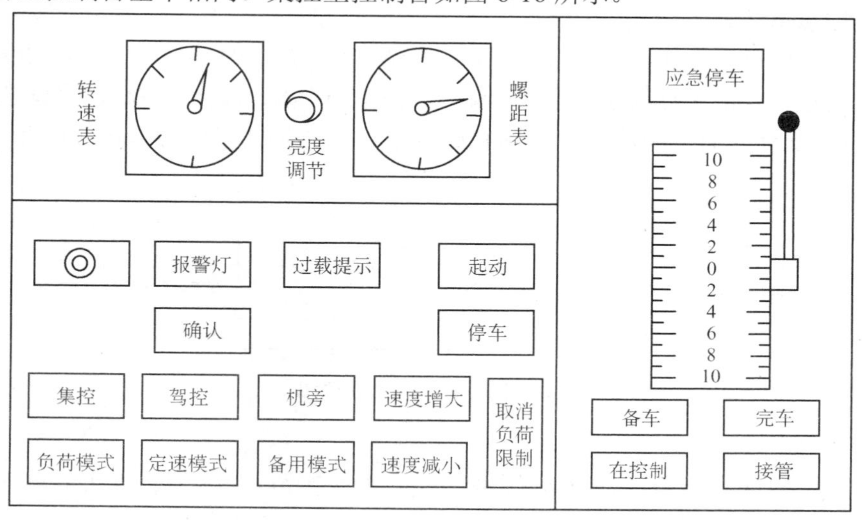

图6-16　集控室操作面板

4. 螺距控制

（1）螺距控制原理

控制台发出的螺距设定信号与螺距反馈信号进行比较得到偏差，然后经过控制器的运算处理，按照一定规律输出螺距控制信号，该信号驱动液压动力装置的电液比例阀，打开“前进”和“倒退”的油路，控制调距机构调节螺距。螺距控制原理图如图 6-17 所示。

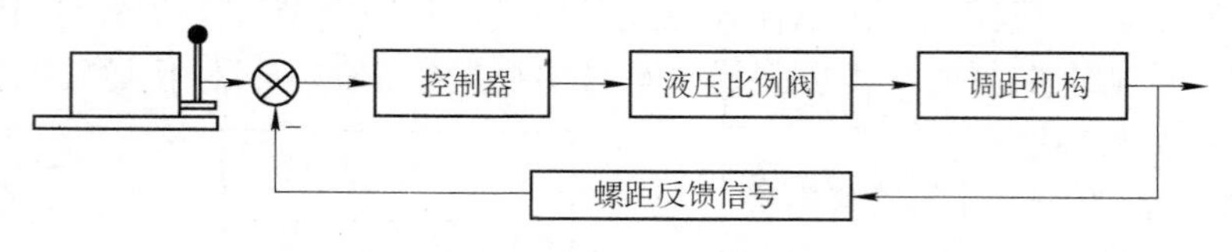

图 6-17　螺距控制原理图

（2）螺距设定方式

1）螺距的设定可以通过驾驶室和集控室螺距操纵手柄以遥控的方式来进行设定。

2）螺距的设定可以通过驾驶室上的备用控制系统进行设定。

3）当螺距的遥控系统出现故障的时候，可以通过手动操纵电液比例阀尾部的按钮来控制电磁阀的“前进”和“后退”。

4）螺距的应急设定方法：先停止液压动力装置的伺服油泵，将连接到油分配器的螺纹接头拆下，然后接到相应的 EP（Emergency Oil Power）和 ER（Emergency Oil Return）。起动一个油泵，将螺距设定到需要的位置。

5. 转速控制

驾驶室和集控室的转速设定电位器发出转速设定信号，速度设定信号经过主控制柜传送到主机、速度控制系统，由主机、速度控制系统直接控制调速器和执行机构，进而调节主机转速。本系统采用电子调速器，速度的设定方式：①加/减触点；②一个 4～20mA 遥控速度基准信号。4～20mA 遥控速度参考通过“遥控速度使能”开关量输入开启，在遥控速度基准模式下，加/减触点设定方式不起作用，只有在 4～20mA 遥控速度参考信号失效的情况下，加速和减速触点重新有效。

速度控制系统是一个闭环控制系统，4～20mA 的速度设定信号与主机 4～20mA 的反馈速度信号在调速器内部进行比较，速度的偏差经过 PID 运算后输出至执行器来控制主机的转速。另外，调速器还具有起动油量限制、跳跃速率燃油限制等功能。转速控制原理图如图 6-18 所示。

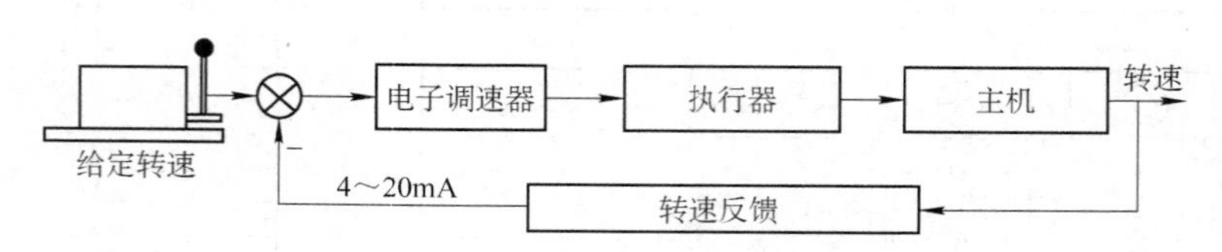

图 6-18　转速控制原理图

6. 负荷控制

负荷控制的目的在于当负荷变动时，保持主机的负荷恒定，在负荷太大的时候减小螺距，在负荷太小的时候增加螺距。主机的负荷取决于主机的转速和喷油量，转速信号通过机旁的转速传感器测得，喷油量信号由燃油泵的齿条变送器来提供。负荷控制原理图如图 6-19 所示。

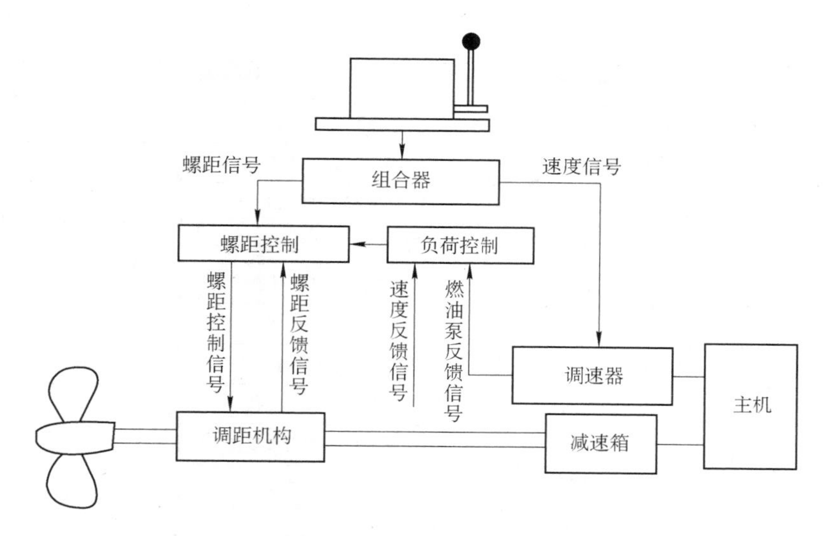

图 6-19　负荷控制原理图

6.2.5　调距桨遥控系统硬件设计

1．调距桨遥控系统信号分析与统计

分析与统计控制系统中输入/输出信号类型与数量是系统硬件设计的基础。在调距桨遥控系统总体设计的基础上，经分析与统计：系统输入/输出信号数量共 74 路，其中 46 路属于开关量输入，6 路属于模拟量输入，20 路属于开关量输出，2 路属于模拟量输出，详细情况见表 6-1 与表 6-2。

表 6-1　调距桨遥控系统输入信号

序号	信号类型	信号描述	备注
1	开关量输入	驾驶室驾控请求	
2	开关量输入	驾驶室集控请求	
3	开关量输入	驾驶室确认按钮	
4	开关量输入	驾驶室负荷控制模式	
5	开关量输入	驾驶室恒定转速模式	
6	开关量输入	驾驶室备用模式	
7	开关量输入	驾驶室主机起动按钮	
8	开关量输入	驾驶室主机停车按钮	
9	开关量输入	驾驶室主机起动失败复位	
10	开关量输入	驾驶室转速增加	
11	开关量输入	驾驶室转速减小	
12	开关量输入	驾驶室取消负荷限制	用于负荷控制
13	开关量输入	驾驶室备用控制	
14	开关量输入	驾驶室备车	
15	开关量输入	驾驶室完车	

（续）

序号	信号类型	信号描述	备注
16	开关量输入	集控室驾控请求	
17	开关量输入	集控室集控请求	
18	开关量输入	集控室确认按钮	
19	开关量输入	集控室负荷控制模式	
20	开关量输入	集控室恒定转速模式	
21	开关量输入	集控室备用模式	
22	开关量输入	集控室主机起动按钮	
23	开关量输入	集控室主机停车按钮	
24	开关量输入	集控室主机起动失败复位	
25	开关量输入	集控室转速增加	
26	开关量输入	集控室转速减小	
27	开关量输入	集控室取消负荷限制	
28	开关量输入	集控室备车	
29	开关量输入	集控室完车	
30	开关量输入	主机起动受阻	
31	开关量输入	本地/遥控	
32	开关量输入	主机过载信号	来自调速器开关
33	开关量输入	主机运行	
34	开关量输入	0 螺距	
35	开关量输入	离合器合排反馈	
36	开关量输入	离合器脱排反馈	
37	开关量输入	0 螺距开关信号	用于起动
38	开关量输入	0 螺距/0 负荷请求	来自安全系统，用于停车
39	开关量输入	负荷/螺距减速请求	来自安全系统，用于减速
40	开关量输入	自动停车复位	来自安全系统面板
41	开关量输入	负荷减少复位	来自安全系统面板
42	开关量输入	越控	来自安全系统面板
43	开关量输入	应急停车	
44	开关量输入	螺旋桨螺距伺服油压力低	用于液压动力单元控制
45	开关量输入	1#泵运行	至液压动力装置
46	开关量输入	2#泵运行	至液压动力装置
47	模拟量输入	驾驶室车钟信号	
48	模拟量输入	集控室车钟信号	
49	模拟量输入	燃油量反馈信号	4mA=0%,20mA=110%
50	模拟量输入	增压空气压力	4mA=0bar,20mA=6bar(1bar=10^5Pa)
51	模拟量输入	主机转速（r/min）反馈	4mA=0r/min,20mA=600r/min
52	模拟量输入	螺旋桨螺距的反馈	4～20mA

表 6-2　调距桨遥控系统输出信号

序号	信号类型	信号描述	备　注
1	开关量输出	驾驶室驾控请求指示灯	
2	开关量输出	驾驶室集控请求指示灯	
3	开关量输出	驾驶室备车指示灯	
4	开关量输出	驾驶室完车指示灯	
5	开关量输出	驾驶室蜂鸣器	
6	开关量输出	驾驶室报警指示灯	
7	开关量输出	集控室驾控请求指示灯	
8	开关量输出	集控室集控请求指示灯	
9	开关量输出	集控室备车指示灯	
10	开关量输出	集控室完车指示灯	
11	开关量输出	集控室蜂鸣器	
12	开关量输出	集控室报警指示灯	
13	开关量输出	主机起动	至主机速度控制系统
14	开关量输出	主机停止	至主机速度控制系统
15	开关量输出	主机过载指示灯	
16	开关量输出	离合器合排继电器	
17	开关量输出	离合器脱排继电器	
18	开关量输出	PTO 结合	
19	开关量输出	起动 1#泵	液压动力装置
20	开关量输出	起动 2#泵	液压动力装置
21	模拟量输出	速度控制信号	4mA=200r/min,20mA=470r/min
22	模拟量输出	螺距控制信号	4～20mA

2．硬件结构

硬件采用西门子可编程序控制器为主控制器。PLC 接收来自驾驶台和集控室以及其他设备的一些开关量信号、机旁的主机转速信号、燃油泵的供油量信号、螺旋桨螺距反馈信号、增压空气压力信号、车钟手柄信号，这些信号经过 PLC 的运算处理后输出到控制驾驶室和集控室的指示灯、蜂鸣器，以及控制机旁的电子调速器和液压动力装置中的电液比例阀。硬件结构如图 6-20 所示。

3．硬件配置及说明

（1）驾驶室配置

根据前述的信号分析，驾驶室的驾驶台选用的 CPU 及模块见表 6-3。

表 6-3　驾驶室 CPU 及模块的配置

模块	名称	型号	配置（性能参数）	数量
CPU 224	CPU 模块	6ES7 214-1AD23-0XB8	14 输入/10 输出	1
EM 223	数字量扩展模块	6ES7 223-1BL22-0XA8	16 输入/16 输出	1
EM 231	模拟量扩展模块	6ES7 231-0HC22-0XA8	4 输入	1

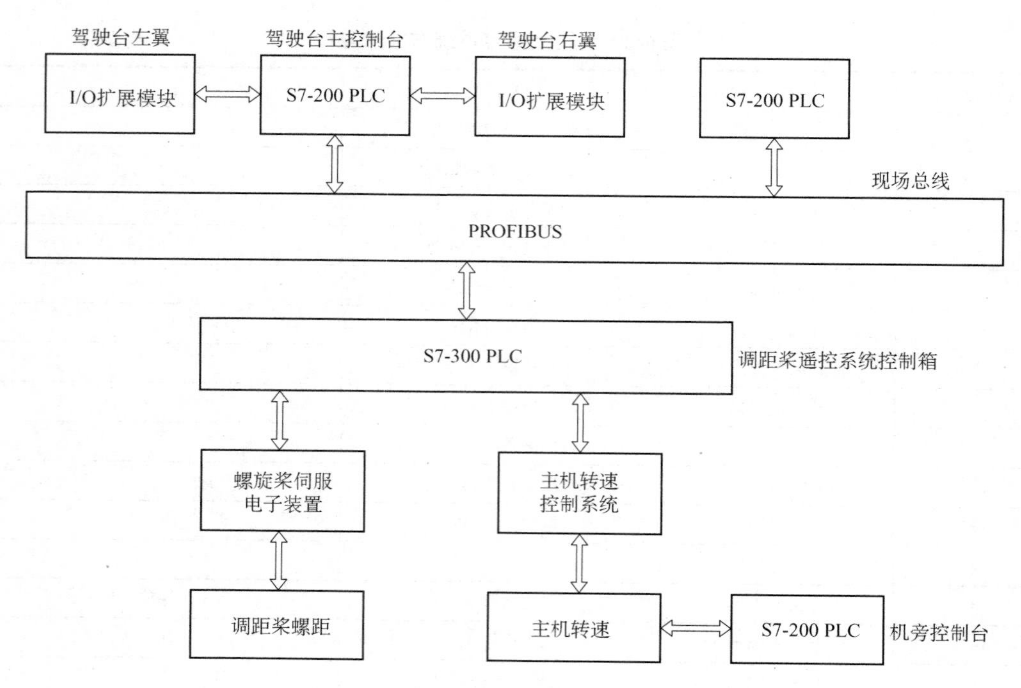

图 6-20　硬件结构

（2）集控室配置

集控室的 CPU 及模块选择见表 6-4。

表 6-4　集控室 CPU 及模块的配置

模块	名称	型号	配置（性能参数）	数量
CPU 224	CPU 模块	6ES7 214-1AD23-0XB8	14 输入/10 输出	1
EM 223	数字量扩展模块	6ES7 223-1BL22-0XA8	16 输入/16 输出	1
EM 231	模拟量扩展模块	6ES7 231-0HC22-0XA8	4 输入	1

（3）机旁配置

机旁控制单元的 CPU 及模块选择见表 6-5。

表 6-5　机旁控制 CPU 及模块的配置

模块	名称	型号	配置（性能参数）	数量
CPU 224	CPU 模块	6ES7 214-1AD23-0XB8	14 输入/10 输出	1
EM 223	数字量扩展模块	6ES7 223-1BL22-0XA8	16 输入/16 输出	1
EM 231	模拟量扩展模块	6ES7 231-0HC22-0XA8	4 输入	1
EM 232	模拟量扩展模块	6ES7 232-0HB22-0XA8	2 输出	1

（4）调距桨遥控系统配置

遥控系统的 CPU 及模块配置见表 6-6。

（5）遥控单元与机旁控制单元的硬件布置

遥控单元与机旁控制单元的 CPU 及其模块的布置如图 6-21 所示。

表 6-6　遥控系统 CPU 及模块的配置

模块	名称	型号	性能参数	数量
PS 307 5A	电源模块	6ES7 307-1EA00-0AA0	5A，DC24V	1
CPU 314	CPU 模块	6ES7 314-1AG14-0AB0		1
CP 342-5	串行通信模块	6GK7 342-5DA02-0XE0		1
AI4/AO2x8/8Bit	模拟量输入/输出模块	6ES7 334-0CE00-0AA0	4 点输入，2 点输出	1
DI32xDC24V	数字量输入模块	6ES7 321-1BL00-0AA0	32 点输入，DC24V	1
DO8xDC24V/0.5A	数字量输出模块	6ES7 322-8BF800-0AB0	8 点输出，DC24V	1

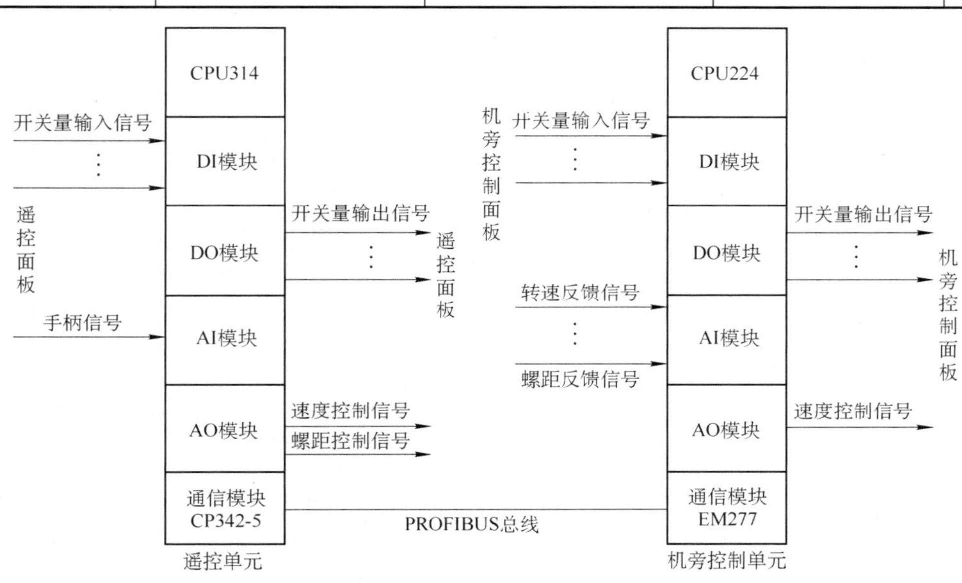

图 6-21　遥控单元与机旁控制单元硬件布置

6.2.6　系统软件设计

1．总体控制流程

CPP 遥控系统软件的设计主要包括系统主程序的设计、主机转速和螺距的控制、负荷控制以及其他功能。CPP 遥控系统主程序的控制流程如图 6-22 所示。首先是系统初始化，然后判断是在遥控还是在机旁控制状态。若是机旁控制，本遥控系统不起作用；只有在遥控控制下本系统才起作用。根据控制模式的选择，分别进入不同的控制子程序。经控制算法以及限制曲线输出转速与螺距的控制信号。控制信号作用于调速器和比例阀实现转速与螺距的控制。

2．控制算法

在船舶动力装置控制系统中，PID 控制算法被广泛地采用，实践也证明这种算法几乎适用于船舶动力装置所有参数的自动调节。但船舶在实际航行过程中的工作状态（如载荷、航速等）以及航行环境，如水深、风、浪、流等的变化表现为一个时变非线性大干扰的动态过程，因此应用常规的 PID 控制不能达到理想的控制效果，需要针对船舶特定的控制对象和实际情况选择相应的 PID 控制算法。这里根据调距桨遥控系统中实际硬件的组成情况，以及实际操作过程中从液压装置开始动作到螺距值达到设定值范围内的过程较短，而对调距机构固定在某一位置的要求却是相对长期的，选用了带死区的 PID 控制算法。这样由于某些原因如液压油的泄漏或外界环境发生变化，而使调距机构偏离了设定位置，则根据螺距偏差值，经 PID 算法计算输出控制信号，使螺距重回设定位置的范围内，而设置的偏差死区又能避免液压调距机构控制动作频繁操作，消除由此引起的振荡，改善系统的控制效果。

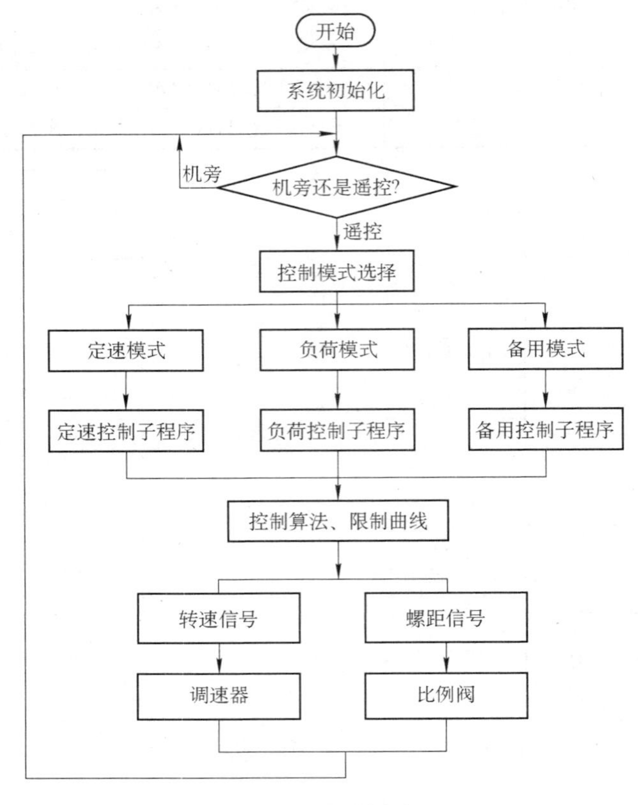

图 6-22　控制流程

3．控制软件开发环境

这里采取 STEP7 开发 PLC 控制软件。使用 STEP7 系统设计自动化系统的时候，既可以采用先硬件组态，后创建程序的方式，也可以采用先创建程序，后硬件组态的方式。如果要创建一个使用较多输入和输出的复杂程序，一般采用先进行硬件组态。本系统所采用的是先进行硬件组态，然后再编写程序的过程。良好的程序设计方法可以使设计过程比较有条理，增强程序的可维护性和可移植性。

硬件组态是使用 STEP 7 对 SIMATIC 工作站进行硬件配置和参数分配。所配置的数据可以通过“下载”传送到 PLC。

本系统主要由一个 S7-300 PLC 和两个 S7-200 PLC 构成主、从站的形式实现。CPP 遥控系统控制箱作为主站，由 S7-300 PLC 控制执行；驾驶室、集控室则作为从站，分别由两个 S7-200 PLC 控制执行。S7-300 PLC 与 S7-200 PLC 通过 EM277 进行 PROFIBUS DP 通信，需要在 STEP7 中对 S7-300 站进行组态，不需要对 S7-200 站的通信进行组态与编程，只需要将 S7-200 站中要通信的数据整理存放在 V 存储区，存储区的地址与 S7-300 站组态 EM277 从站时的硬件 I/O 地址相对应。系统的硬件配置如图 6-23 所示，网络组态如图 6-24 所示。

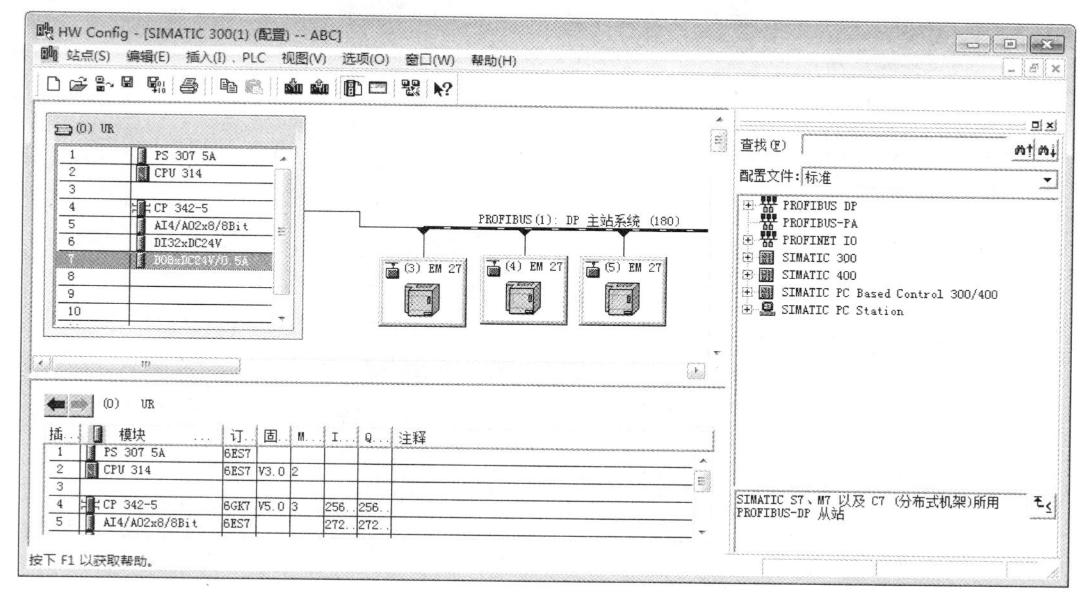

插...	模块	订...	固...	M...	I...	Q...	注释
1	PS 307 5A	6ES7					
2	CPU 314	6ES7	V3.0	2			
3							
4	CP 342-5	6GK7	V5.0	3	256..	256..	
5	AI4/AO2x8/8Bit	6ES7			272..	272..	

图 6-23　硬件配置示意图

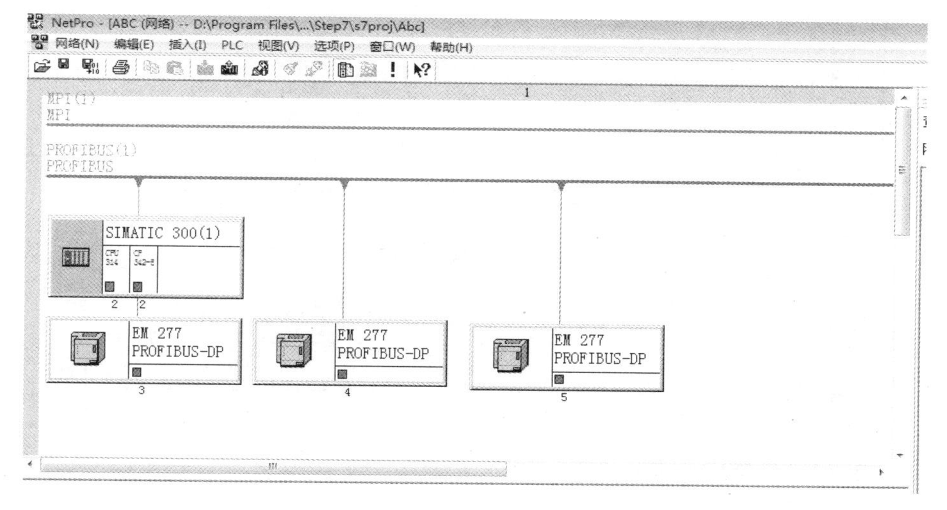

图 6-24　网络组态示意图

4．程序模块划分

软件采用模块化的方法，按照系统的控制要求和特点，将程序分为各个功能块，在硬件组态结束之后，进行程序编写，具体模块如图 6-25 所示。其中，OB1 是主程序，FB1 是负荷控制模式子程序，FB2 是定速控制模式子程序，FB3 是备用控制模式子程序，FC1 是主机速度控制子程序，FC2 是螺距控制子程序，DB1、DB2、DB3 是通用的全局数据块。

5．Symbol 表配置

在项目管理器的 S7 程序（1）文件夹内，双击 Symbols 图标，打开符号表编辑器，对输入/输出接点进行编辑，完成后单击保存。其编辑完成的符号表如图 6-26～图 6-28 所示。

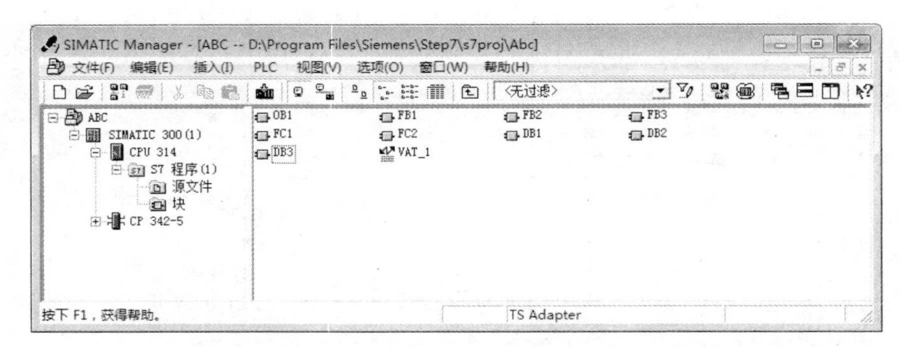

图 6-25 程序模块

符号表

	符号	地址	注释
1	control	I0.0	驾控请求
2	set_point	I0.1	集控请求
3	confirm	I0.2	确认按钮
4	separate	I0.3	分开模式
5	constant_speed	I0.4	定速模式
6	alliance	I0.5	联合模式
7	start	I0.6	主机起动按钮
8	park	I0.7	主机停车按钮
9	reset	I1.0	主机起动失败复位
10	increase	I1.1	转速增加
11	reeduce	I1.2	转速减少
12	cancel	I1.3	取消负荷限制
13	b_control	I1.4	备用控制
14	get_ready	I1.5	备车
15	finish	I1.6	完车
16	driving_request	Q0.0	驾控请求指示灯
17	set_point_request	Q0.1	集控请求指示灯
18	get_ready_light	Q0.2	备车指示灯
19	finish_light	Q0.3	完车指示灯
20	buzzer	Q0.4	蜂鸣器
21	alarm_light	Q0.5	报警指示灯
22	car_clock	AIW0	车钟信号

图 6-26 驾驶室 Symbol（符号）表配置

符号表

	符号	地址	注释
1	control	I0.0	驾控请求
2	set_point	I0.1	集控请求
3	confirm	I0.2	确认按钮
4	separate	I0.3	分开模式
5	constant_speed	I0.4	定速模式
6	alliance	I0.5	联合模式
7	start	I0.6	主机起动按钮
8	park	I0.7	主机停车按钮
9	reset	I1.0	主机起动失败复位
10	increase	I1.1	转速增加
11	reeduce	I1.2	转速减少
12	cancel	I1.3	取消负荷限制
13	get_ready	I1.4	备车
14	finish	I1.5	完车
15	driving_request	Q0.0	驾控请求指示灯
16	set_point_request	Q0.1	集控请求指示灯
17	get_ready_light	Q0.2	备车指示灯
18	finish_light	Q0.3	完车指示灯
19	buzzer	Q0.4	蜂鸣器
20	alarm_light	Q0.5	报警指示灯
21	car_clock	AIW0	车钟信号

图 6-27 集控室 Symbol（符号）表配置

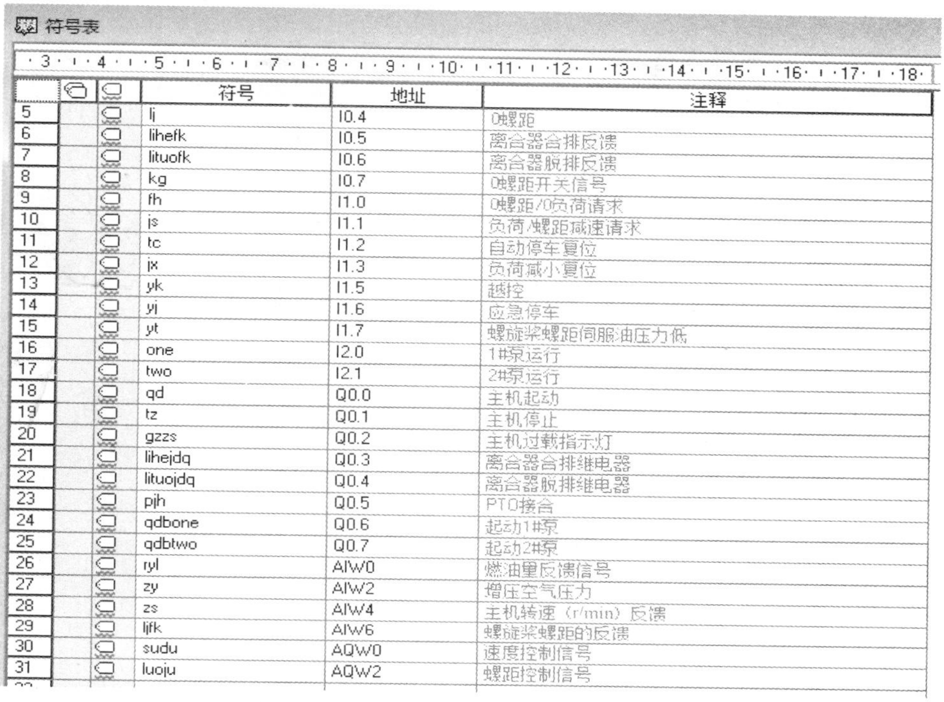

符号表

· 3 · ı · 4 · ı · 5 · ı · 6 · ı · 7 · ı · 8 · ı · 9 · ı · 10 · ı · 11 · ı · 12 · ı · 13 · ı · 14 · ı · 15 · ı · 16 · ı · 17 · ı · 18 ·

			符号	地址	注释
5			lj	I0.4	0螺距
6			lihefk	I0.5	离合器合排反馈
7			lituofk	I0.6	离合器脱排反馈
8			kg	I0.7	0螺距开关信号
9			fh	I1.0	0螺距/0负荷请求
10			js	I1.1	负荷/螺距减速请求
11			tc	I1.2	自动停车复位
12			jx	I1.3	负荷减小复位
13			yk	I1.5	越控
14			yj	I1.6	应急停车
15			yt	I1.7	螺旋桨螺距伺服油压力低
16			one	I2.0	1#泵运行
17			two	I2.1	2#泵运行
18			qd	Q0.0	主机起动
19			tz	Q0.1	主机停止
20			gzzs	Q0.2	主机过载指示灯
21			lihejdq	Q0.3	离合器合排继电器
22			lituojdq	Q0.4	离合器脱排继电器
23			pjh	Q0.5	PTO接合
24			qdbone	Q0.6	起动1#泵
25			qdbtwo	Q0.7	起动2#泵
26			ryl	AIW0	燃油量反馈信号
27			zy	AIW2	增压空气压力
28			zs	AIW4	主机转速（r/min）反馈
29			ljfk	AIW6	螺旋桨螺距的反馈
30			sudu	AQW0	速度控制信号
31			luoju	AQW2	螺距控制信号

图 6-28　机旁 Symbol（符号）表配置

6．螺距控制——带死区的 PID 梯形图

螺距控制算法的带死区 PID 控制模块示意图如图 6-29 所示。

带死区的 PID 控制模块具体说明如下：

COM_RST：BOOL，重新启动 PID。当该位 TURE 时，PID 执行重启动功能，复位 PID 内部参数到默认值。通常在系统重启动时执行一个扫描周期，或在 PID 进入饱和状态需要退出时用这个位。

MAN_ON：BOOL，手动值 ON。当该位为 TURE 时，PID 功能块直接将 MAN 的值输出到 LMN，这可以在 PID 框图中看到，也就是说，这个位是 PID 的手动/自动切换位。

PEPER_ON：BOOL，过程变量外围值 ON。过程变量即反馈量，此 PID 可直接使用过程变量 PIW（不推荐），也可使用 PIW 规格化后的值（常用），因此，这个位为 FALSE。

P_SEL：BOOL，比例选择位。该位 ON 时，选择 P（比例）控制有效。一般选择有效。

I_SEL：BOOL，积分选择位。该位 ON 时，选择 I（积分）控制有效。一般选择有效。

INT_HOLD：BOOL，积分保持，无需设置。

I_ITL_ON：BOOL，积分初值有效。I-ITLVAL（积分初值）变量和这个位对应，当此位 ON 时，则使用 I-ITLVAL 变量积分初值。一般当发现 PID 功能的积分值增长比较慢或系统反应不够时可以考虑使用积分初值。

D_SEL：BOOL，微分选择位。该位 ON 时，选择 D（微分）控制有效。一般的控制系统不用。

CYCLE：TIME，PID 采样周期，一般设为 200ms。

SP_INT：REAL，PID 的给定值。

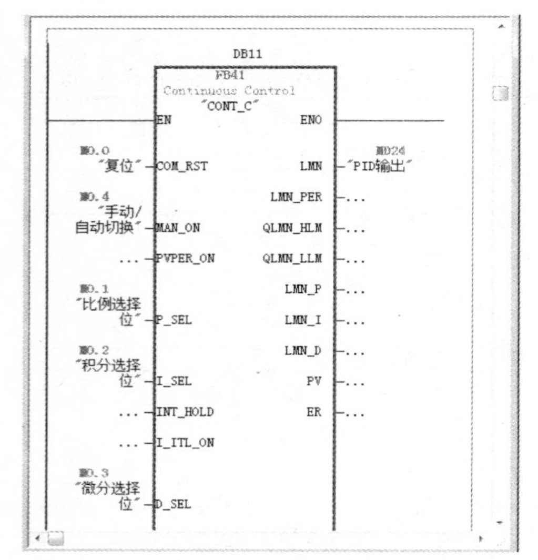

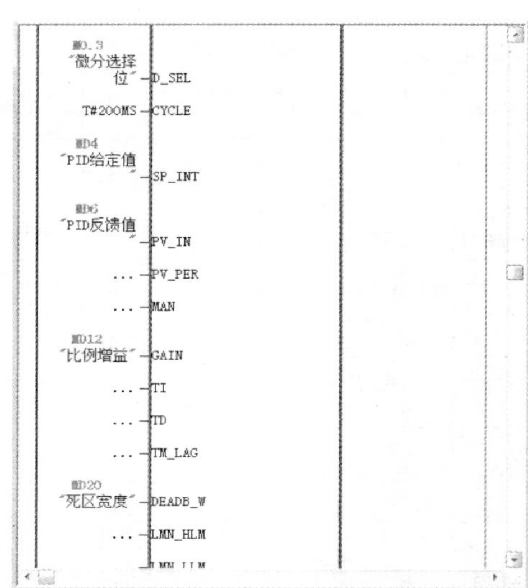

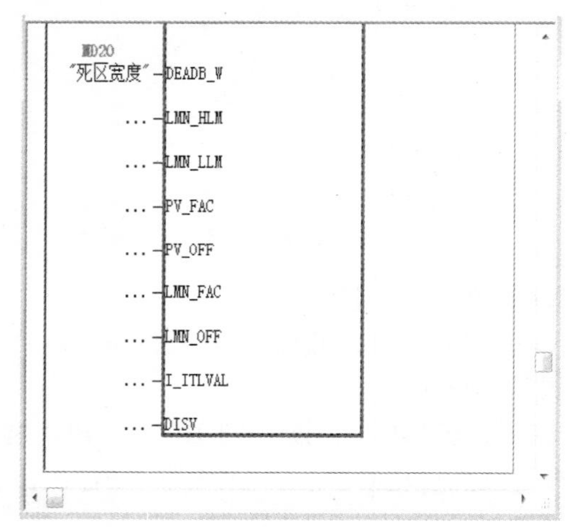

图 6-29　带死区的 PID 控制模块示意图

PV_IN：REAL，PID 的反馈值（也称过程变量）。

PV_PER：WORD，未经规格化的反馈值，由 PEPER_ON 选择有效（不推荐）。

MAN：REAL，手动值，由 MAN_ON 选择有效。

GAIN：REAL，比例增益。

TI：TIME，积分时间。

TD：TIME，微分时间。

TM_LAG：TIME，与微分有关的时间。

DEADB_W：REAL，死区宽度。如果输出在平衡点附近微小幅度振荡，可以考虑用死区来降低灵敏度。

LMN_HLM：REAL，PID 上极限，一般为 100%。

LMN_LLM：REAL，PID 下极限，一般为 0%。如果需要双极性调节，则需设置为–100%（正负 10V 输出就是典型的双极性输出，此时需要设置–100%）。

PV_FAC：REAL，过程变量比例因子。

PV_OFF：REAL，过程变量偏置值（OFFSET）。

LMN_FAC：REAL，PID 输出值比例因子。

LMN_OFF：REAL，PID 输出值偏置值（OFFSET）。

I_ITLVAL：REAL，PID 的积分初值，由 I_ITL_ON 选择有效。

DISV：REAL，允许的扰动量，前馈控制加入，一般不设置。

LMN：REAL，PID 输出。

LMN_P：REAL，PID 输出中 P 的分量，可用于在调试过程中观察效果。

LMN_I：REAL，PID 输出中 I 的分量，可用于在调试过程中观察效果。

LMN_D：REAL，PID 输出中 D 的分量，可用于在调试过程中观察效果。

7．仿真调试

软件调试工作是必不可少的工作。首先进行的是仿真调试。各个模块的程序完成后，进行保存。在前述硬件组态已完成的情况下，打开仿真软件 S7-PLCSIM，将整个 S7-300 站下载到 PLC，检验所编写程序的正确性。具体仿真调试的步骤如下：

1）在 SIMATIC 版面中的 Options 中打开仿真界面，在程序输入窗口执行菜单命令 PLC/Download，把整个 S7-300 站下载到 PLC。

2）在仿真界面下，单击工具按钮 ，插入地址为 0、1 的字节型输入变量 IB；单击工具按钮 ，插入地址为 0、1 的字节型输出变量。

3）在仿真界面环境下将 CPU 模式开关转换到 RUN 模式，开始运行程序。仿真环境具体如图 6-30 所示。

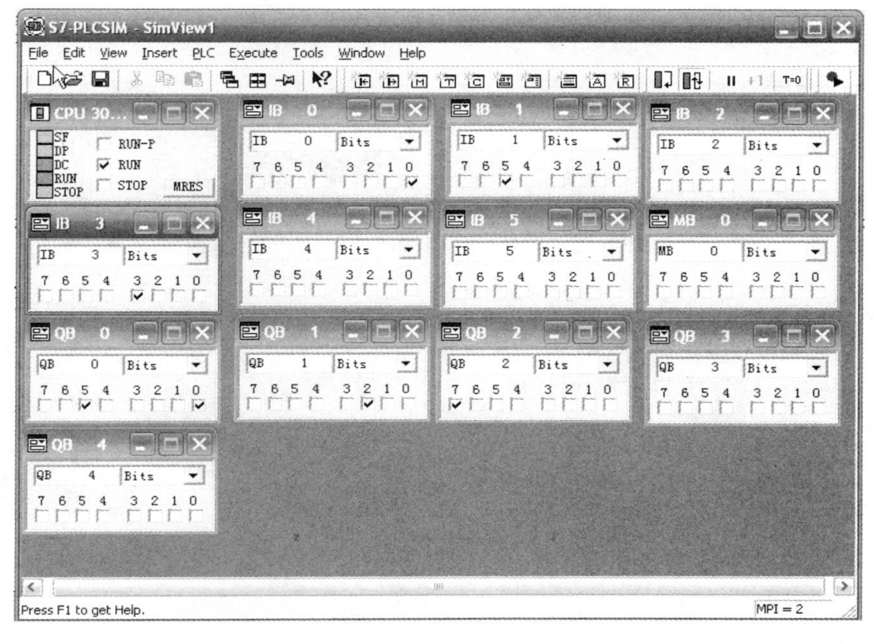

图 6-30　仿真环境

4）模拟系统工作环境，测试程序的正确性。若程序不能满足要求，则分析原因，修改程序，重新测试，直到满足要求为止。

6.3 大型耙吸式挖泥船集成控制系统

前两节分别讲解了以工控机和 PLC 为控制主机的计算机控制系统的设计，本节以大型耙吸式挖泥船为对象讨论包含工控机与 PLC 的集成控制系统的设计。

6.3.1 耙吸式挖泥船集成控制系统概况

挖泥船是清挖水道与河川淤泥的工具，共有 6 种类型，耙吸式挖泥船是其中 1 种。耙吸式挖泥船是通过置于船体两舷或尾部的耙头吸入泥浆，以边吸泥、边航行的方式工作。

耙吸式挖泥船集成控制系统（Integrated Hopper Dredger Control System，IHDCS）采用现场总线和工业以太网连接船上各个控制模块、服务器、工作站，实现对耙吸式挖泥船的控制。它是集机舱自动化、航行自动化、作业自动化于一体的多功能综合系统，能最大程度地提高船舶航行与作业的安全性、可靠性和经济性。IHDCS 具有耙管的位置显示、吃水装载显示、推进系统控制、液压系统控制、疏浚系统控制、机舱监测报警、功率管理等遥测遥控功能，具有疏浚过程的辅助决策支持、疏浚机理分析和复杂智能控制等功能。

6.3.2 系统组成和功能

IHDCS 主要由疏浚控制系统、桥楼系统、功率管理系统、主机遥控系统、机舱报警系统、动态跟踪与定位系统、视频监控系统、无线传输系统组成。这些子系统是相对独立的，通过工业以太网连接，构成一个完整的全船综合控制系统，其结构示意如图 6-31 所示。这里 IHDCS 的组成以 TSHD18000“通程”轮自航耙吸挖泥船集成系统为例进行说明，详细信息如图 6-32 所示。

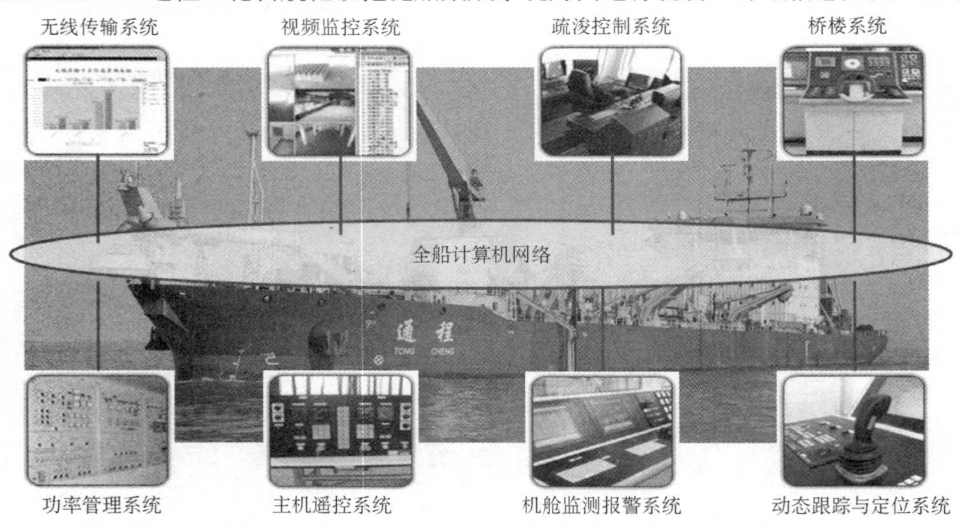

图 6-31 挖泥船综合控制系统结构示意

1. 疏浚控制系统

疏浚控制系统实现对全船疏浚设备的控制，完成疏浚作业，详细参见图 6-32 中的“疏浚 PLC 系统”和“计算机及网络系统”中的“应用软件系统”，主要包含挖泥集成控制系统、疏浚轨迹显示系统、计算机辅助决策系统。

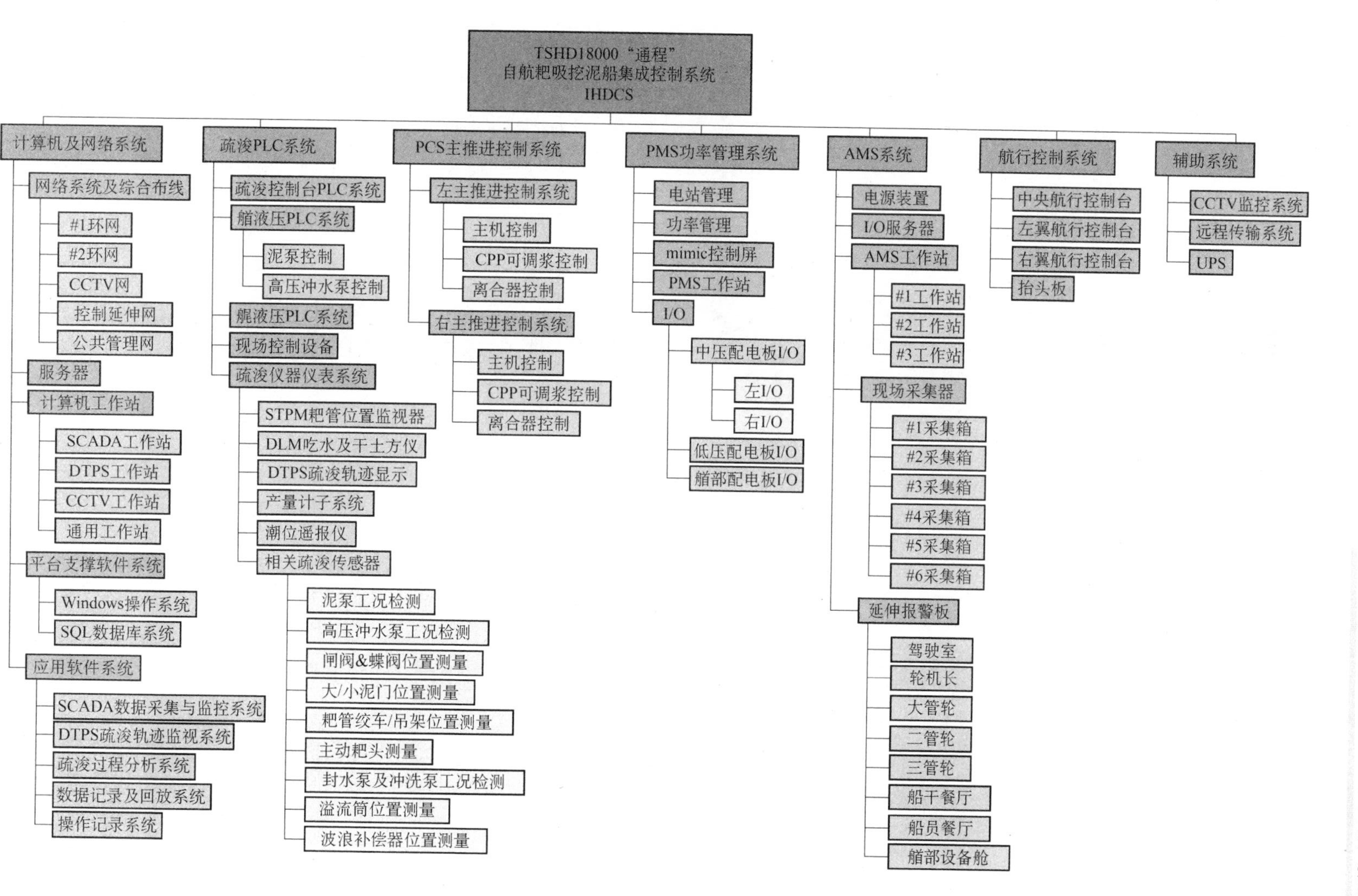

图 6-32　"通程"轮 IHDCS 组成

1）挖泥集成控制系统：由疏浚仪器（耙管位置、真空度、压力、流量、吃水、装载、产量、测量设备、真空度、压力和流量的测量设备，泥浆溢流和波浪补偿器位置指示器等）、计算机、变送以及执行机构、可编程序控制器、传感器等组成，如图 6-33 所示。系统具有耙管、水下泵、泥泵、疏浚闸阀、泥门、高压冲水、液压系统的控制与监视，吃水装载显示和应急控制功能。

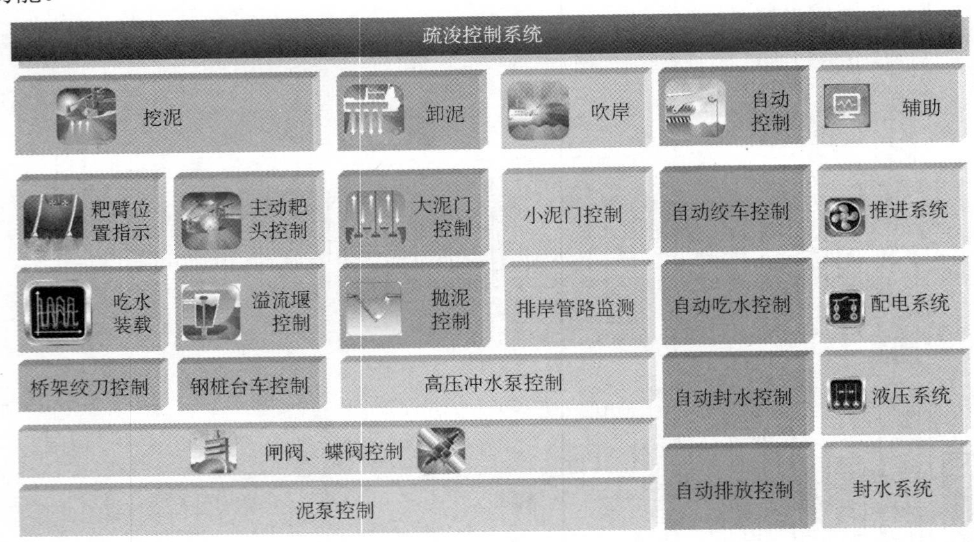

图 6-33　疏浚控制系统组成

2）疏浚轨迹显示系统：由 RTK GPS、电罗经、AIS、测深仪、潮位接收机、工作站等组成。通过全船的计算机网络，将测量设备或传感器所采集和观测的数据或信息传送给疏浚轨迹显示系统工作站，实现耙吸式挖泥船的疏浚轨迹监控。其系统结构如图 6-34 所示。

3）计算机辅助决策系统：根据综合控制系统服务器中挖泥船设备状况的监测数据与实时工况采集数据，分析疏浚过程、土质情况、产量与挖掘、输送设备运转参数之间的关系，优化施工参数，给出最优的施工控制参数。

2．桥楼系统

桥楼系统负责船舶的综合导航和操纵，包含 AIS、雷达、罗经、GPS、风速风向仪、计程仪、电子海图、操舵仪等通导设备，有助于提高船舶航行的安全性和经济性。

3．功率管理系统

功率管理系统由两台冗余的可编程序控制器、测量传感器、变送器、断路器等组成，完成整个电站的控制与监测，能够有效地保证各个设备之间的功率在配电板中进行转换，实现自动分级卸载，自动解列，保证轴带发电机的正常起动，自动起动主发电机、艏侧推进器，防止主机、轴带发电机、主变压器过载。

4．主机遥控系统

主机遥控系统由图 6-32 中的主推进控制系统体现。该船中推进系统配置为：左/右两套主推进装置和一套艏侧推装置。主推进装置为调距桨，每套推进装置由一台主机、一台轴带发电机、一台带推进离合器的齿轮箱组成；艏侧推装置是一电驱调距桨。主推进装置和艏侧推装置的控制系统由相关设备厂家供货，通过硬连接的方式将推进系统的相关控制信号接入

IHDCS 中。本船推进系统除了由航行控制台、左/右翼控制台、机舱集控室和机旁控制外，还可通过疏浚控制台上的相关设备进行操作。

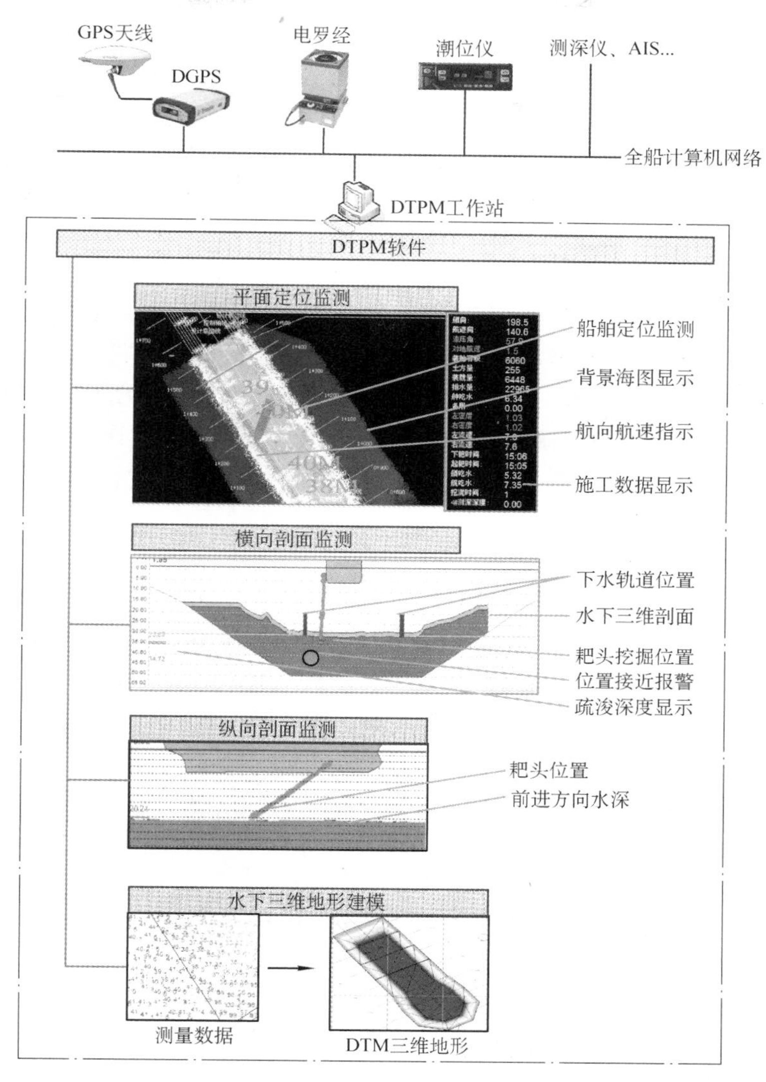

图 6-34　疏浚轨迹显示系统结构

5. 机舱监测报警系统

监测报警系统（Alarm Monitor System，AMS）完成设备的运行状态、运行参数值及故障报警状态的监测，并在集控室的监视屏显示等功能，由多个现场监测单元组成。监测单元分布于全船，通过工业以太网连接，构成一个独立的监测系统。系统通过 AMS1 和 AMS2 工作站与全船综合控制网络连接，将一些关键数据传送给全船综合控制系统，同时在居住区域和驾驶室安装延伸报警板。机舱监测报警系统能及时发现设备的运行故障，提高设备运行的可靠性，减轻轮机员的劳动强度。

6. 动态跟踪与定位系统

动态跟踪与定位系统是用于船舶定位、精确挖泥的自动控制装置，由 DGPS、电罗经、风向风速仪、姿态仪、主推子系统、侧推子系统、舵机子系统、控制器、控制台等组成，有助于挖泥船在特殊施工状况下按预先设定好的航迹进行挖泥作业、抛泥作业、定点艏吹/艏喷作业。

7．视频监控系统

视频监控系统主要实现对船舶舱面、艏吹、泥舱、耙臂、A 架、泥泵等位置的监视功能，由视频工作站、网络视频服务器、舱外重型云台和室内护罩摄像一体机组成。采用网络化视频监控系统，将前端的模拟信号处理成高清晰的实时数字图像发布到网络，可实现多用户同时监控相同或者不同的现场图像，以及视频共享。

8．无线传输系统

无线传输系统可实现船与岸上的远程数据传输功能。它基于 Internet，采用 C/S 构架的数据传输系统。系统网络分为 3 个单元：船台端、服务中心端、客户端。船台端负责从船载系统下载数据，并经互联网上传到服务中心端。服务中心端负责把船台上传的数据保存到数据库，并向连接在服务器上的客户端提供数据共享支持。客户端通过局域网或 Internet，向远程计算机提供数据。经授权的客户可访问服务器并下载数据。

6.3.3　系统硬件设计

系统硬件由传感器、执行机构、PLC、工作站计算机和服务器、以太网以及工业以太网交换机等组成。其中各类传感器、执行机构、PLC 等构成现场级控制系统，以 PLC 控制台或控制柜形式参与整个控制系统，其设计方法类同于 6.2 节所叙述的，这里不再展开叙述，仅介绍该集成控制系统中 PLC、服务器、工作站以及网络的配置。

1．系统中的 PLC、服务器与工作站

PLC 系统用于推进、电站、挖泥和液压系统控制，采用 SIEMENS 公司的 S7 系列 PLC，所有的 PLC 通过带有冗余功能的光纤环网与服务器及相邻的 PLC 连接。应急控制 PLC 通过硬连线与相应的主令设备及电磁阀连接。PLC 内部的 CPU 供电采用 DC 24V 双路供电，驱动回路严格按照模块、输入回路、输出回路进行供电。PLC 系统包含以下子系统：

PLC1：疏浚操作台控制 PLC，安装在疏浚控制台内；

PLC2：艉液压控制 PLC，安装在艉 PLC 柜内；

PLC3：艏液压控制 PLC，安装在艏 PLC 柜内；

PLC4：PMS 中左 mimic 控制 PLC，安装在 PMS 控制柜中；

PLC5：PMS 中右 mimic 控制 PLC，安装在 PMS 控制柜中；

PLC6：左 PCS 控制 PLC，安装在机舱集控室；

PLC7：右 PCS 控制 PLC，安装在机舱集控室。

服务器和工作站构成管理级的控制系统。工作站主要用于组态、监控和历史趋势的显示等；服务器则用于采集、记录数据。IHDCS 中服务器和 SCADA 工作站具体配置见表 6-7。

服务器选用惠普 G5 系列工业级服务器，系统中配置了 3 台服务器，其中 2 台为互为热冗余备用的数据服务器，1 台历史数据服务器。当 1 台数据服务器出现故障时，另 1 台备用服务器自动投入运行，以保证不间断地向全船的工作站及 PLC 系统提供实时数据的采集与分配。在任何一个时刻，只有一台服务器向工作站及 PLC 发送指令，以保证数据的唯一性。历史数据服务器专门用于存储船舶的各种数据，并为其他非实时工作站软件提供分析数据并处理报表。

工作站采用研华 610 工业控制计算机。每个工作站具有完全相同的应用软件系统，互为备份。系统共有 8 台 SCADA 工作站，由于系统采用了以太网结构，任何功能的工作站均可在任意的地点开设，极大地方便了挖泥船的设计与布置。

表 6-7　IHDCS 中服务器和 SCADA 工作站配置

序号	设备名称	配置	安装位置	备注
1	服务器 1	HP G5 服务器、19′高亮度 TFT、19′机架键盘/触摸板	驾驶室 19′机柜	实时数据库
2	服务器 2	HP G5 服务器、19′高亮度 TFT、一体化键盘/触摸板	PC 房 19′机柜	实时数据库
3	服务器 3	HP G5 服务器、19′高亮度 TFT、一体化键盘/触摸板	驾驶室 19′机柜	历史数据服务器
4	SCADA1 工作站	研华 610 工控主机 21′高亮度 TFT 轨迹球	航行控制台	可控
5	SCADA2 工作站	研华 610 工控主机 21′高亮度 TFT 轨迹球+键盘 键盘/显示器切换器（与航行控制台切换） 航行控制台配：键盘+轨迹球+19′TFT	航行控制台	监视
6	SCADA3 工作站	研华 610 工控主机 19′高亮度 TFT 专用 SCADA 键盘	疏浚控制台前左	可控
7	SCADA4 工作站	研华 610 工控主机 19′高亮度 TFT 专用 SCADA 键盘	疏浚控制台前右	可控
8	SCADA5 工作站	研华 610 工控主机 19′高亮度 TFT 键盘+轨迹球	航行控制台	可控
9	SCADA6 工作站	研华 610 工控主机 19′高亮度 TFT 键盘+轨迹球	机舱集控台左	监视
10	DTPS1 工作站	研华 610 工控主机 19′高亮度 TFT 键盘+轨迹球	疏浚控制台前台	可控
11	DTPS2 工作站	研华 610 工控主机 19′高亮度 TFT 键盘+触摸板一体化键盘	航行控制台	可控

2．系统中的网络

挖泥船综合控制系统网络结构如图 6-35 所示。本系统设置了上层和下层两个环形网络。采用两个完全独立的光纤环网，除了增强系统的独立、安全、可靠性外，也对网络负荷进行了分流，对网络上设备的属性进行了统一划分，为整个控制系统提供了稳定可靠的数据链接。上层网络连接的设备为信号刷新速率较低的设备，如潮位遥报仪、DGPS、电罗经、雷达等，以及响应速度要求较低的指令设备，如人机界面工作站、历史数据分析工作站等。下层网络连接各台功能各异的控制 PLC。上下两层网络通过高性能的服务器进行数据桥接。

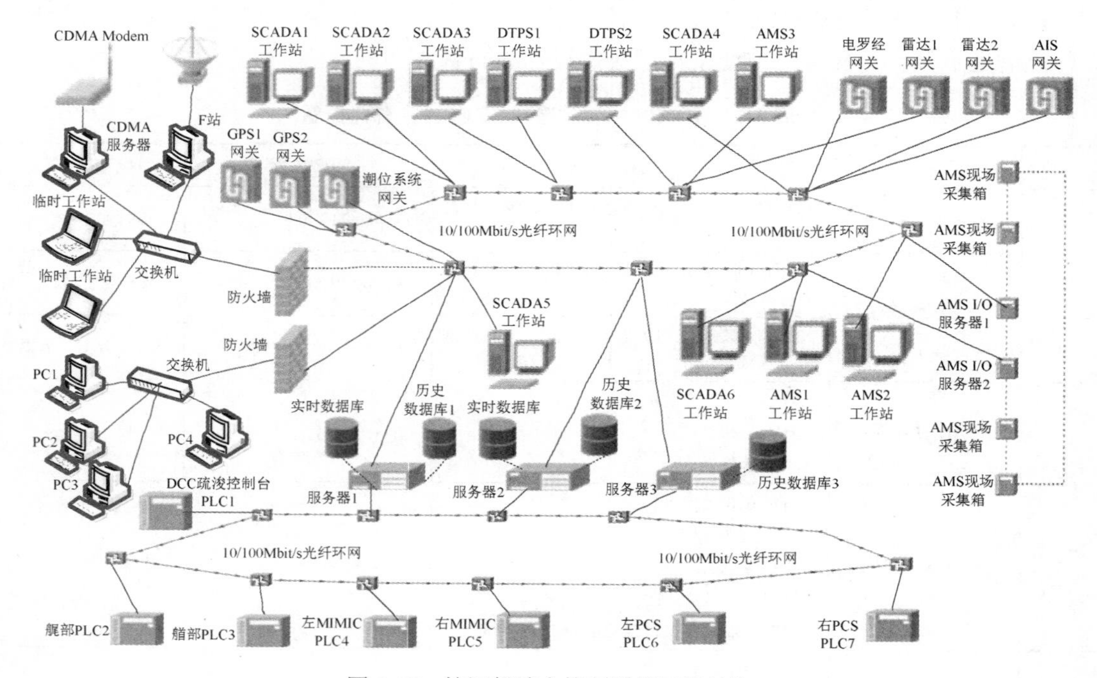

图 6-35 挖泥船综合控制系统网络结构

系统采用 100Mbit/s 工业以太网，符合 IEEE 802.3 标准，执行 TCP/IP，通信介质采用光缆。工业以太网交换机选用 SIEMENS X204-2，它是专为工业应用而设计的，具有高性能的交换机技术、冗余的环网性能，并且能够汇报动态状态。X204-2 带宽为 100Mbit/s，带有 4 个 RJ-45 接口，2 组光纤接口，管理型，带有独立 IP，DC 24V 双路供电，带有报警输出。NPort 网关实现电罗经、多波束测深仪、DGPS 等通导设备和系统主干以太网的互连。

系统中除了控制网络外，还提供了管理网络、办公自动化网络和视频网络。管理网络是船舶管理系统的工作平台，与控制系统连接。办公自动化网络提供船上办公自动化功能及与岸上通信的远程数据传输能力。控制网络与管理网络、办公自动化网络通过防火墙进行隔离，划分在不同的网段，保障控制网络的安全。视频网络是单独设置的，用于视频摄像系统的网络化。

6.3.4 系统软件设计

IHDCS 的软件即 SCADA 分为两个层面，采用 C/S 体系结构。服务器操作系统选用 Windows 2000 Server，工作站软件操作系统选用 Windows XP。PLC 软件选用其标准软件 STEP 7 开发，可使用梯形图逻辑、功能块图或语句表对系统进行编程与监控。人机界面采用 VC++6.0 开发。采用类似组态软件的方法进行软件设计，这样能简化软件在不同船型、配置的工程船上移植。

1. 软件的主要功能

1）液压系统和电控系统：完成疏浚闸阀、高压冲水蝶阀、大泥门、小泥门、锚机、系泊绞车、艏吹接头绞车、耙管等的监控与遥控功能。

2）主机系统：完成主机的监控与遥控功能。

3）可调桨系统：完成对可调桨的监控、遥控功能，并且与功率管理系统建立联系。

4）功率管理系统：完成主配电板的在线监视以及不同功率模式的切换功能。

5）船舶态势与过程数据的显示：完成对船舶综合态势的显示以及过程数据（如耙管位置、吃水、装载量、干土方等数据）的显示功能。

6）疏浚轨迹与报表：完成疏浚轨迹的显示，疏浚系统的自动报表、历史趋势图、诊断、记录等功能。

2．数据结构与数据库

系统的数据结构如图6-36所示。数据库采用SQL Server 2000。数据库包含实时数据库与历史数据库。实时数据库作为综合监控系统的实时数据来源，对整个监控系统来说十分重要。系统中，需要快速反应的现场控制数据，由各自不同的PLC-CPU在底层单独完成。PLC与PLC之间的协调，不经服务器。系统的安全联锁功能，不经服务器、工作站处理，但这些数据均能反映在服务器的数据库内，并可通过工作站进行显示。

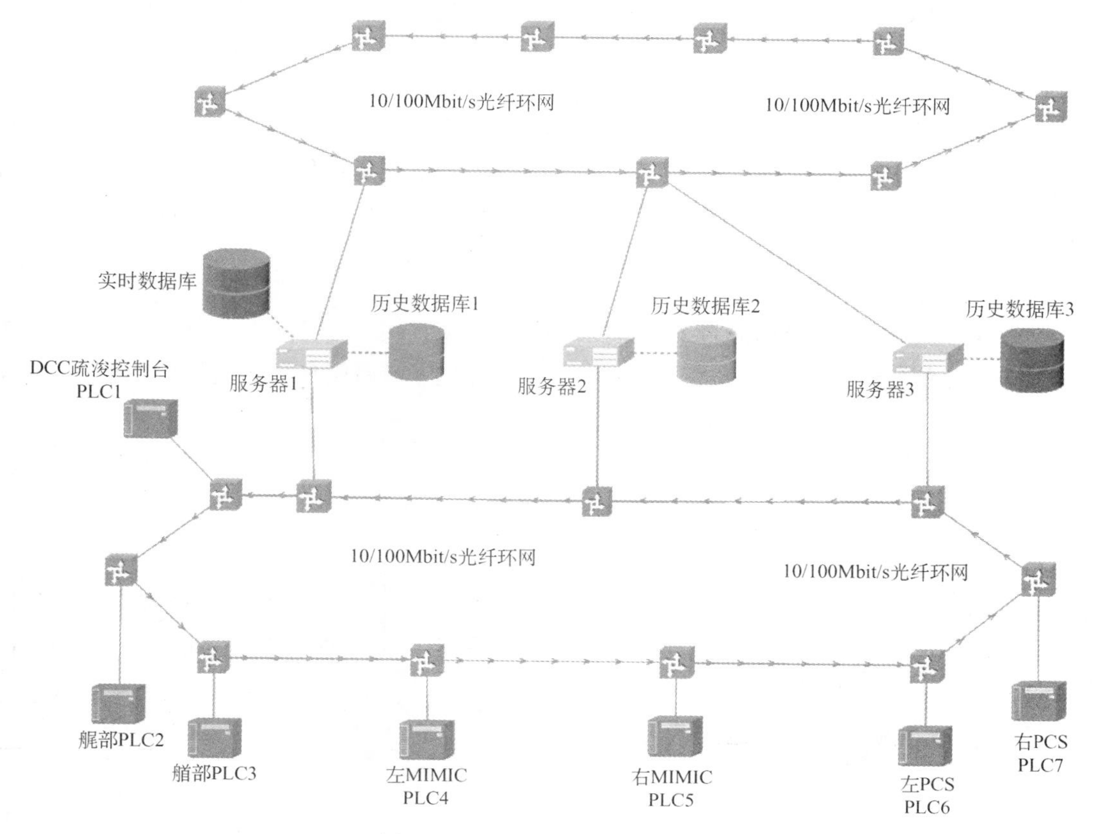

图6-36　IHDCS数据结构示意图

构建数据库前，需要考虑以下内容：

1）按照不同子系统和不同类型设备分别设计数据及其类型。

2）列出监控数据的I/O驱动器或OPC服务器地址表。

3）确定数据标签规则。

4）确定报警要求。

数据标签规则是为减少数据库中出现重复标签的机率，提高数据库中数据的检索速度而遵守一定的命名规则。在该项目中，采用了 3 级标签命名法，即设备名、数据块名和数据类型，相互之间用下划线分开。设备名标明该标签代表的数据是属于哪个监控子系统；数据块名是系统中某一具体监测与控制的数据；数据类型进一步说明了数据是输入还是输出，是模拟量还是开关量等信息。标签名的设备名和数据块名都取拼音字母的首位并大写。

3．数据接口

本系统应用 OPC（OLE for Process Control）技术实现数据接口功能。OPC 是一套为基于 Windows 操作平台的工业应用程序之间提供高效信息集成和交互功能的组件对象模型接口标准。它以微软的分布式组件对象模型 COM/DCOM/COM+技术为基础，采用客户/服务器模式。OPC 服务器是数据的供应方，负责为 OPC 客户提供所需的数据；OPC 客户是数据的使用方，处理 OPC 服务器提供的数据。在使用 OPC 的过程中，包括 OPC 服务器与 OPC 客户端，OPC 服务器一般并不知道它的客户来源，由 OPC 客户根据需要，接通或断开与 OPC 服务器的连接。本系统采用 KEPWARE OPC 服务器与 PLC 进行通信，实时数据库中采用自己开发的 OPC Client 程序实现与 PLC 的通信，同时将系统中 DGPS、罗经、多波束测深仪、风向风速仪、船上第三方系统等串口类设备数据采集到实时数据库中。

4．人机界面

SCADA 由很多任务组成，每个任务完成特定的功能，而每个特定的功能通过 HMI 展示。“通程轮”的 SCADA 中共有 85 个 HMI，包含总揽界面、监视界面、控制界面等，通过主菜单或专用操作键盘完成不同界面之间的切换。

（1）总揽界面

SCADA 总揽界面的结构如图 6-37 所示，包含耙吸、卸（抛）泥、对岸排放、推进、配电板、液压设备、封水/冲洗系统等显示页。主菜单提供了所有图形界面的总览，通过主菜单能进入各个图形显示界面。

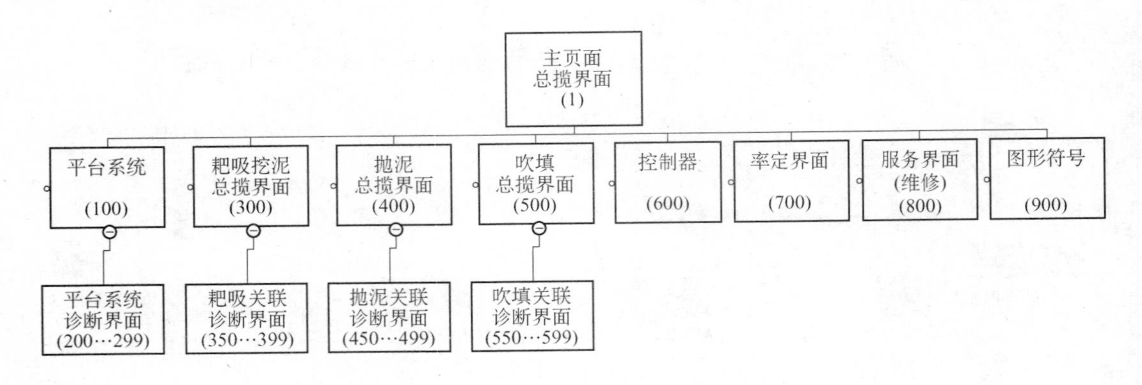

图 6-37　SCADA 总揽界面的结构

（2）监视界面

监控系统运行过程中，监视界面是应用最多的界面。图 6-38 与图 6-39 是两个监视界面的示例。图 6-38 是左右耙臂组合显示界面，图 6-39 是泥舱装载过程界面。

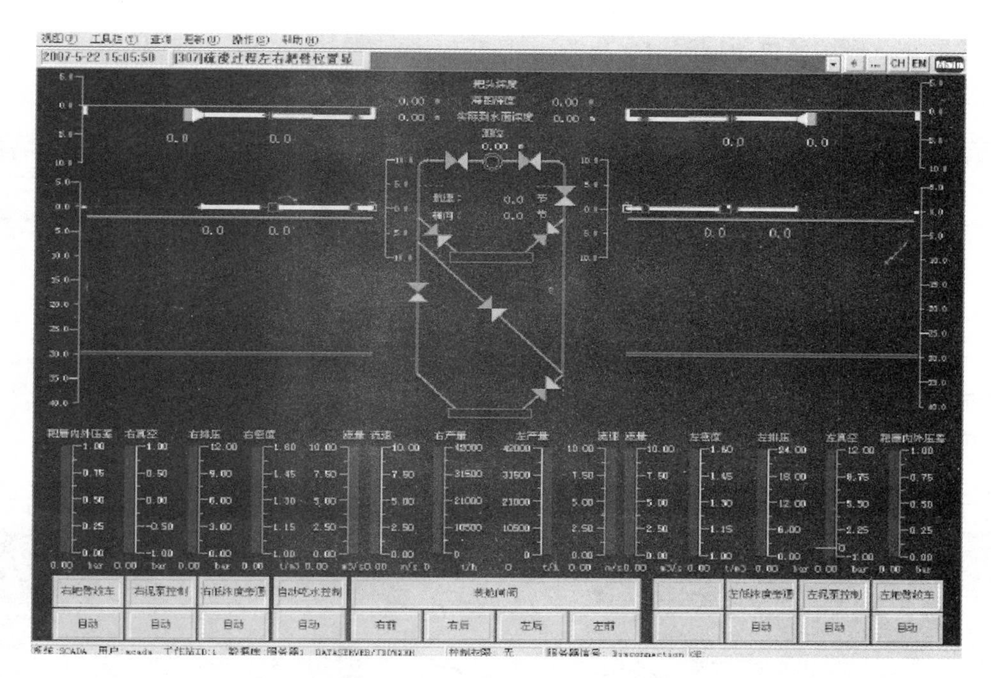

图 6-38　左右耙臂组合的监视界面

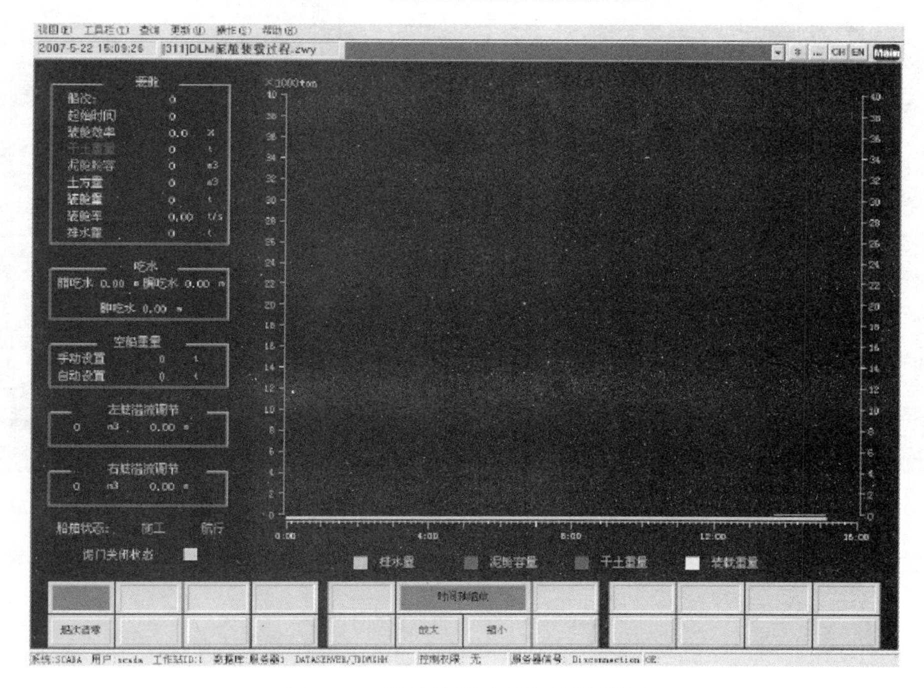

图 6-39　泥舱装载过程的监视界面

（3）控制界面

系统的控制功能由控制界面体现。图 6-40 是 IHDCS 的其中一种控制界面由控制按钮组成的功能栏。功能栏上方的按钮为功能键的功能说明，功能健下方的按钮为按下功能键时所执行的操作。控制功能通过位于键盘顶端的 F1～F12 功能键实现。例如，图 6-38 中，F1 功能键对应右耙臂绞车的自动控制，F2 功能键对应右泥泵自动控制，F3 功能键对应右自动浓度排放功能，等等。

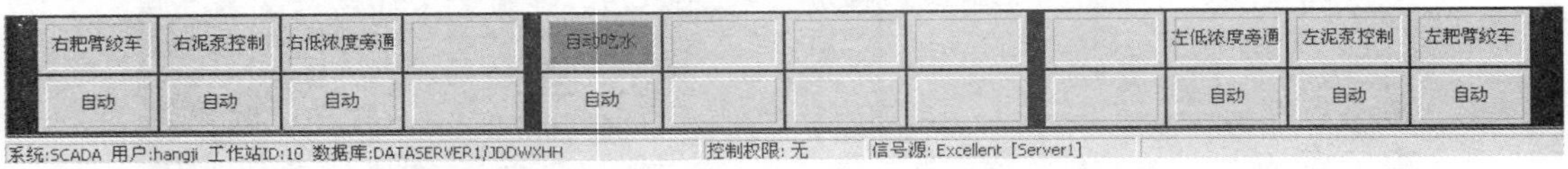

图 6-40　SCADA 控制界面

（4）诊断界面

诊断界面反映系统运行状态正常与否的信息。图 6-41 是 IHDCS 的其中一种诊断界面，反映出左主推的诊断信息。

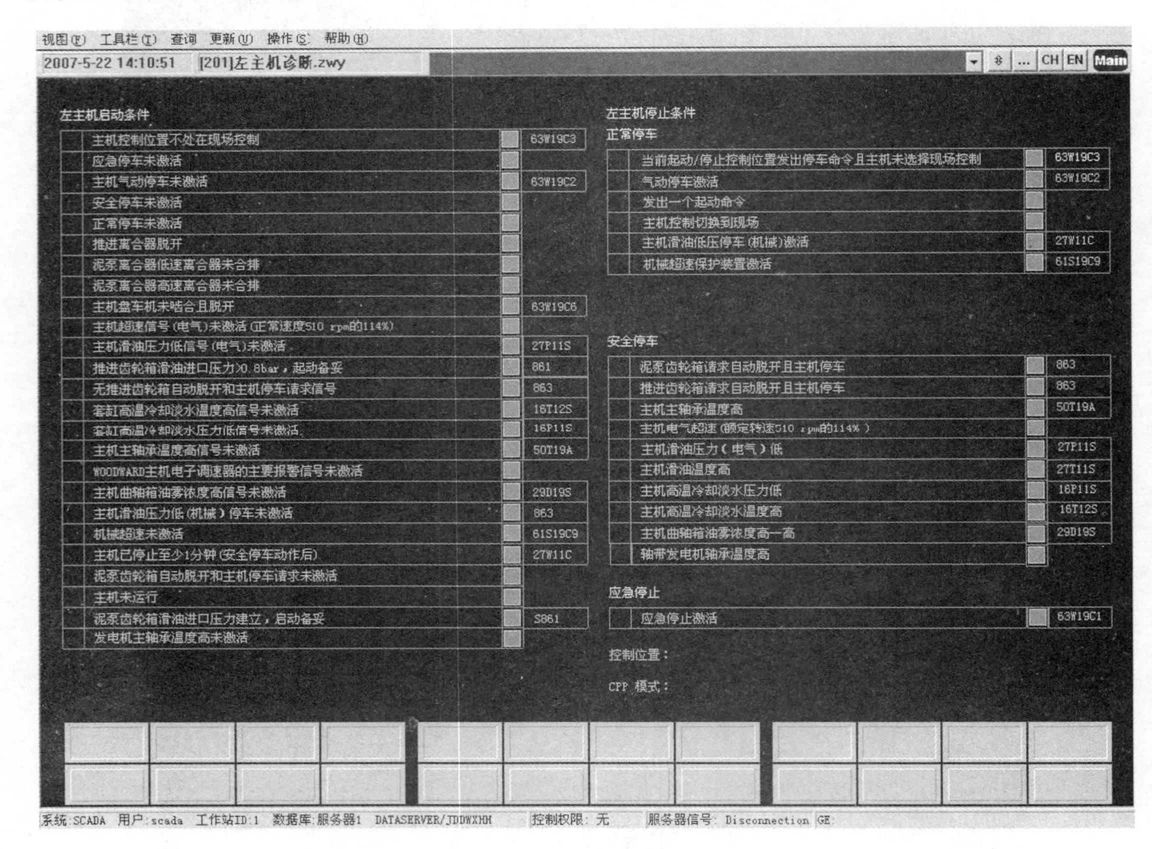

图 6-41　左主推的诊断界面

6.4　船舶综合计算机控制系统

6.4.1　船舶自动化概述

船舶自动化是利用机械、液压、气压、电气和电子等自动化装置，代替机舱值班人员对主机、辅机、电站以及其他船舶设备和装置进行操作、控制与管理，使船舶设备和装置在无人干预的情况下能够按照预先设定的程序或指令自动地运行。船舶自动化设备是为船舶配套的核心装备之一，包括机舱自动化、航行自动化、船岸信息一体化、装载自动化、液位遥测、阀门遥控、姿态平衡等子系统。

20 世纪 60 年代之前，船舶自动化技术停留在单装置自动化；60 年代至 70 年代出现了机舱集中监控、驾驶室遥控以及无人值班机舱等船舶自动化；70 年代末出现了基于微型计算机的面向全船的综合控制；80 年代后出现了集散控制船舶自动化系统，并得到了广泛的应用；21 世纪国际船舶自动化技术发展的总趋势是采用智能化、网络化、数字化、模块化和集成化的计算机控制系统对全船资源进行综合监控和智能管理，使各种设备能够安全、可靠、经济地自动运行，有效减轻船员劳动强度，减少船员编制，提高经济效益。

6.4.2　船舶自动化典型产品介绍

船舶自动化是船舶科学技术的重要组成部分，随着计算机与通信技术日益成熟，在驾驶、机舱管理和装货等方面实现了全船计算机控制。目前，国外许多企业已经能够提供一整套船舶综合自动化系统解决方案以及拥有遍布全球的服务网点。比如，荷兰博瑞斯自动化（Praxis Automation Technology）公司的Mega-Guard船舶自动化和综合导航系统；德国SAM Electronics公司的船舶综合控制系统；德国西门子公司、挪威康斯伯格公司、丹麦约克船舶公司等国际著名产品制造商已有较成熟的技术和相应的配套产品，并实际应用于各类船舶。但国内还没有企业能够提供一整套的船舶综合自动化系统解决方案。

这里以荷兰博瑞斯自动化公司的 Mega-Guard 船舶自动化与综合导航系统为例说明船舶综合自动化系统的情况。

1．体系结构

Mega-Guard 船舶自动化与综合导航系统的体系结构如图 6-42 所示，属于现场总线控制系统，系统在功能上主要分为综合导航、机舱控制与报警监控 3 大部分，从分布地点来看可以分为驾驶室、舱室、集控室和现场 4 个层次。

（1）驾驶室层

驾驶室层是以综合导航系统为核心，至少配备 3 台多功能工作站，集成了带电子海图覆盖的 X 波段和 S 波段 ARPA 雷达系统、具有中央报警和安全值守功能的操舵指挥系统以及综合监控系统。每个工作站都配有船用计算机、平板显示器和容易操作的轨迹球鼠标，各工作站之间是通过主、备以太网内部连接的。X 和 S 波段的天线收发器也直接连接到以太网。所有其他的导航传感器连接到每个工作站上的 NMEA 协议接口，实现多重冗余，并且相互独立、互不干涉。此外，根据具体需求还可以集成动态定位系统或者其他导航驾控设备。

（2）舱室层

船舶上的舱室包括餐厅、健身房、轮机长房、大管轮房、二管轮房、三管轮房等，遍布全船，位置分散。该层的控制设备主要是报警检测器、智能传感器和延伸报警面板等，它们通过舱室层的冗余现场总线网络与集控室中的报警监控系统工作站进行连接。集控室中的报警监控系统工作站不仅向上通过管理级的冗余以太网与驾驶室中的报警监控系统工作站交换信息，而且向下通过机舱层的冗余现场总线网络与机舱中的各个报警监测箱、控制箱等相连接，从而构成了完整的计算机监测、报警与控制系统。

（3）集控室层

集控室集中了船舶上的主要控制设备，包括报警监控、主机遥控、电站管理、货油监控和冷藏货柜监控等系统的远程控制站和工作站等，是船舶机舱自动化的核心部分。

（4）现场层

现场层包含了机舱、货油舱和冷藏集装箱中的现场设备和控制设备，包括主机、主配电板、各种泵与阀门、就地控制站、机旁操作面板、报警监测箱以及I/O单元等。

下面针对Mega-Guard中的集成桥楼系统（Integrated Bridge System，IBS）、报警监控系统（Alarm Monitoring and Control System，AMCS）、推进控制系统（Propulsion Control System，PCS）、航向控制系统（Heading Control System，HCS）、动态定位系统（Dynamic Position System，DPS）和电站管理系统（Power Management System，PMS）分别做简单介绍。

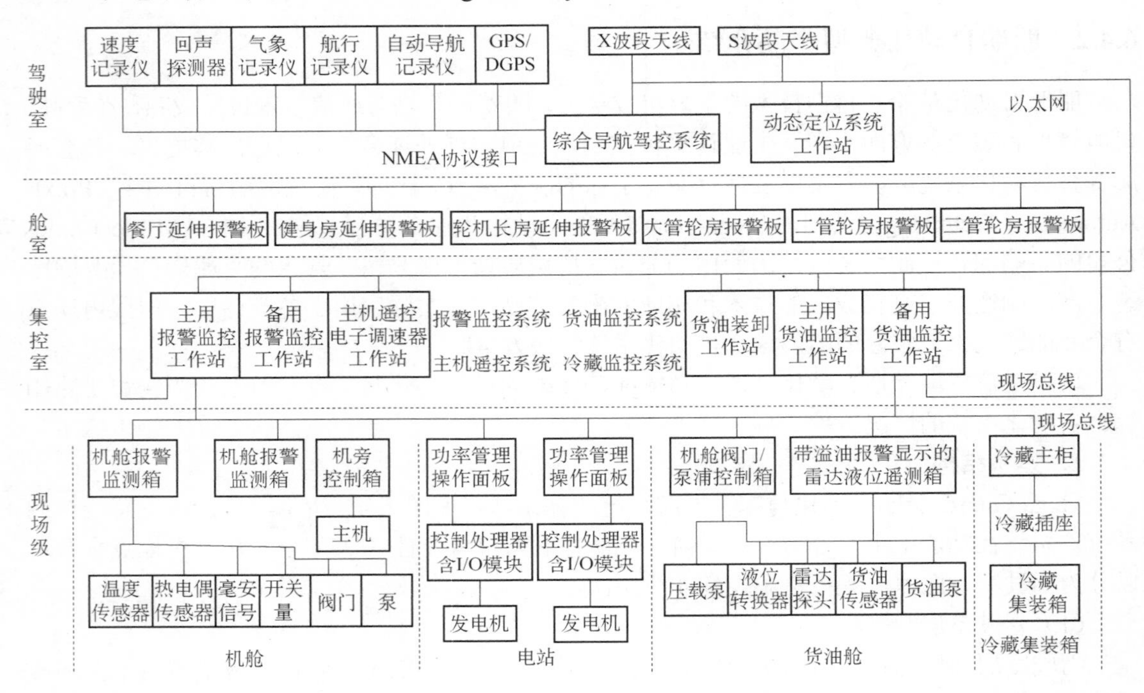

图6-42 Mega-Guard船舶自动化与综合导航系统体系结构

2．集成桥楼系统

集成桥楼系统是在组合导航系统基础上发展起来的一种船舶自动航行系统，是船舶自动化的重要组成部分。该系统将船舶上的各种导航设备、避碰雷达、电子海图、操舵仪等有机地结合起来，为驾驶人员提供了更高精度的导航信息，并在此基础上实现船舶航行管理、航行计划、船舶自动识别、避碰决策、自动监测和报警等功能，提高航行的安全性、经济性，在船舶行业得到普遍认可并得到广泛应用，是21世纪船舶导航的主要发展技术之一。

Mega-Guard集成桥楼系统包含综合导航系统（Integrated Navigation System，INS）、综合操纵系统（Integrated Manoeuvring System，IMS）和多种类别桥楼控制（Miscellaneous Bridge Controls，MBC），位于驾驶室，其组成示意图如图6-43所示。

INS包含至少3个，最多10个工作站。工作站的功能：X和S波段图叠加自动雷达标绘仪（Automatic Radar Plotting Aid，ARPA），驾控、导航和报警信息显示（Conning），图叠加的电子海图显示与信息系统（Electronic Chart Display and Information，ECDIS）以及报警、监测和控制。工作站的信息来自差分全球定位系统 DGPS、陀螺仪 Gyro、罗经、速度记录仪、自动识别系统 AIS、回声探测器以及风速计等。每个工作站都配有船用计算机、平板显示器和容易操作的轨迹球鼠标，各工作站之间通过主、备以太网进行内部连接。

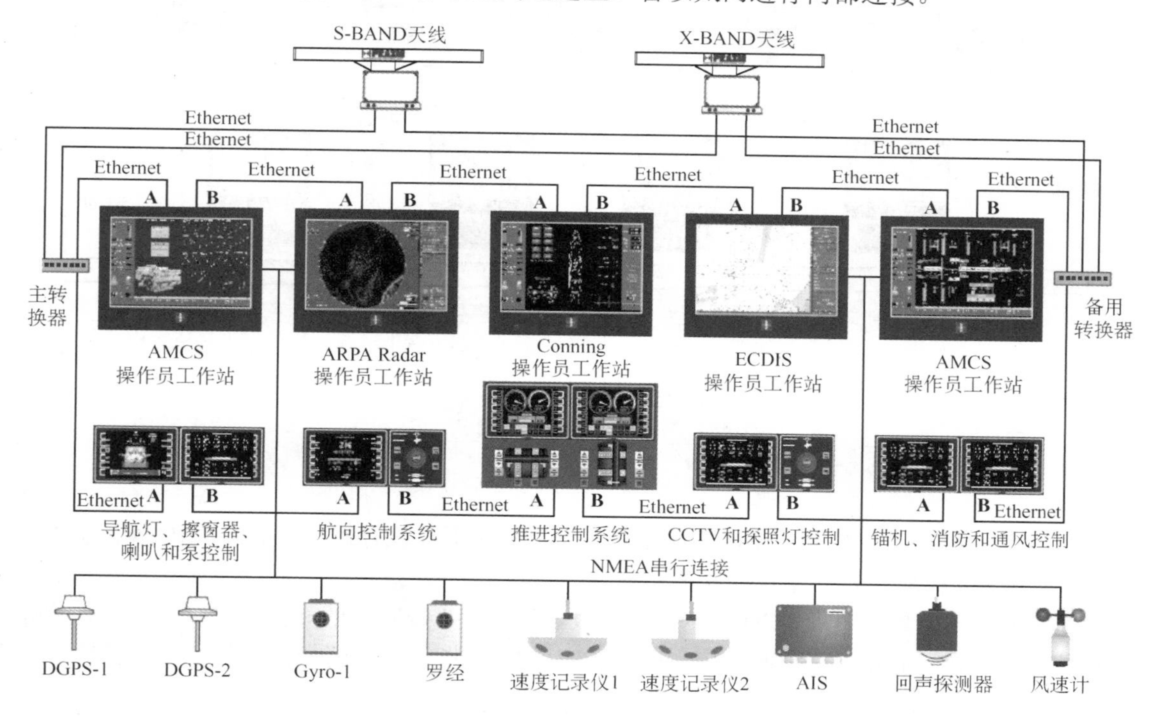

图 6-43　集成桥楼系统组成示意图

综合操纵系统包含推进和驾驶控制功能以及可选择使用的动力定位功能。在驾驶室能够完全遥控、遥测主机和螺旋桨以及舵的控制。

驾驶室各种控制包含导航灯、擦窗器、扬声器、泵、锚机、消防设备、通风设备和应急控制功能等。

3．报警监控系统

对于中大型船舶而言，报警监控系统是完美的自动化解决方案。Mega-Guard 报警监控系统的组成示意图如图 6-44 所示。系统通过冗余的以太网（Ethernet）连接，采用星形或环形技术。图 6-44 中最上层的工作站位于驾驶室，第三层的工作站位于集控室，第二层的延伸报警操作面板（Extension Alarm System，EAS）图中已标明所在位置，第四层的双向分布式处理单元位于机舱，由 PLC 及其 I/O 单元组成。报警监控系统的功能：报警与监控，主、备用泵控制，阀门控制与监控，温度控制，压气机控制，废气和液位监测。报警监控系统可以独立应用，也可以与船舶电站管理、推进控制、综合导航以及动力定位等系统组合应用。

操作员工作站含有主服务器和备用服务器。服务器通过冗余以太网与分布式处理单元及延伸报警面板连接。每个操作员工作站包括彩色触摸显示屏、带轨迹球的键盘、船用个人计算机和打印机。它提供可靠、友好的操作界面。操作员工作站采用冗余以太网连接。

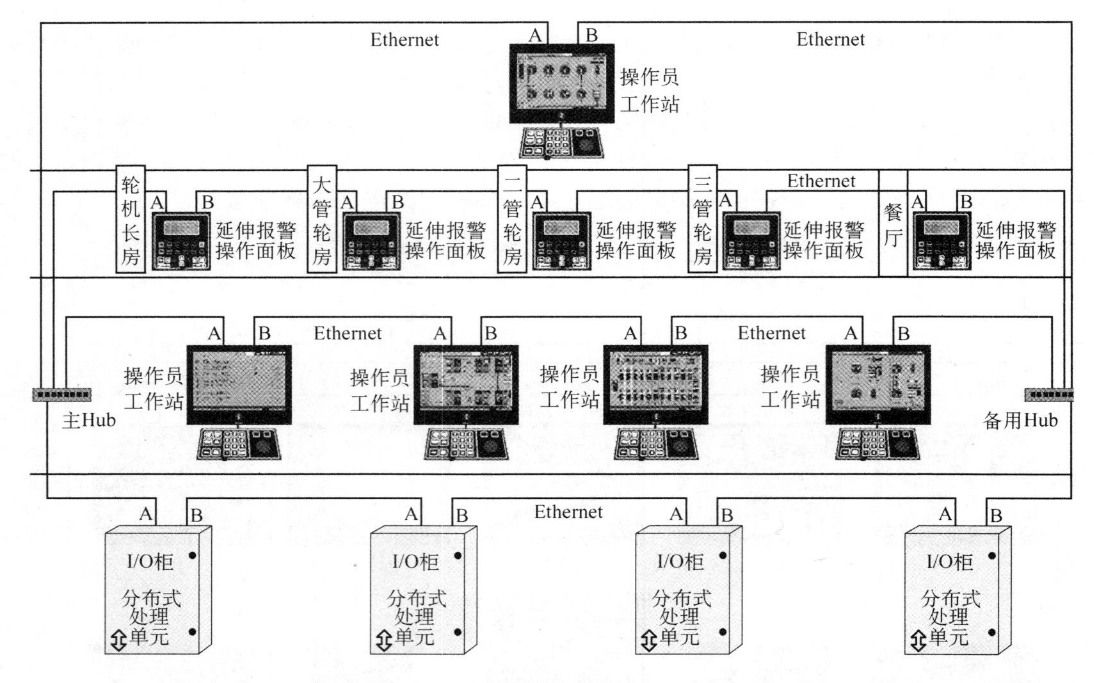

图 6-44　报警监控系统组成示意图

分布式处理单元是带 I/O 模块的控制器，靠近传感器和执行器安装。各类传感器与执行器信号通过 I/O 模块进入分布式处理单元。

延伸报警面板具有图形 LCD 显示、单个报警显示、带蜂鸣器的火灾指示灯、8 组带蜂鸣器的报警指示灯、值守灯、呼叫集控室或驾驶室的按钮/指示灯、消音按钮及灯光调节按钮，用于值班室、有人/无人机舱及工程师呼叫等场合。

4．推进控制系统

Mega-Guard 产品的推进控制系统包含推力控制、主机遥控、电子自动调速器、带转速指示的安全系统、电报系统、螺距控制和方位控制、单手柄或双手柄、低速可逆柴油机、中速柴油机和电驱动系统。其组成示意图如图 6-45 所示。

PCS 的操作与控制包含了驾驶室的主控和左右翼控、集控室以及机旁。操纵台上设有手柄、操作按钮、操纵地点切换开关、显示屏、指示仪表、指示灯和蜂鸣器等设备。船员通过操作面板上的手柄和操作按钮向控制器下达操作指令；应急操纵按钮用于紧急停车、应急运行及越控等；操纵地点切换开关用于在驾驶室和集控室之间主遥控地点的选择。操纵面板上的显示屏、指示仪表、指示灯和蜂鸣器等向船员提供系统运行情况的相关信息，包括各种参数、状态信号、报警指示等。

PCS 控制柜包括遥控系统、指示系统、备用控制系统以及不间断电源系统。控制柜的信号如图 6-45 所示，涉及负载、离合器、螺距、油门、转速等。不间断供电系统由 230V 交流主要供电和 24V 直流备用电池供电组成。PCS 本地控制柜位于机侧。

5．航向控制系统

Mega-Guard 产品的航向控制系统由航向控制系统操作台、控制器以及舵控制箱组成。航向控制系统带自动艏向功能的组成结构示意图如图 6-46 所示。图中推进器控制箱、推进器及相关部件属于 DP 系统。

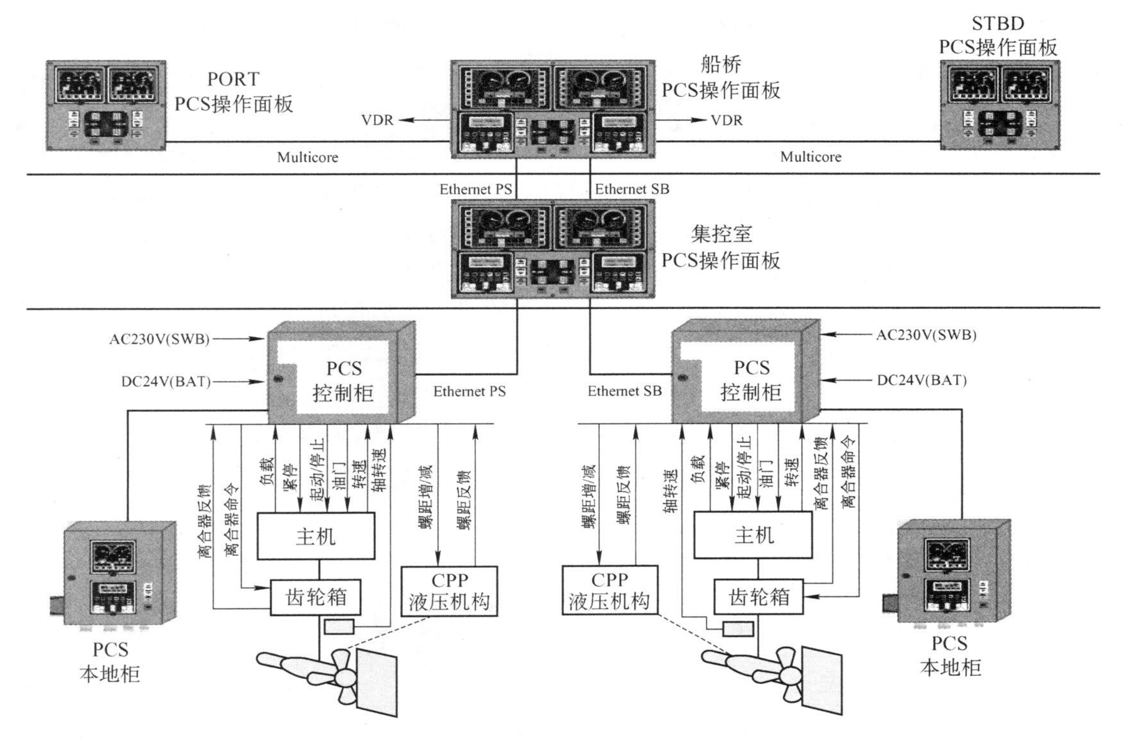

图 6-45　推进控制系统组成示意图

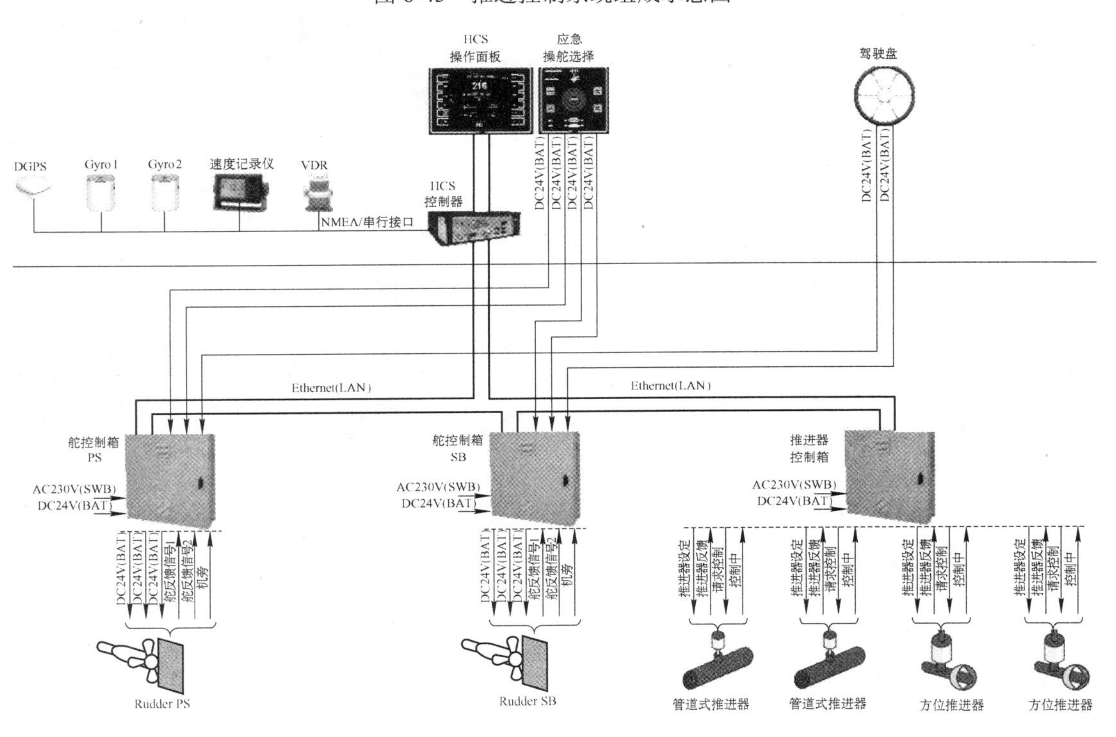

图 6-46　航向控制系统组成示意图

航向控制系统操纵台上设有显示屏、操作按钮、操纵切换开关、指示仪表、指示灯等设备。

HCS 控制器通过冗余的以太网与 HCS 操作台、舵控制箱及推进器控制箱进行通信。DGPS、Gyro、罗经、速度记录仪及 VDR 等信号通过 NMEA 接口进入 HCS 控制器。

舵控制箱包含舵控制系统、舵指示系统、应急操舵备用系统和不间断供电系统。舵设备是操纵船舶的主要设备，主要由操纵机构、舵机、传动机构及舵叶等组成，它们分别安置在驾驶台、舵机房和船尾下部。操纵机构由安装在驾驶室的发送装置和位于舱机房的接收装置组成，是操舵装置的指令系统。船舶自动操舵装置又称自动操舵仪，简称自动舵，用于航向保持、航向改变、航迹保持控制。装备自动操舵仪的船舶，都有两套独立操舵系统，当一套舵系统发生故障后，立即可以转换另一套操舵系统，同时船舶还配置应急操舵装置。

6．动力定位系统

动力定位系统表示动力定位船舶需要装备的全部设备，包括动力系统、推进系统和动力定位控制系统。动力定位控制系统包括计算机系统、传感器系统、操作面板、位置参考系统及其相关设备。

Mega-Guard 产品的动力定位系统的组成结构如图 6-47 所示。

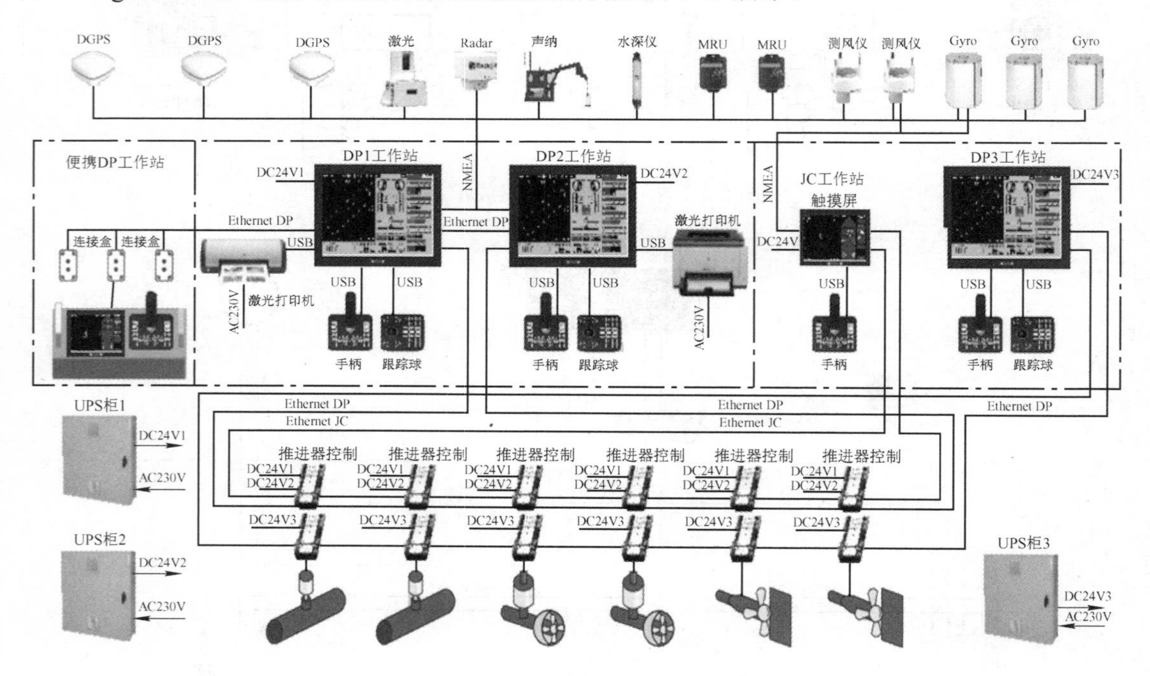

图 6-47　动力定位系统组成示意图

7．电站管理系统

电站控制系统是机舱控制系统的核心组成部分之一，是一个具备电站管理及监控显示功能的控制系统，通过该系统可以直接控制发电机的起停与升降速，对发电机进行常规保护和故障报警，可以直接增减负载，能够自动完成机组的自起动、并网、功率平均分配以及轻载解列等系列功能。

Mega-Guard 电站管理系统是先进的全自动电站控制系统，包括柴油机与发电机控制、功率管理、发电机保护等功能，由 PMS 操作面板、PMS I/O 模块以及 I/O 线缆组成，如图 6-48 所示。船舶上的每台发电机组配备一套独立的电站管理系统。

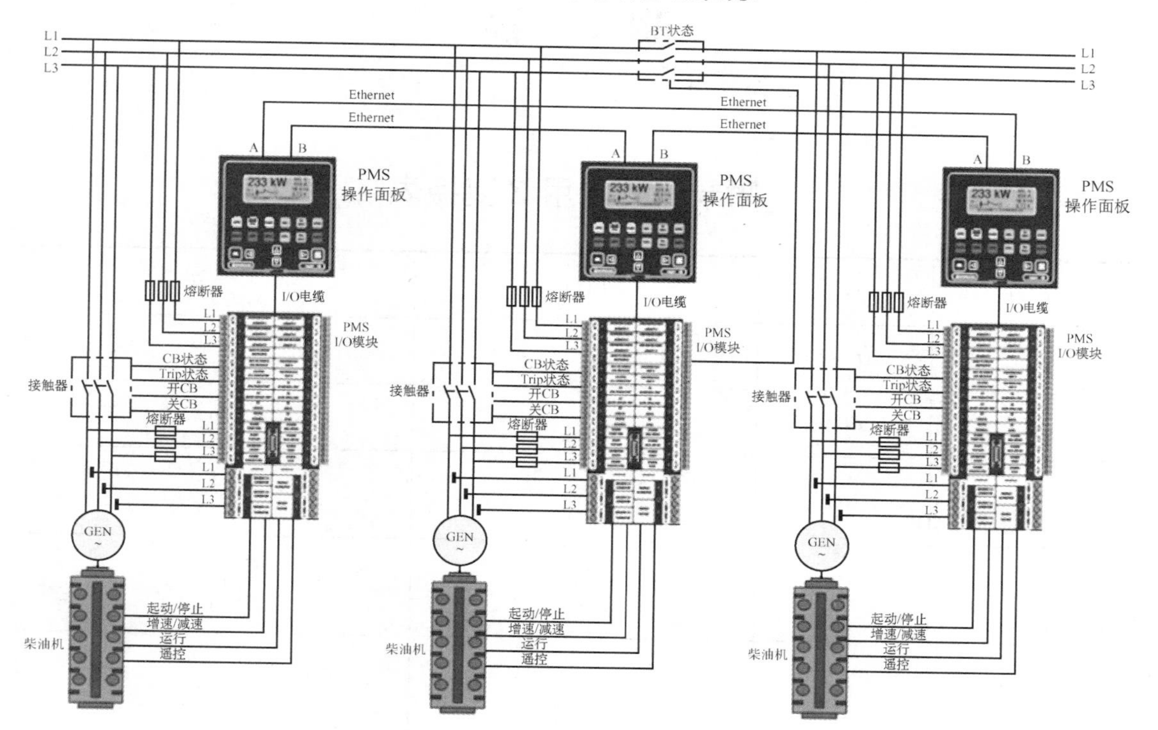

图 6-48　电站管理系统组成示意图

习　　题

结合自己熟悉的控制对象，提出控制要求，简要设计一个计算机控制系统。

附　　录

附录A　常用Z变换表

$F(s)$	$f(t)$	$F(z)$	$F(z,\beta)$
e^{-kTs}	$\delta(t-kT)$	z^{-k}	$z^{\beta-1-k}$
1	$\delta(t)$	1	0
$\frac{1}{s}$	$1(t)$	$\frac{z}{z-1}$	$\frac{1}{z-1}$
$\frac{1}{s^2}$	t	$\frac{Tz}{(z-1)^2}$	$\frac{\beta T}{z-1}+\frac{T}{(z-1)^2}$
$\frac{1}{s^3}$	$\frac{1}{2}t^2$	$\frac{T^2z(z+1)}{2(z-1)^3}$	$\frac{T^2}{2}\left[\frac{\beta^2}{z-1}+\frac{2\beta+1}{(z-1)^2}+\frac{2}{(z-1)^3}\right]$
$\frac{T}{Ts-\ln a}$	$a^{t/T}$	$\frac{z}{z-a}$	$\frac{a^{\beta}}{z-a}$
$\frac{1}{s+a}$	e^{-at}	$\frac{z}{z-e^{-at}}$	$\frac{e^{-a\beta T}}{z-e^{-aT}}$
$\frac{1}{(s+a)^2}$	te^{-at}	$\frac{Tze^{-aT}}{\left(z-e^{-aT}\right)^2}$	$\frac{Te^{-a\beta T}\left[e^{-aT}+\beta\left(z-e^{-aT}\right)\right]}{\left(z-e^{-aT}\right)^2}$
$\frac{a}{s(s+a)}$	$1-e^{-at}$	$\frac{\left(1-e^{-at}\right)z}{(z-1)\left(z-e^{-at}\right)}$	$\frac{1}{z-1}-\frac{e^{-a\beta T}}{z-e^{-aT}}$
$\frac{a}{s^2(s+a)}$	$t-\frac{1-e^{-at}}{a}$	$\frac{Tz}{(z-1)^2}-\frac{\left(1-e^{-aT}\right)z}{a(z-1)\left(z-e^{-aT}\right)}$	$\frac{T}{(z-1)^2}+\frac{\beta T-1/a}{z-1}+\frac{e^{-a\beta T}}{a\left(z-e^{-aT}\right)}$
$\frac{\omega}{s^2+\omega^2}$	$\sin\omega t$	$\frac{z\sin\omega T}{z^2-2z\cos\omega T+1}$	$\frac{z\sin\beta\omega T+\sin(1-\beta)\beta T}{z^2-2z\cos\omega T+1}$
$\frac{s}{s^2+\omega^2}$	$\cos\omega t$	$\frac{z(z-\cos\omega T)}{z^2-2z\cos\omega T+1}$	$\frac{z\cos\beta\omega T-\cos(1-\beta)\beta T}{z^2-2z\cos\omega T+1}$

附录 B　典型模糊隶属度函数

类型	数学表达式	形状
三角形	$\mu_A(x)=\begin{cases}0 & x<a\\(x-a)/(b-a) & a\leqslant x<b\\(c-x)/(c-b) & b\leqslant x\leqslant c\\0 & x>c\end{cases}$ $(a<b<c)$	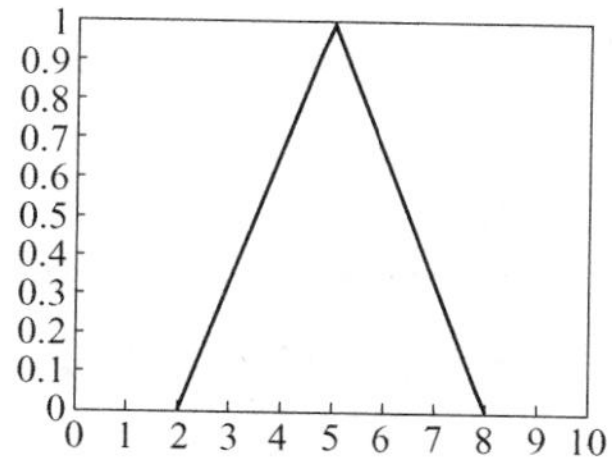
梯形	$\mu_A(x)=\begin{cases}0 & x<a\\(x-a)/(b-a) & a\leqslant x\leqslant b\\1 & b\leqslant x<c\\(d-x)/(d-c) & c\leqslant x\leqslant d\\0 & x>d\end{cases}$ $(a<b<c<d)$	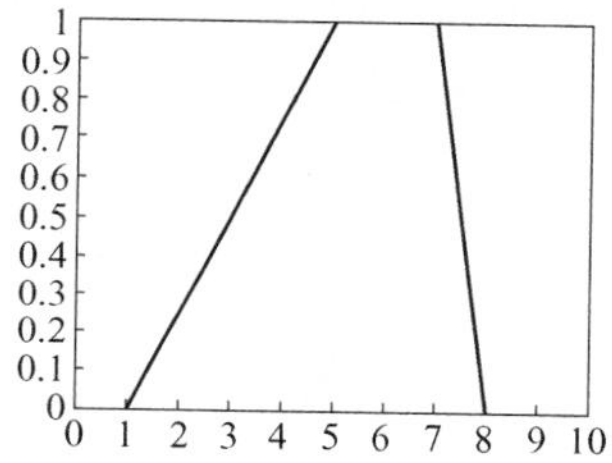
高斯型	$\mu_A(x)=\mathrm{e}^{-\frac{(x-c)^2}{2\sigma^2}}$	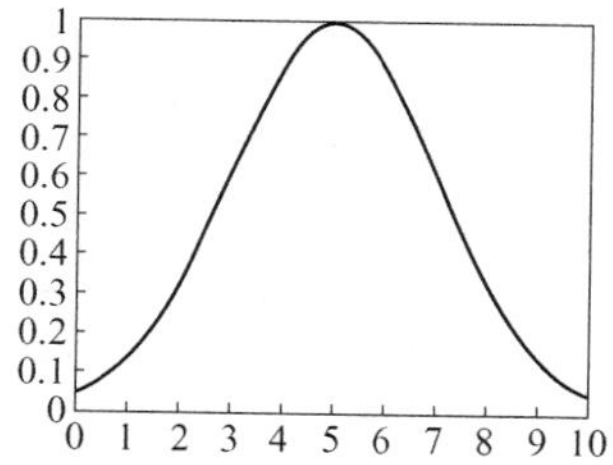
Sigmoid 型	$\mu_A(x)=\dfrac{1}{1+c^{-a(x-c)}}$	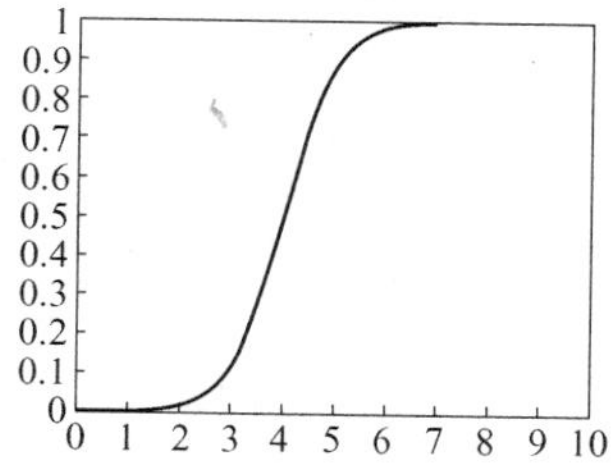
钟形	$\mu_A(x)=\dfrac{1}{1+(\frac{x-c}{a})^{2b}}$	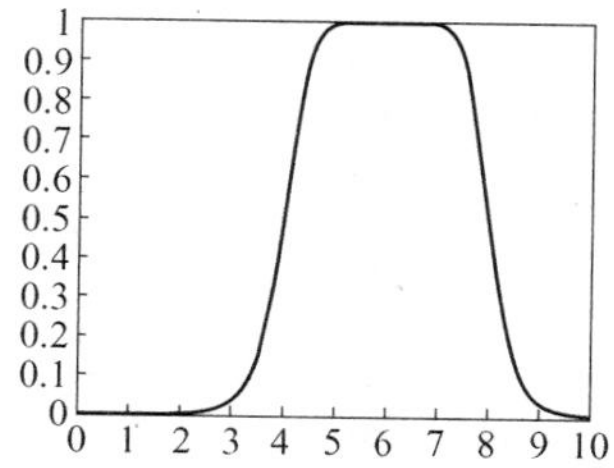

参考文献

[1] 刘川来, 胡乃平. 计算机控制技术[M]. 北京: 机械工业出版社, 2011.

[2] 姜学军, 刘新国, 李晓静. 计算机控制技术[M]. 2 版. 北京: 清华大学出版社, 2009.

[3] 李嗣福. 计算机控制基础[M]. 3 版. 合肥: 中国科学技术大学出版社, 2014.

[4] 陈宗海, 杨晓宇, 王雷. 计算机控制工程[M]. 合肥: 中国科学技术大学出版社, 2008.

[5] 高金源, 夏洁, 张平, 等. 计算机控制系统[M]. 北京: 高等教育出版社, 2010.

[6] 赵峰. 综合舰桥系统中航向控制的研究[D]. 镇江: 江苏科技大学, 2008.

[7] 范立南, 李雪飞. 计算机控制技术[M]. 北京: 机械工业出版社, 2012.

[8] 顾德英, 罗云林, 马淑华. 计算机控制技术[M]. 3 版. 北京: 北京邮电大学出版社, 2012.

[9] 郝成, 岳树盛. 计算机控制技术[M]. 北京: 电子工业出版社, 2011.

[10] 李江全. 计算机控制技术与实训[M]. 北京: 机械工业出版社, 2010.

[11] 李江全. 计算机控制技术与组态应用[M]. 北京: 清华大学出版社, 2013.

[12] 王平, 谢昊飞, 蒋建春. 计算机控制技术应用[M]. 北京: 机械工业出版社, 2011.

[13] 曹佃国, 王强德, 史丽红. 计算机控制技术[M]. 北京: 人民邮电出版社, 2013.

[14] 尚二国. 调距桨推进装置控制系统的研究与设计[D]. 武汉: 武汉理工大学, 2009.

[15] 王富强. 工业燃气锅炉控制系统的研究和设计[D]. 上海: 东华大学, 2011.

[16] 郭远星. 船舶综合控制系统的研究与设计[D]. 杭州: 浙江大学, 2010.

[17] 袁耀. 基于自适应模糊控制的船舶动力定位控制器设计研究[D]. 大连: 大连海事大学, 2013.

[18] 赖寿宏. 微型计算机控制技术[M]. 北京: 机械工业出版社, 2012.

[19] 许勇. 计算机控制技术[M]. 北京: 机械工业出版社, 2008.

[20] 张乃尧, 阎平凡. 神经网络与模糊控制[M]. 北京: 清华大学出版社, 1998.

[21] 王立新. 模糊系统与模糊控制教程[M]. 北京: 清华大学出版社, 2003.

[22] 李国勇. 智能预测控制及其 MATLAB 实现[M]. 2 版. 北京: 清华大学出版社, 2009.

[23] 刘金琨. 先进 PID 控制及其 MATLAB 仿真[M]. 北京: 电子工业出版社, 2002.

[24] 庞中华, 崔红. 系统辨识与自适应控制 MATLAB 仿真[M]. 北京: 北京航空航天大学出版社, 2009.

[25] 史洁玉, 孔玲军. MATLAB R2012a 超级学习手册[M]. 北京: 人民邮电出版社, 2013.

[26] 李欣, 谢芃, 骆寒冰, 等. 基于 PID 算法的船舶动力定位数值模拟研究[J]. 舰船科学技术, 2014, 36(10): 13-17.

[27] 张泾周, 杨伟静, 张安祥. 模糊自适应 PID 控制的研究及其应用仿真[J]. 计算机仿真, 2009, 26(9):132-135.

[28] 秦煜婷, 陈红卫, 袁文亚. 推进器辅助系泊系统的动态张力控制[J]. 电子设计工程, 2015, 23(8):56-59.

[29] 齐亮, 俞孟蕻. 船舶动力定位系统的广义预测控制方法研究[J]. 中国造船, 2010, 51(3):154-160.

[30] 齐亮, 俞孟蕻. 基于广义预测控制的船舶可调桨网络控制系统研究[J]. 船舶工程, 2009, 31(5):33-36.

[31] 袁伟, 陈红卫, 俞孟蕻. 船舶动力定位系统虚拟仿真实验平台[J]. 实验室研究与探索, 2015, 34(4):68-71.

[32] 袁伟, 俞孟蕻, 朱艳. 动力定位系统舵桨组合推力分配研究[J]. 船舶力学, 2015, 19(4):397-404.

[33] 张曙. 工业 4.0 和智能制造[J]. 机械设计与制造工程, 2014, 43(8):1-5.

[34] 杜品圣. 智能工厂——德国推进工业 4.0 战略的第一步[J].自动化博览, 2014, 1:22-25.

[35] 周志华. 机器学习[M]. 北京: 清华大学出版社, 2016.